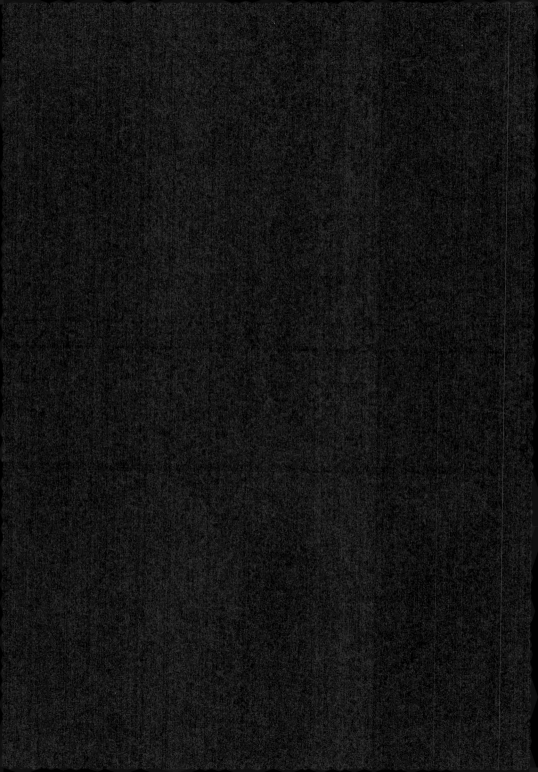

天体素人から星空マニアまで

アンドロメダ銀河 かんたん映像化マニュアル

天体趣味歴1年の遊び人 JUNZO

To all the people
especially KEN and AKIRA,
and to myself who will be born, again
in the feature.

宇宙は素晴らしい。
アナタは宇宙の一部。
だからアナタも、そしてアナタの人生も
素晴らしい・・・ハズ！
・・・たぶん・・・かもしれない・・・

JUNZO

BIG NEWS!

誰でもアンドロメダ銀河をかんたんに目撃&撮影できる時代がついにやってきた!

本書は**誰でも**（天体素人～星空マニアまで）が**銀河星雲**を**目撃**し、さらにその**証拠写真撮影**を可能にする史上初のマニュアルである。

銀河星雲の目撃？

証拠写真撮影？

そう！　アナタが今まで、その存在を目にしたこともない銀河星雲の目撃＆証拠写真の撮影だ！

つまり本書はNASAでなければ撮影できないとみんなが勝手に思い込んでいる、あの壮大な銀河星雲をアナタも目撃＆撮影可能にする世界初の画期的なマニュアルだ。

最新の一体型天体望遠鏡「Vespera」

なんだかムズカシそー！

確かに長年、銀河や星雲は天体素人が手を出せるようなシロモノではなかった。

しかし、ここ数年のIT技術進歩のおかげで今や誰でも（小学生でも）右上のような最新の一体型天体望遠鏡➡を使えばアンドロメダ銀河を目撃し、さらに写真撮影まで➡できてしまう時代が到来している！

※難しい設定一切不要。スマホをタップするだけ！
つまり天体知識ゼロでも銀河星雲を楽しめる！

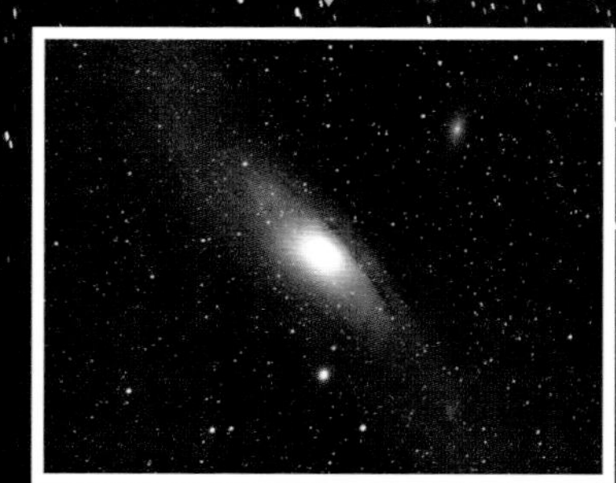

一体型天体望遠鏡Vesperaで著者が撮影したアンドロメダ銀河の証拠写真

でも、天体機材って、100万円ぐらいするんじゃないの？

実は銀河や星雲を機材費ゼロでも楽しめる方法がある。本書では銀河星雲を楽しむ方法を以下、機材価格別５つのコースに分けて紹介している▼。

アナタの懐具合や興味の度合いに応じたコースを選び、銀河星雲の世界を思う存分味わって欲しい。きっと人生観が激変するハズだ。

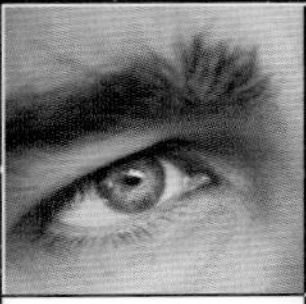

レベル:1	機材費０円で巨大銀河を肉眼で目撃！ **肉眼で目撃コース**	▶P37
レベル:2	機材費１万5千円で銀河星雲星団を目撃！ **双眼システムで目撃コース**	 ▶P56
レベル:3	機材費約6万円〜で銀河星雲を目撃&撮影！ **かんたん一体型天体望遠鏡コース**	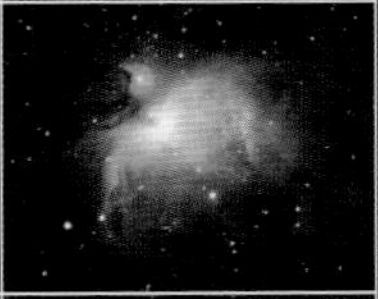 ▶P70
レベル:4	機材費25万円〜で天文台並の美しさで目撃&撮影！ **王道 スタンダードコース**	 ▶P81
レベル:5	機材費１5万円〜で銀河星雲を目撃&撮影！ **王道 エコノミーコース**	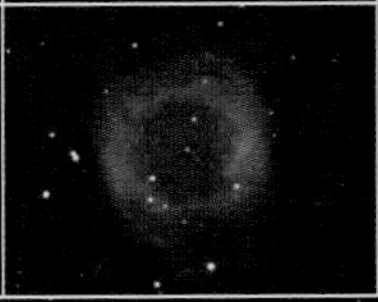 ▶P161

緊急速報！ 本書の最終原稿締切前日（2023.4.14）に衝撃のニュース！

今まで天体素人がかんたんに銀河星雲を楽しむにはVespera（約37万円）が必要だったが、なんと、その価格約6万円（ただし早期購入価格）の一体型天体望遠鏡「Seestar S50」がZWO社より発表！（続報は t.maniaxs.com で！）

さて、それぞれのコースの紹介前に、天体素人でも腕を上げていけば、どんな美しい銀河星雲の写真撮影が可能になるのかがわかる「個人撮影 銀河星雲証拠写真集」（王道コースの場合）を、このページをめくってご覧いただこう。

CONTENTS

Episode 1

個人撮影 銀河星雲証拠写真集

エンゼルフィッシュ星雲
⬇

⬅バーナードループ

⬅燃える木星雲

馬頭星雲➡

⬅ランニングマン星雲

⬅オリオン大星雲

⬅魔女の横顔星雲

領域：ど
撮影：蒼月城

冬の銀河星雲

オリオン大星雲　M42

撮影:JUNZO（福岡県福岡市）

初めて撮影できた星雲がこのオリオン大星雲でした。宇宙を舞うこの赤い鳥を撮影できた時は感動で「映った！」と深夜にもかかわらず大声で叫んでしまいました（笑）。なぜなら宇宙に浮かぶ肉眼では見えない星雲が目の前で、その姿を現した瞬間だったからです。以前は、ハッブル宇宙望遠鏡撮影の天体写真を見ては、その美しさ壮大さに感動していたのですが、自分の天体機材で撮影できた時は「本当に存在してるんだ！」という驚きの感動でした。ここまで知的興奮を味わえる趣味は他にないと思います。

撮影秘話

✪ 自宅ルーフバルコニー
🔭 高橋製作所 FS-60CB
📷 ZWO ASI183MC

かもめ星雲　IC2177

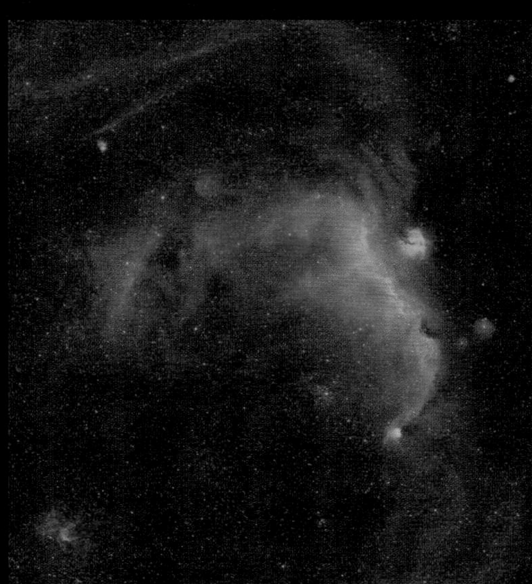

撮影:nabe（埼玉県）

星雲の輝線だけを透過するナローバンドフィルターとモノクロカメラを使用した「ナローバンド撮影」で撮影した写真です。聞きなじみはないと思いますが、ハッブル宇宙望遠鏡やジェームズウェッブ宇宙望遠鏡も同じような方法で宇宙を撮影しています。憧れの宇宙望遠鏡と同じように撮影して宇宙の神秘を撮るというのは何とも言えない高揚感を感じました。

✪ 静岡県朝霧高原
🔭 SIGMA 135mm
📷 ZWO ASI294MM Pro

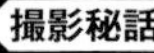

クリスマスツリー星団　NGC2264

撮影:ふうげつ
（宮城）

天体マニアしか知らないであろうクリスマスツリー星団。冬の大三角付近にある、いっかくじゅう座というところにあります。オリオン大星雲などと比べるとやや淡い対象なので撮影した時にはよく見えず「ここで合ってるのかな」と少々不安でした。帰宅し画像処理をしてみると赤い色やモクモクした暗黒星雲が見えてきて安堵。反射望遠鏡特有の光条もクリスマスらしさに一役買ってくれました。淡い対象は撮ったままではほとんど見えず、画像処理を施さないと見えてきません。そのため淡いほど仕上がりへの画像処理のウェイトが大きくなってきます。処理の程度も人によりけりで、同じ対象でも違った仕上がりになることも天体写真の面白いところの1つかもしれません。

★ 宮城県柴田郡川崎町
高橋製作所 MT-200
SEO Cooled 6D

撮影秘話

馬頭星雲　IC434 &
燃える木星雲　NGC2024

撮影:ほしたろう（兵庫県）

初めて撮影した時は今まで図鑑で見てきた写真を自分で撮影ができて感動したのを覚えています。図鑑で見ていると夜空のどこにあるかわかりませんが、オリオン座のわかりやすいところにあり、自動導入の機材がなくても容易に望遠鏡を向けることができます。図鑑で見る星雲と実際の夜空がリンクして更に自分で写真を撮ることができるのは天体写真の面白いところです。

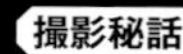

岡山県八塔寺

Vixen R200SS（エクステンダー PH、1120mm）

ASI2600MC Pro

ばら星雲　NGC2237

撮影:A-1（兵庫県明石市）

カメラは天体改造をしていない普通のデジカメですが予想以上に良く写りました。これは星雲の光を選択的に通過させて光害成分を強力にカットする「Quad BPフィルター」の効果が大きいです。光害地での撮影と言えば「冷却CMOS」カメラを思いつきますが、普通のデジカメでも十分使えます。

自宅バルコニー（SQM 値：19.0）

William Optics FLT98+ 純正レデューサー

Pentax KP

魔女の横顔星雲　IC2118

撮影:蒼月城（神奈川県横浜市）

オリオン座の一等星リゲルのそばにある白っぽい星雲です。
この写真は南を上にしていますが、その名前通り、白雪姫に毒リンゴを食べさせた悪い魔女の横顔にも見えますよね。偶然とはいえ、よくこんな形になったものだと思います。やや大袈裟ですが宇宙の神秘を感じさせる星雲ですね。初心者にとってはやや淡く、この形を楽しむには画像処理の技術がそれなりに必要ですが、いかにも悪そうな魔女の顔を自分で捉えることができた時には思わずゾクゾクしますよ。

- 静岡県朝霧アリーナ
- BORG 71FL
- CANON EOS 6D（SEO-SP4 改造）

撮影秘話

春の銀河星雲

黒眼銀河　M64

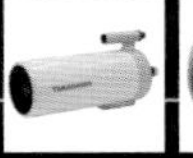

撮影:A-1（兵庫県明石市）

ミューロン180Cは純正レデューサーを付けてもF値が約10と暗い光学系なので銀河や星雲撮影には向かないと思ったのですが、明るいメシエ天体ならば案外良く写ることがわかりました。Fが暗い分焦点距離が長めなので、銀河の細部が良くわかるようになったのが、嬉しかった点です。

- 自宅バルコニー（SQM 値：18.4）
- タカハシ ミューロン 180C ＋ 純正レデューサー
- ZWO ASI294MC Pro

撮影秘話

子持ち銀河　M51

撮影:A-1（兵庫県明石市）

子持ち銀河は文字通り銀河の横に小さな子どものような銀河が伴った銀河です。図鑑で掲載されることも多い銀河ですが、比較的明るいので初心者でも撮影しやすい天体の1つです。真上から撮る形になり、腕の黒いガスの模様などもはっきりわかります。遠く離れた天体の模様も市販の機材で撮れるのは天体写真の面白さではないでしょうか。

- 栃木県戦場ヶ原
- Vixen R200SS
- EOS R（HKIR 改造）

撮影秘話

ソンブレロ銀河　M104

撮影:JUNZO（福岡県福岡市）

アンドロメダ銀河と同程度の魅力を感じていたのが、メキシコの帽子ソンブレロに形が似ているこの銀河。しかし、ソンブレロのように見えるためには中央の暗黒帯を写す必要有。が、マンションのベランダからは写せず。そこで暗い場所に遠征し、はじめてこの暗黒帯を写せた時の画像がコレ。撮影に成功した時は車内で「やった!写った」と声を上げた。遠征が銀河星雲趣味の醍醐味の1つだと実感した瞬間だった。

福岡県英彦山駐車場
EVOSTAR72EDII
ZWO ASI385MC

撮影秘話

ひまわり銀河　M63

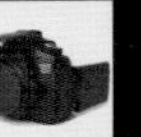

撮影:ほしたろう（兵庫県）

あまり有名ではない銀河ですが、春の空を代表する銀河の1つです。天体写真を撮影しているとアマチュアの機材でも撮影できる銀河が数多くあることに驚きま

ふくろう星雲　M97

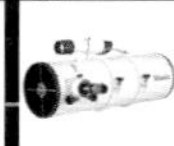

撮影:A-1（兵庫県明石市）

光害地の自宅で月齢18の月明下で撮影しました。SQM値は18.2です。光害地での撮影では、多少明るい月があっても元々光害で明るいためにその影響が小さいです。半月よりも細ければほとんど影響しない感覚です。ふくろう星雲は有名な割に小さくて淡い印象ですが、Comet BPフィルターの効果か、光害と月明に負けず良く写ってくれました。

✪ 自宅バルコニー
🔭 ビクセン R200SS
＋ エクステンダー PH
📷 ZWO ASI294MC Pro

撮影秘話

ニードル銀河　NGC4564

撮影:nabe（埼玉県）

宇宙には銀河がたくさんあります。有名なアンドロメダ銀河はもちろん、アマチュアでも撮影しやすい銀河はかなり多いのです。その中でも「エッジオン銀河」と呼ばれる、円盤を横から見たような見た目の銀河が好きで、毎シーズン撮影しています。はじめて自分のカメラでとらえた時から、暗い宇宙にぽっかり浮かぶ神秘的で不気味な姿に惹かれています。

✪ 山梨県 琴川ダム
🔭 笠井トレーディング GS-200RC
📷 ZWO ASI2600MC Pro

撮影秘話

葉巻銀河　M82 & ボーデの銀河　M81

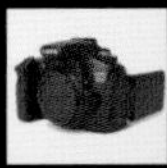

撮影:ほしたろう
(兵庫県)

葉巻銀河はボーデの銀河のような一般的な銀河とは異なった形をしています。ハッブル宇宙望遠鏡が撮影した葉巻銀河を図鑑でよく目にしていたので、自分でも撮影できた時は感無量でした。スターバースト銀河の代表例でよく掲載されているので、宇宙に興味のある人なら一度は目にしたことがあるかもしれません。

栃木県戦場ヶ原
Vixen R200SS
SEO-Cooled 60D

※NASA撮影のM82

撮影秘話

夏の銀河星雲

アンタレス付近

撮影:蒼月城（神奈川県横浜市）

「さそりの心臓」と言われる一等星アンタレスの周辺は全天で最もカラフルな領域として知られ、夏の天の川が見られる時季になると腕自慢の天文ファンがこぞって撮りたがるのがココです。ただし、撮影はできてもかなりの画像処理技術がないと太刀打ちできず、初心者は玉砕して落胆し、挫折を味わうことが多い対象でもあります。しかし、それでも諦めずに画像処理の腕を磨いて上手く処理できるようになると、ようやく宇宙の真の美しさを垣間見られた気になれて自分がひとつ上のステージに上がったような気分を味わえます。

長野県富士見高原
BORG 71FL
CANON EOS 6D
（SEO SP4 改造）

撮影秘話

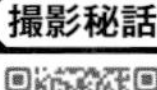

網状星雲　NGC6965

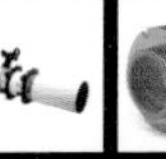

撮影：A-1
（兵庫県明石市）

光害地の自宅で月齢16.5の月明下で撮影しました。一昔前なら淡く広く分布する星雲を光害地で、しかも満月近くに撮影するなど想像もできませんでした。しかし、機材の進歩（特に対光害フィルター）によりそれが可能になりました。もちろん遠征地での画像には及びませんが、自宅でこの程度まで撮影できるとは、いい時代になりました。

- 自宅バルコニー（SQM値：17.5）
- William Optics FLT98 ＋ 純正レデューサー
- ZWO ASI294MC Pro

撮影秘話

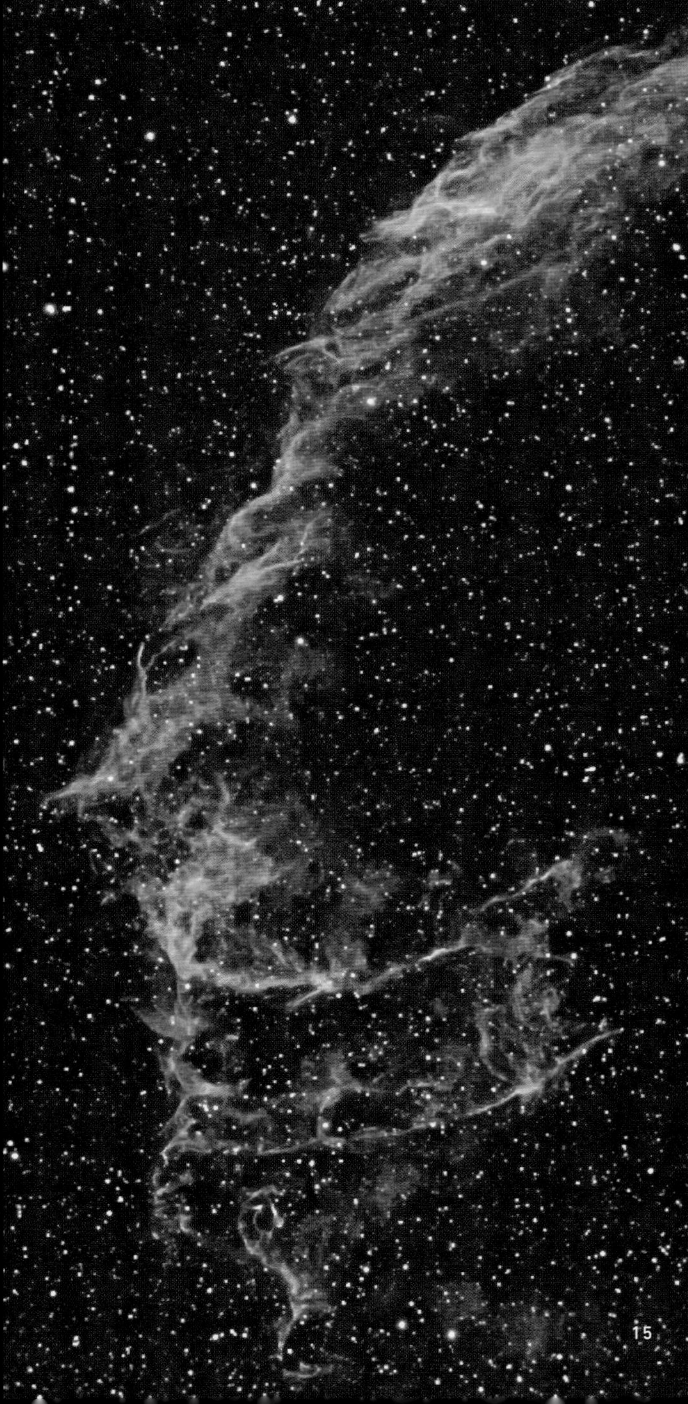

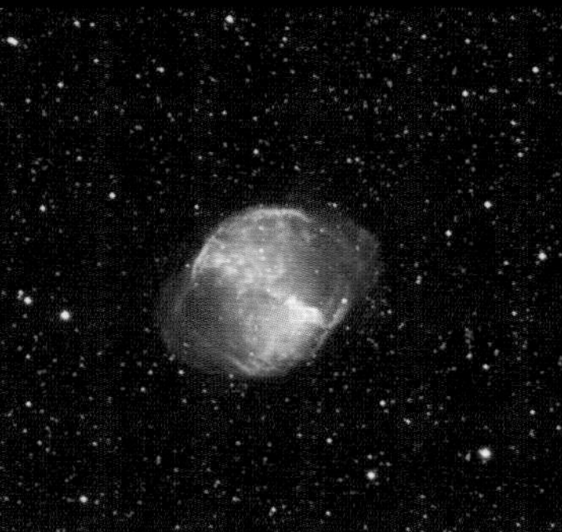

撮影:A-1（兵庫県明石市）

光害地の自宅で月齢16.5の月明下で撮影しました。「あれい星雲」は子どものころ宇宙の図鑑で見て目を奪われたのですが、天文台の大きな望遠鏡でなければ撮影できないと思っていました。それが自宅で撮影できるようになるとはビックリです。この天体は「透明感」が重要だと思うのですが、処理が難しくなかなか満足できません。

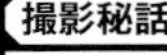

自宅バルコニー（SQM 値：17.5）

William Optics FLT98+ 純正レデューサー

ZWO ASI294MC Pro

北アメリカ星雲　NGC7000

撮影:蒼月城
（神奈川県横浜市）

夏の大三角の一角、一等星デネブの近くにある星雲で、その形が北アメリカ大陸によく似ていることから「北アメリカ星雲」と言われています。本当によく似ていますよね。この写真は私がこの星雲を初めて撮った時のもので、「ほんとにこんな形してるんだ!」と感動したのを覚えています。日本から見ると天頂付近を通過するので好条件で撮影することができます。しかも、比較的明るくて満月４個分ほどの大きさがあり、さらに位置がわかりやすいということで、初心者でも狙いやすい星雲と言えます。

長野県富士見高原

BORG 71FL

CANON EOS 6D
（SEO-SP4 改造）

猫の手星雲　NGC6334
干潟星雲　M8

撮影:ふうげつ(宮城県)

干潟星雲を初めて撮影したのは高校生の頃、自宅の庭からでした。「このあたりにあるはず……」とカメラを向けてシャッターを切ると、星空図鑑でしかみたことのなかった真っ赤な干潟星雲が自分のカメラの液晶画面に写り感動したことを覚えています。遠いものだと思っていたものがこうして目の前に現れ、えも言われぬ感動に心が掴まれました。

- 宮城県柴田郡川崎町
- 高橋製作所 FS-102
- EOS5DmarkIV+SEO Cooled 6D

撮影秘話

ペリカン星雲　IC5067

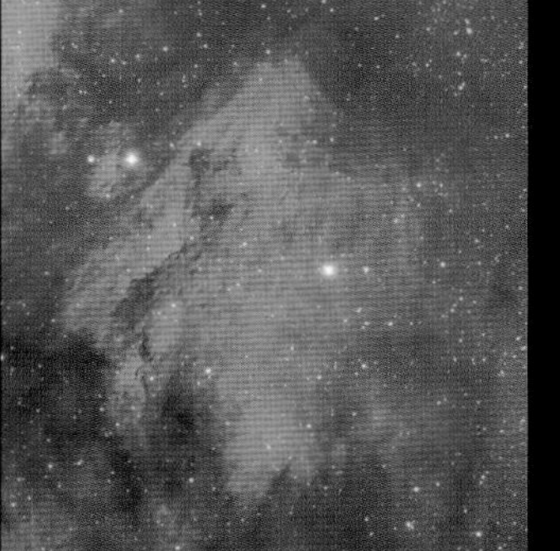

撮影:蒼月城(神奈川県横浜市)

北アメリカ星雲に隣接していて、北アメリカ星雲と一緒に撮れることが多い星雲です。名前通りペリカンに見えるかどうかはさておき、これまた面白い形をしていますよね。北アメリカ星雲とは別の星雲と思われるかもしれませんが、実は間にたまたま暗黒星雲があって別々に見えているだけであって、同じ星雲なんだそうです。北アメリカ星雲とセットで撮影し、上手く画像処理すると、それもなるほどと思えるようになります。宇宙って面白いですね。

- 長野県富士見高原
- BORG 71FL
- CANON EOS 6D（SEO-SP4 改造）

撮影秘話

わし星雲　M16 ※中心部に「創造の柱」が見える

撮影: A-1
（兵庫県明石市）

「創造の柱」はハッブル宇宙望遠鏡の画像で一躍有名になった印象から、大きく高価な機材でないと写せないと思っていたのですが、小型の望遠鏡でも意外に良く写りました。この画像は口径9.8cm、焦点距離が約500mmで撮影しています。Quad BPフィルターを使っていますが、その光害カット効果が大きいです。

- 自宅バルコニー（SQM値：18.5）
- William Optics FLT98 ＋ 純正レデューサー
- ZWO ASI294MC Pro

※NASA撮影の「創造の柱」

撮影秘話

秋の銀河星雲

アンドロメダ銀河　M31

撮影: 金子竜明
（栃木県）

小さな天体望遠鏡FMA135を購入したら真っ先に撮りたかったのがアンドロメダ銀河です。望遠鏡とカメラを合わせても手のひらサイズの機材で、どんな写真が撮れるのか半信半疑でしたが、1枚目の画像が出た瞬間に「十分画像処理に耐えられる写真だ」と確信。撮影中の画像をパソコンの画面いっぱいに映していたら、通りがかりの親子も驚いていました。「今、これで撮っている画像ですよ」と望遠鏡を指差したら、2度びっくり。まさかこんな小さい望遠鏡で撮っているとは思わなかったようです。家に帰って画像処理をしてみたら、想像以上に銀河や星々が色鮮やかに写っていて、とても満足できました。久しぶりに写真屋さんにプリントしてもらい部屋に飾ったりして楽しんでいます。

✪ 茨城県戦場ヶ原
Askar FMA135
Neptune-CII

撮影秘話

胎児星雲　IC1848

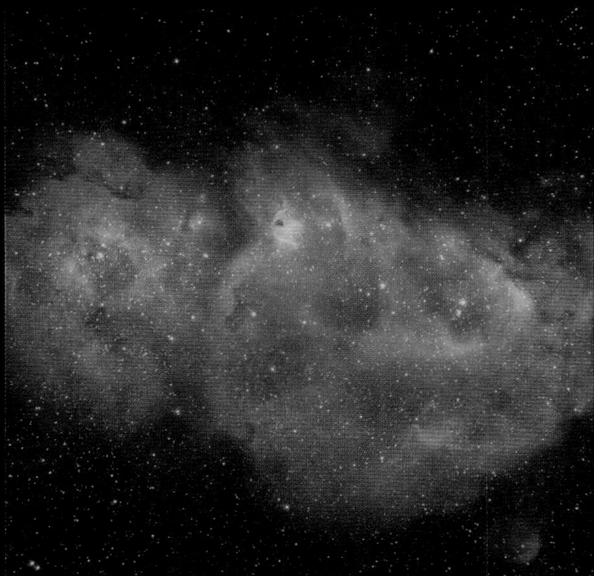

撮影:ふうげつ（宮城県）

特殊なフィルタを使えばこうして街中からでも星雲を写すことができます。普段見上げる星空は黒く、星雲なんて見えませんが、こうしてカメラで光を集めてみると確かに目の前の夜空の中に美しい星雲たちが存在することを実感できます。そういうところが天体写真の面白いところであると私は思います。

仙台市自宅ベランダ
高橋製作所 FS-102
SEO Cooled 6D

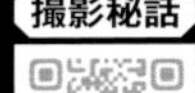

さんかく座銀河　M33

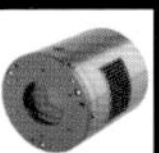

撮影:nabe（埼玉県）

アンドロメダ銀河と並んで秋の代表的な銀河です。全体的に淡い円盤状で、今まで何度も撮影に挑戦してはくじかれてきました。実はこの写真も補正レンズの調整に失敗して星像があまりよくありません。天体写真を撮影していて100%完璧な撮影ができることはほとんどありません。ゼロといってもいいです。自然を相手に、その時持ち得る全ての技術や機材を使って何度も挑めるのが、この趣味の面白さの1つだと思います。

長野県乗鞍高原
笠井トレーディング GS-200RC
ZWO ASI2600MC Pro

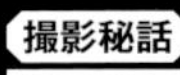

パックマン星雲　NGC281

撮影:A-1（兵庫県明石市）

月齢11.5の月明下で撮影しました。Quad BPフィルターを使うと光害地かつ月明下でもこのぐらいは写るのですが、見てわかる通り色が単調になってしまうなど、やはり遠征地での画像にはかないません。しかし様々な事情で遠征が難しい場合もありますので、光害地でもそこそこ撮影できる現在の機材環境はありがたいです。

撮影秘話

自宅バルコニー（SQM 値：17.9）
William Optics FLT98+ 純正レデューサー
ZWO ASI294MC Pro

らせん星雲　NGC7293

撮影:nabe（埼玉県）

海外では「神の目」とも呼ばれる星雲です。焦点距離の長い反射望遠鏡を手にしてから、このような小さな対象の撮影がとても楽しみになりました。なかなかノイズが減らずに、二晩かけて別々の場所で撮影したものを合成しています。写してみたら意外と面白い対象だったというのは、この天体のみならず、よくあることだと思います。

長野県野辺山
静岡県天城高原
笠井トレーディング
GS-200RC
ZWO ASI2600MC Pro

撮影秘話

ハート星雲　IC1805

撮影:ほしたろう（兵庫県）

文字通りハートの形をした可愛らしい星雲です。このほかにも「?」の形をした星雲や、北アメリカ大陸の形をした星雲など様々な星雲があります。肉眼で見ることはできませんが、何もないようなところでもカメラを向ければ浮かび上がるというのは天体写真の醍醐味だと思います。

岡山県八塔寺

Viixen ED70SS

ZWO ASI2600MC Pro

撮影秘話

Episode 2

銀河星雲趣味
5つの魅力

A smiling lens
撮影：ハッブル宇宙望遠鏡

1 自分の機材で映像化できる！

ハッブル宇宙望遠鏡に頼らず、
自分の天体機材で
自分の撮影したい
銀河星雲を映像化できる！

一人天文台が実現！

2 宇宙の神秘を体感できる！

巨大UFO？

虹色の異次元入り口？

猫の手？

不思議な色・形をした銀河や星雲が一杯！

今まで全く肉眼では見えなかった神秘的な銀河や星雲が目の前で（iPad上で）まるであぶり出しのようにして徐々に、その姿を現しはじめる。

その瞬間はまさにゾクゾクする最高の神秘体験！　科学の力を使って宇宙の神秘を感じることのできる最高の知的趣味！

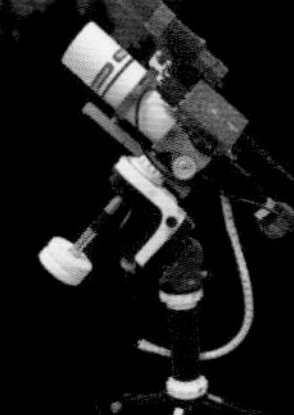

三 ガジェットにワクワク！

天体機材はガジェット好きにはたまらないメカトロニクスだらけ！
小さなものから巨大なものまで無数のガジェットあり！　そのガジェットをどう組み合わせ、どう楽しむかはアナタ次第！（組み合わせは無限大）

4 旅行の楽しさが2倍になる！

昼 観光

夜 銀河星雲鑑賞

※暗い場所ほどよく見え、よく映る！

5 試行錯誤とRPG的成長が楽しい！

同じ銀河星雲であれば、誰が撮影しても同じ映像になるかといえば、そうはならない。
なぜなら最終的に仕上がる銀河星雲の映像には様々な要素が絡んでくるからだ。

- 撮影場所の暗さ
- 撮影時の大気の状況
- 天体望遠鏡の性能
- 天体機材の安定性
- 制御機器の設定値
- 撮影用カメラの性能
- 赤道儀の追尾性能
- 極軸との一致度
- 撮影時のゲインの値
- 撮影時間の長さ
- 画像処理テクニックの上手下手

そして、最初は面倒に思えるこれらの１つ１つの要素が、次第に、工夫次第で結果が激変する面白要素に化けてくる。そして……

「毎回、面倒な極軸合わせ、こういう工夫をすれば、省略できるんじゃないか？」▶ P272 参照

「もっと暗い場所で撮影したら、
今まで写らなかった暗い星雲が写せるんじゃないか？」▶ P269 参照

「もっと高性能の天体機材に変えたら、撮影映像はどんな風に変わるんだろう？」▶ P273 参照

「もっと高解像度のカメラに変えたら、
アンドロメダ銀河の渦を写せるんじゃないか？」▶ P275 参照

「この設定値を変えたら、もっと綺麗に銀河星雲写真を撮影できるんじゃないだろうか？」

「画像処理のテクニックを身につけたら、
達人並みの銀河星雲画像に仕上がるんじゃないだろうか？」

と、頭の中で改善改良のアイデアが次々と浮かんできてワクワクがとまらなくなる。そして、早く、そのアイデアを試したくてウズウズしてくる。実際にそのアイデアを試して、うまくいけば楽しいし、うまくいかない場合は、何が原因なのか？　どうすれば思いどおりにいくのか？といったパズルが出題された状態となり、そこからの試行錯誤１つ１つが楽しくてたまらなくなる。そして、パズルを１つ解く度に仕上がる銀河星雲映像がどんどん美しくなっていく。

昨日まで撮影できなかった銀河星雲を今日は撮影できるようになる。そういったドラクエ以上の成長の快感を感じることのできる趣味！　試行錯誤の楽しさが、これでもか！　というぐらい詰まった趣味、それが銀河星雲趣味だ！　無限に可能性が広がっていくことに加え、２兆個とも言われる銀河星雲の数とも相まって、全く飽きのこない趣味、それが銀河星雲趣味だ！

Episode 3

銀河星雲趣味 5つの疑問

クエスチョンマーク星雲
撮影：TMT
画像処理：蒼月城

Q1
夜空を見上げても、銀河星雲なんて一度も見えたためしがないんだけど？

A1
銀河星雲は光が弱すぎて、肉眼で直接見ることはできません。

そこで、銀河や星雲の弱い光を、光センサーとデジタル技術の力を使い、弱い光を蓄積、増幅し、可視化して楽しもう！
というのが銀河星雲趣味です。

デジタル技術の急速な進展のおかげで銀河星雲を誰もがかんたんに楽しめるようになったのは、ここ数年のこと（つまりつい最近！）。

したがって、この趣味自体がまだ広く世の中に知られていません。人類の99.99999％は、銀河や星雲を映像化できるのはNASAや天文台ぐらいで、個人でそんなことができるとは思っていません（著者も1年前まで、そう思い込んでいた）。
つまり、この趣味に、いつ手を出すか？

大勢の人が大挙して押し寄せてくる前の**今！ です！**

Q2

機材の操作、ムズカしそう!

A2

確かに一昔前まで、システム構築&操作のムズかしさから、天体素人が気軽に手を出せるような趣味ではありませんでした。

しかし、ここ数年で天体機材革命が起こり、状況は一変(その立役者は「ASIAIR」「ZWOのCMOSカメラ」「AZ-GTi」という3つの画期的機材)。

おかげで、天体素人でも、iPhoneやiPadのボタンを押していくだけで、銀河星雲をかんたんに映像化できるようになりました。

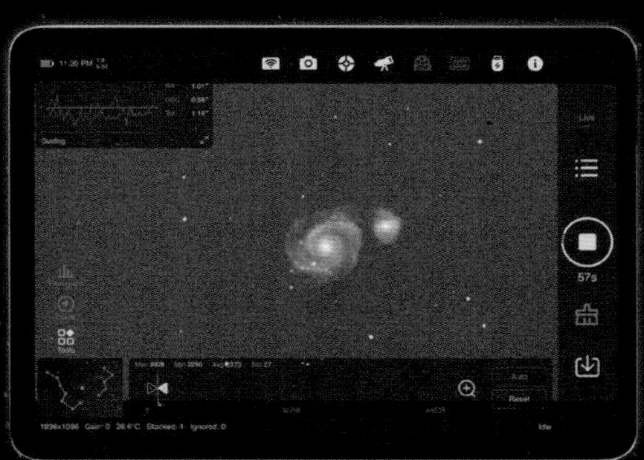

本書では、天体素人でも、銀河星雲をカンタンに撮影し、楽しめる方法だけを紹介しています。

Q3

具体的にはどうやって銀河や星雲を映像化するの？

A3

大まかな手順は以下のとおりです

❶ iPhone や iPad で映像化したい銀河星雲を天体カタログの中から選ぶ
❷ 選んだ銀河星雲の方角を天体望遠鏡が向く（モーター駆動）
❸ 撮影開始（天体撮影用カメラが銀河星雲の弱い光を蓄積・増幅しだす）。時間経過とともに銀河星雲の姿があぶりだしのように徐々に浮き出てくる

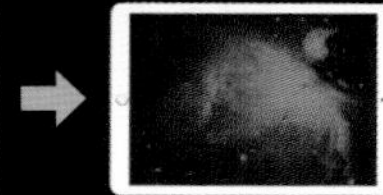
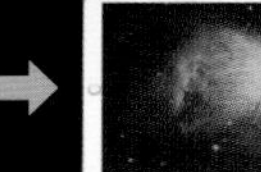

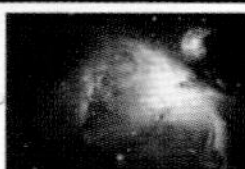

❹ ほどよい感じになってきたところで、その映像を保存
❺ 保存された映像を画像処理アプリを使って綺麗に仕上げる
❻ 綺麗に仕上げた銀河や星雲の映像を iPhone や iPad の壁紙に設定したり、インスタ、Twitter などの SNS にアップし友達を驚かせる。皆、おいしそうなランチの画像には既に飽き飽き。そんな中、アナタが映像化した銀河星雲の画像に友人は驚くでしょう。

Q4

銀河星雲の撮影って、どこでできるの？

A4

見晴らしがよく、上空に雲がなければ、どこでも銀河星雲を撮影できます。街中のマンションベランダでも撮影可能です。

つまり自宅のベランダが天文台になるのです！　ただし、暗い場所（都会よりも田舎）の方が、銀河や星雲を美しく撮影しやすいところはあります（暗い場所でないと撮影できない、とても光の弱い銀河や星雲もあります）。

だから都会に住む銀河星雲マニアは少しでも銀河や星雲を美しく映像化したい一心で、暗い場所に遠征と称し、撮影小旅行にでかけます。また、街の光が強い都心部では、光害カットフィルターという特殊なフィルターをカメラに装着し撮影します。これにより、都会では写りづらい銀河星雲を撮影できるようになります。

暗い場所へ遠征！

都会では光害カットフィルターを使って撮影！

QS

銀河星雲趣味やってる人、男性が多そうー

AS

多そう？ いえ、100%男性です！（キッパリ！）

以下は銀河星雲マニア、蒼月城さんのYouTube動画チャンネルの視聴者男女別内訳データです（実物）。

年齢と性別
視聴回数・過去 28 日間

女性	0%
男性	100%

蒼月城さんの超低音のイケボイスはこの世界では有名！　難点は声が魅力的すぎて内容がなかなか頭に入ってこないこと（笑）。レッツ試聴！

実際、地上で女性の銀河星雲マニアを肉眼で観測できたためしがありません！　ここまで男女比に落差があるのは相撲力士界と銀河星雲マニア界だけです。さて、これが何を意味するかと言うと……アナタが女性だった場合、今、この世界に足を踏み入れた、その瞬間モテモテになるということ！　婚活するにはもってこいの世界です！　5000対1の夢のような世界！　ここだけの話、銀河星雲マニアは総じて知的水準が高く、高所得です。アナタのお越しを心よりお待ちしています。

Episode 4

今日、銀河星雲を目撃するための3つの方法

今までアナタが一度も銀河や星雲を目撃したことがないのはなぜだろう？

その最大の原因は銀河や星雲を個人で目撃することなどできるわけがないという思い込みにある。結果、銀河や星雲を目撃する具体的方法を調べてみようという発想すら起きず、今に至っている。

では、その具体的方法が、今わかったとしたら？

しかも、その具体的方法がカンタンだったとしたら？

そして、その気になって、その方法を実行すれば、
今日にでも銀河星雲を目撃できるとしたら？

従来、美しい銀河や星雲を目撃したり、その証拠写真を残すには、第５章で紹介する「王道コース 全12ステップ」を１つ１つ踏んでいく必要があった。

しかし、実はその全手順をスキップし、いきなり銀河星雲を目撃したり、撮影できる方法がある。

本章では、アナタがその気になりさえすれば「今日にでも銀河星雲を目撃できる２つの方法」と「目撃した上に証拠写真まで残せる１つの方法」を紹介する。

では、まず１つ目「肉眼で巨大銀河を目撃する方法」から紹介しよう。

1 肉眼で巨大銀河を目撃!（機材費0円）

「肉眼で銀河星雲を楽しむ方法」を紹介する前に、まずアナタにとても大事なことを伝えておかなければならない。それは……

前章で著者は

「銀河星雲は暗すぎて、肉眼で直接見ることはできない」

と書いた。

実際、アナタは今まで夜空を見上げた時、銀河や星雲を目にしたことはないだろう。

銀河や星雲は肉眼で直接見ることができるほどの強い光を放っていないからだ。

しかし！　実は例外の銀河がある。

「ある場所」に行けば誰でも肉眼で楽しむことのできる銀河だ。

しかも！　その銀河は

肉眼で見える最大の巨大銀河だ！

さらには、
その銀河の名前をアナタは既に知っている！

おわかりだろうか？

そう！　その銀河の名前は……

天の川銀河！

え？
天の川って、銀河だったの？

そう、天の川の天体名は「天の川銀河」だ（著者も1年前まで知らなかった）。

え？
だとしても、天の川って、そんな円盤のような形状してないよね？
天の川って、こんな帯状でしょ？

確かにアナタが写真などでよく見かける天の川銀河はこんな帯状だ。

じゃあ、どうして、写真でよく見る天の川の写真はどれも円盤状ではなく帯状ばかりなのか？

その理由が一発でわかる天の川銀河と地球の関係を示した映像を次のページでお見せしよう。

再度、天の川銀河！

アナタが今
住んでいる地球

上から見ると、こう

アナタが今
住んでいる地球

横から見ると、こう

つまり私たちが住んでいる

地球は天の川銀河の一部だったのだ！

地球は天の川銀河内の端っこに存在している小さな1惑星にすぎない。そして写真でよく見る天の川が帯状に見えるのは、その天の川銀河内部にある地球から、夏は銀河中央方向、冬は銀河の周縁方向が見え（南半球では逆になる）、その映像は

天の川銀河の断面映像に他ならない。

（著者も 1 年前までは知らなかった）。

天の川銀河
地球
冬
夏
星
少ない
地軸
星
多い

天の川銀河の周縁方向を見ることになるため（見える星が少なく）、天の川が薄っすらと見える

天の川銀河の中心方向を見ることになるため（見える星が圧倒的に多く）、天の川が冬に比べ濃く見える。天の川を楽しむなら夏！

天の川の意外な事実に「そうだったのか!」と、アハ！　体験をしてもらった直後で恐縮だが、天の川銀河について、そしてアナタの住んでいる地球について悪いニュースも1つお伝えしなければならない。

まず基礎知識として、天の川銀河から最も近い銀河の1つにアンドロメダ銀河がある（といっても、その距離地球から250万光年の彼方）。そして、このアンドロメダ銀河は我々の天の川銀河に秒速約122kmの猛スピードで常に接近していることがわかっている。

天の川銀河

秒速
約122kmで
接近中！

DANGER !!!

アンドロメダ銀河

そして、なんと！　今から40億年後、

我々の天の川銀河とアンドロメダ銀河は衝突！

すると予測されている！

そして、その衝突前後、天の川が、どのように見えるのか、その姿をNASAが公開している。

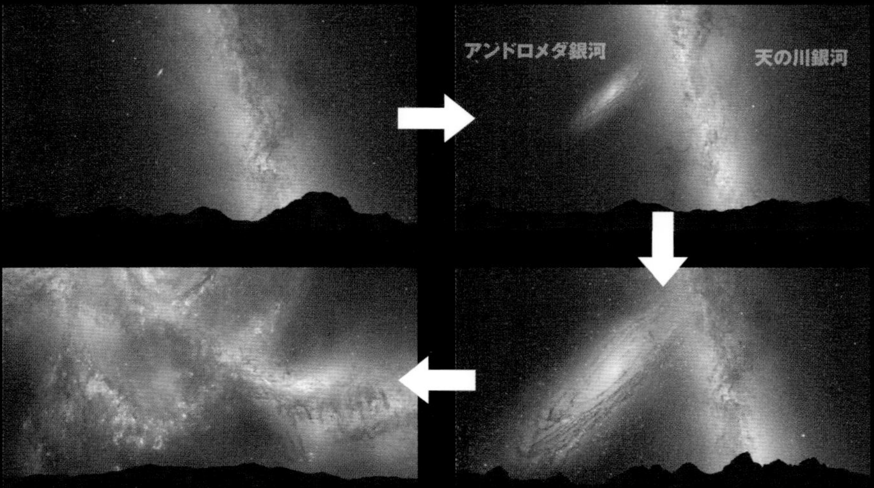

衝突!

40 億年後の天の川銀河とアンドロメダ銀河の見え方

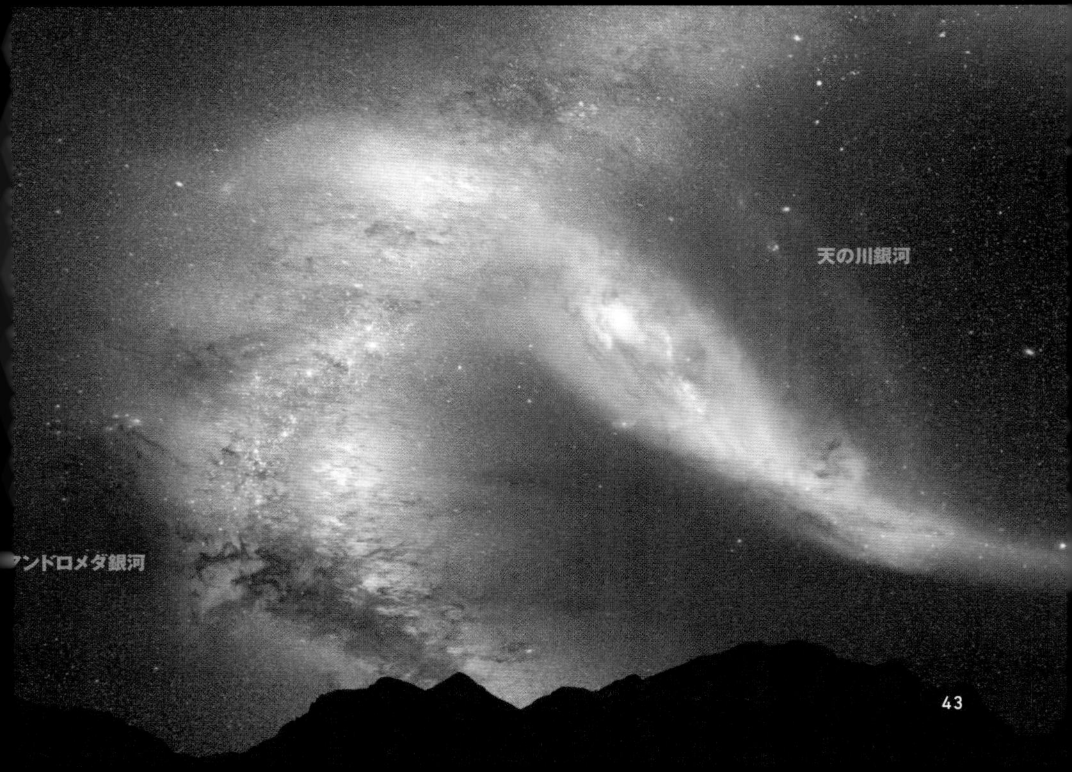

つまり、今のような形状の天の川を楽しめるのは今だけなのだ！
ということは、いつ天の川を見にいくか？

今日の今からしかない！

ただし！　天の川を肉眼で楽しめる場所は限られている。
暗い場所だ。街明かりの多い都会では、その街明かりが上空をも照らし、その上空の明るさに天の川が発する弱い光は負けてしまい肉眼で楽しむことができない。一方、街明かりのない田舎では、上空は真っ暗で、弱い光しか発していない天の川が、浮き上がって見える。

以前著者が住んでいたマンションのテラスから撮影した夜景写真（東京都中央区佃）。街明かりが激しく星がほとんど見えなかった

街明かりのないエリアで撮影された天の川の写真。天の川が浮き上がって見える

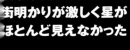

実は地球上のどこが街明かりで明るい場所で、逆に街明かりがなく暗い場所かが一目でわかる、

光害マップというものがある。

この**光害マップで黒く表示されている場所**に足を運べば間違いなく「天の川銀河」を肉眼で（つまり天体機材費0円）で楽しめる！
次ページから、その光害マップを見てもらおう。この光害マップで、今アナタが住んでいる場所は天の川が見えるエリアなのか？　もし見えな場合、天の川を見ることのできる最も近い場所はどこなのかチェックして欲しい。

世界全体

まず、世界全体を見渡した時、光害が激しい（黄色以上の）エリアは、ヨーロッパ全域、中国東岸、アメリカ合衆国東部、そして、日本に限られる。それ以外のエリア（ロシアの大半、中国西部、北朝鮮全域、カナダ、アフリカ、オーストラリア、南米北部など）はどこもフツーに天の川を肉眼で楽しめるエリアであることがわかる。つまり、地球規模で見た場合、多くの場所で天の川は肉眼で見えるのが普通の銀河なのだ。では日本全体で見た場合、どうなっているかと言うと……

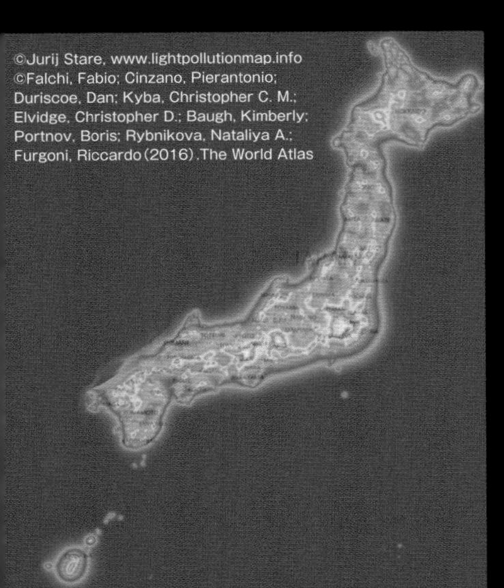

©Jurij Stare, www.lightpollutionmap.info
©Falchi, Fabio; Cinzano, Pierantonio; Duriscoe, Dan; Kyba, Christopher C. M.; Elvidge, Christopher D.; Baugh, Kimberly; Portnov, Boris; Rybnikova, Nataliya A.; Furgoni, Riccardo (2016). The World Atlas

日本列島を見渡した時、特に明るいエリア（赤いエリア）は、札幌、東京、名古屋、大阪、福岡、そして意外なことに沖縄本島もかなり明るい場所だとわかる。暗い場所（青色よりも暗い色の場所）は札幌以外の北海道、東北、日本海側、四国、九州南部となっている。

ただし、このスケールではわかりにくいので、次ページより、9つのエリアに分けて解説。具体的には、どのエリアが暗く、天の川を肉眼で楽しめる場所なのかをチェックして欲しい。

北海道

札幌市民は少し足を延ばせば暗いエリアにありつける。北に位置する**エリアA**。西に位置する「当丸展望台」（約150km）を含む**エリアB**。

東南に位置する「高見ダム」（約200km）を含む**エリアC**は、ほぼ完全な暗黒世界。

東に足を延ばせば銀河星雲撮影に適した「美幌峠展望台」と「摩周湖第一展望台」がある。ただし、北海道の場合、人里離れた場所では熊に襲われる可能性が出てくる。もし、そのような場所に足を運ぶ場合は、事前に「●●●（場所の名前）　熊」で検索し、危険性を確認した上で出かけた方がよい。

東北

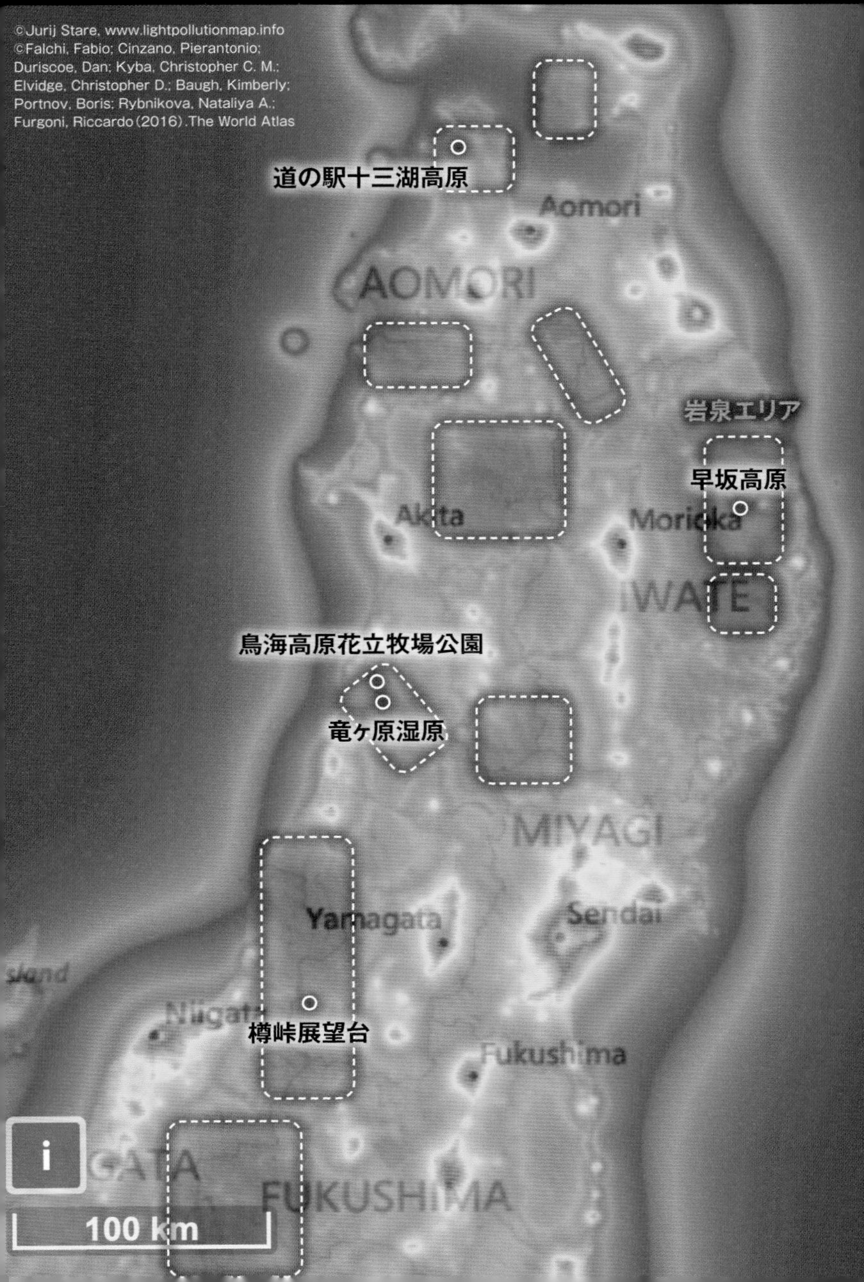

©Jurij Stare, www.lightpollutionmap.info
©Falchi, Fabio; Cinzano, Pierantonio; Duriscoe, Dan; Kyba, Christopher C. M.; Elvidge, Christopher D.; Baugh, Kimberly; Portnov, Boris; Rybnikova, Nataliya A.; Furgoni, Riccardo (2016). The World Atlas
道の駅十三湖高原
Aomori
AOMORI
岩泉エリア
早坂高原
Akita
Morioka
IWATE
鳥海高原花立牧場公園
竜ヶ原湿原
MIYAGI
Yamagata
Sendai
Niigata
樽峠展望台
Fukushima
FUKUSHIMA
100 km

首都圏

東京23区民にとって近場で最も暗い場所は**A**「大島南部」（南に約100km）真っ暗。そこそこ暗い場所としては長野県八ヶ岳ふれあい公園、山梨県琴川ダム湖岸広場駐車場、静岡県朝霧アリーナ、静岡県天城高原ハイカー専用駐車場（南方向暗い）、東京湾アクアラインを渡っての**B**千葉県房総半島南端（約90km）、北の栃木県「戦場ヶ原三本松駐車場」を含む**エリアC**（約130km）、そこから少し足を延ばせば、さらに暗い**エリアD**の只見エリアがある。

中部

©Jurij Stare. www.lightpollutionmap.info
©Falchi, Fabio; Cinzano, Pierantonio; Duriscoe, Dan; Kyba, Christopher C. M.; Elvidge, Christopher D.; Baugh, Kimberly; Portnov, Boris; Rybnikova, Nataliya A.; Furgoni, Riccardo (2016). The World Atlas
黒部ダム展望台休憩所
乗鞍高原 第1駐車場
御岳ロープウェイ駐車場
御嶽山黒沢六合目駐車場
阿智村営無料駐車場
しらびそ高原
スターフォーレスト御園
ISHIKAWA
TOYAMA
GIFU
NAGANO
AICHI
SHIGA
MIE
Notojima
Takaoka
Toyama
Kanazawa
Komatsu
Fukui
Mt.Hakusan
Mt.Arashimadake
Mt.Yarigatake
Joetsu
Mt.Myokosan
Mt.Naebasan
Nagano
Ueda
Matsumoto
Mt.Komagatake
Kofu
Gifu
Tajimi
Ogaki
Hikone
Higashiomi
Nagoya
Toyota
Yokkaichi
Handa
Toyohashi
Tsu
Matsusaka
Hamamatsu
Fujieda
Shizuoka
Mt.Fuji
Fuji
Numazu
Odawara
Mt.Amagisan
Sanjo
Nagaoka

大阪

大阪府民にとって近場で暗い場所は和歌山県ほぼ全域となる。
例えば南に100km離れた「大斎原 入口・駐車場」は候補地の1つ。

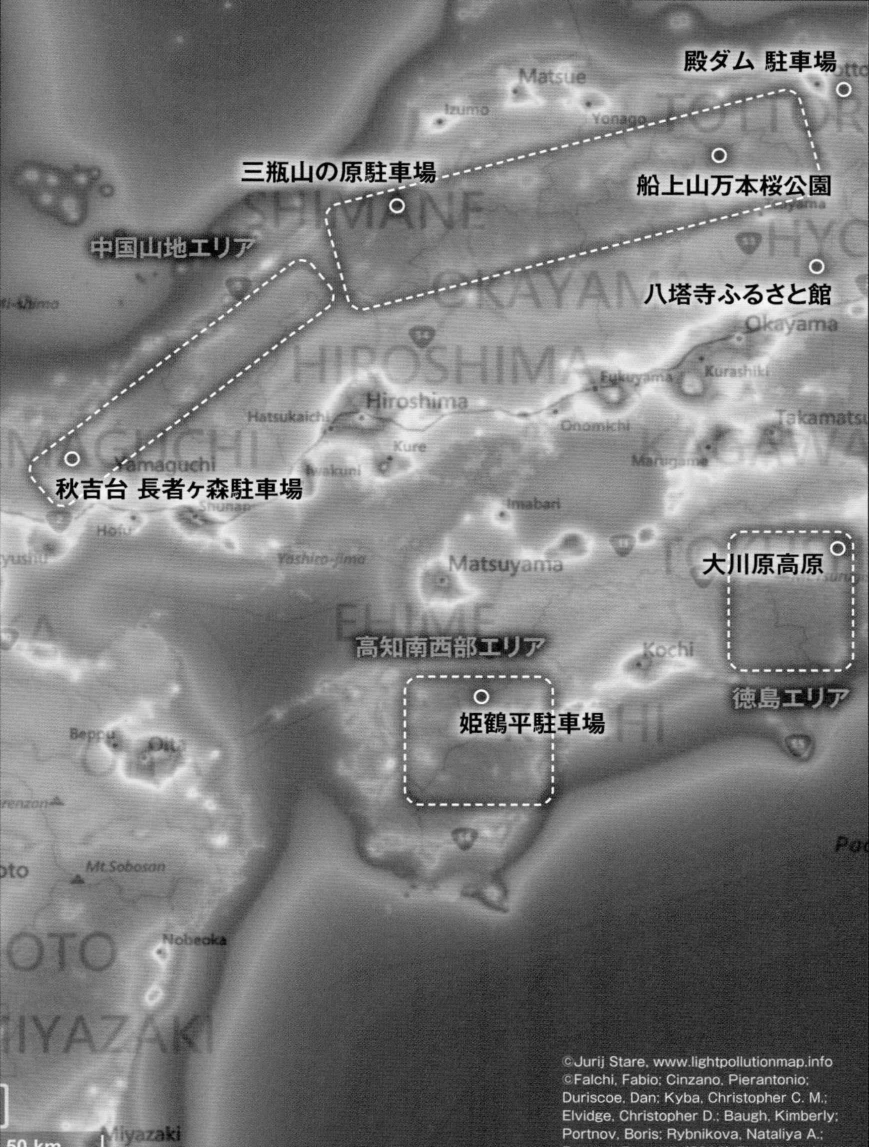
殿ダム 駐車場
三瓶山の原駐車場
船上山万本桜公園
中国山地エリア
八塔寺ふるさと館
秋吉台 長者ヶ森駐車場
大川原高原
高知南西部エリア
姫鶴平駐車場
徳島エリア
Matsue
Izumo
Yonago
Okayama
Kurashiki
Fukuyama
Hiroshima
Hatsukaichi
Onomichi
Takamatsu
Kure
Yamaguchi
Iwakuni
Marugame
Imabari
Matsuyama
Kochi
Beppu
Nobeoka
Miyazaki
Mt.Sobosan
50 km

耶馬エリア
別所駐車場
小石原川ダム
長者原ビジターセンター
九重連山エリア
宮崎エリア
五ヶ瀬ハイランドスキー場
Fukuoka
Saga
Nagasaki
Kumamoto
Kagoshima
Miyazaki
Oita
Yamaguchi
50 km
©Jurij Stare, www.lightpollutionmap.info
©Falchi, Fabio; Cinzano, Pierantonio; Duriscoe, Dan; Kyba, Christopher C. M.; Elvidge, Christopher D.; Baugh, Kimberly; Portnov, Boris; Rybnikova, Nataliya A.; Furgoni, Riccardo (2016) .The World Atlas

沖縄

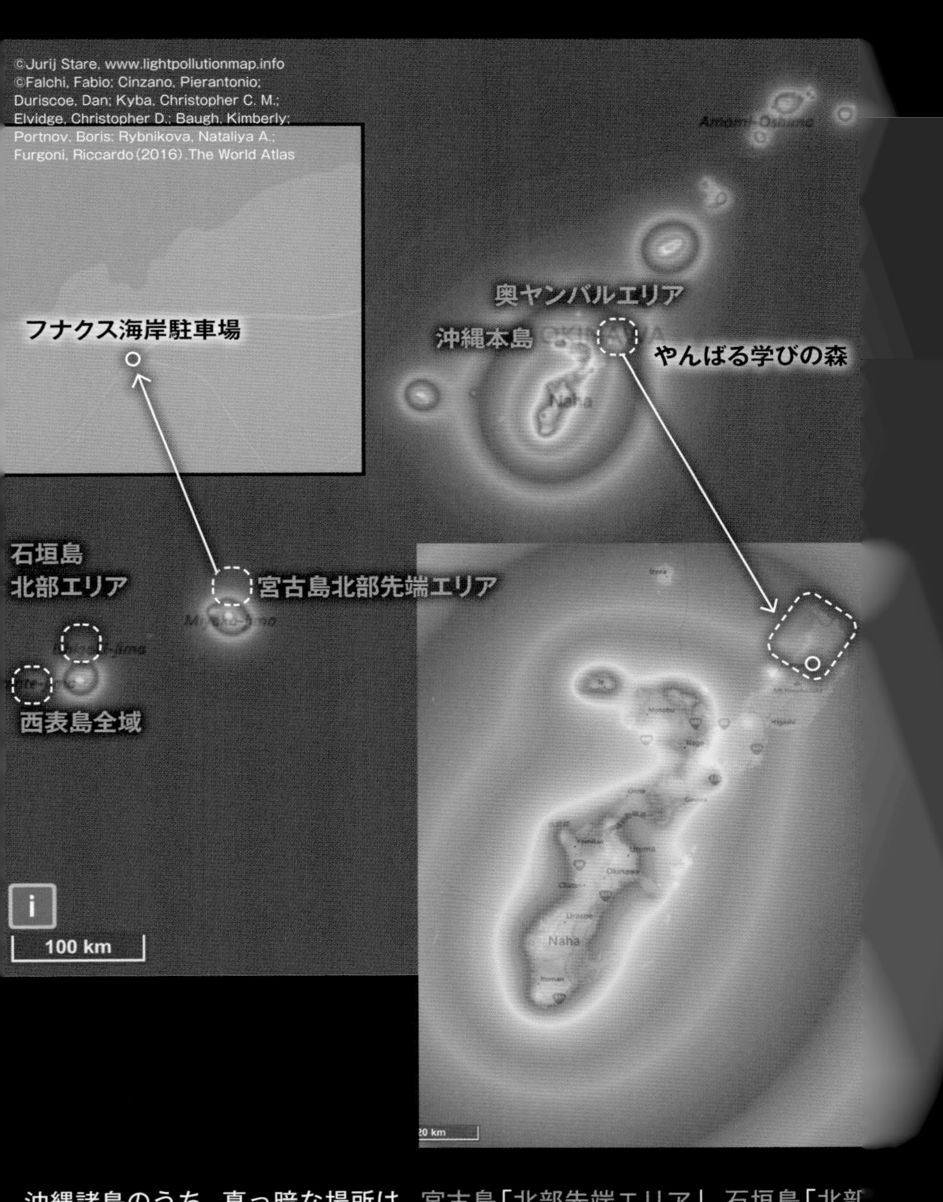

沖縄諸島のうち、真っ暗な場所は、宮古島「北部先端エリア」、石垣島「北部エリア」、「西表島全域」となっている。沖縄本島の場合、那覇市から北部「奥ヤンバル」エリアまで（約80km）足を運ぶ必要がある。

なお、光害マップにはスマホ・タブレット版、WEB版が用意されており、アプリを利用すれば、さらに詳しくチェックできる。

iPad、iPhone版

アンドロイド版

Web版

https://www.lightpollutionmap.info

さて、天の川を楽しめる場所はわかった。いざ、出発！　と行きたいと思っているところ恐縮だが、実は、以下の条件を満たしていないと、満足に天の川を楽しむことはできない（天の川に限らず銀河星雲一般に当てはまる）。

❶暗くて（これはわかった！）、見晴らしのよい場所（高原・平原・ダムなど）

❷現地で雲がでない（天気予報の晴れ予報は雲に関しては全くアテにできない）気象状況

そこで、役立つのが「雲予報」

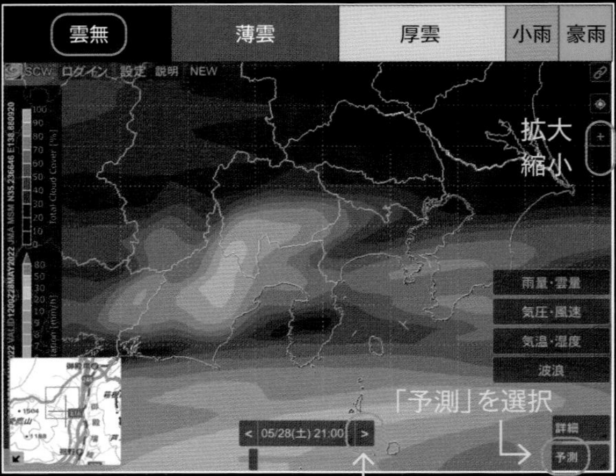

雲無　薄雲　厚雲　小雨　豪雨

拡大

縮小

「予測」を選択

観測日時まで時間を先送りする

https://supercweather.com

満月カレンダー

https://www.arachne.jp/onlinecalendar/mangetsu

❸月がでない▶「満月カレンダー」でチェック

準備は整った。さあ、早速**天の川銀河の断面**を見に行こう！

え？
天の川銀河を見てみたいけれど、
今日の今から、そうかんたんに遠方まで行くことなんてできない？

ま、今日のところは勘弁しておこう（笑）。
ぜひ、状況が整い次第、暗い場所に出かけて行き
天の川を体験して欲しい。

さて、ここで、読者に1つ試して欲しいことがある。「天の川」でGoogle画像検索してみて欲しい。すると↙のような美しい天の川の画像が多数表示されると思う。左下の画像は天体マニアのスタパオーナーさん（スタパというペンションのオーナーさん）が撮影したもの。そして、このスタパオーナーさんに、この写真を撮影した時、天の川が肉眼では、実際どう見えていたか、その再現映像をお願いして作ってみてもらったところ⬇

よくある天の川の天体写真

肉眼での実際の見え方

肉眼で見える天の川の見え方再現映像

そう！　肉眼では、よくある天の川の天体写真のようには見えないのだ。実は著者も去年、宮古島で生まれてはじめて天の川を見ることができた。

しかし、よくある天の川の写真のようにハッキリとは見えず、薄っすらと何か帯っぽいものがあるなあ、という感じだった（なぜ、このような現象が起こるのかは後述）。と、天の川に対する読者の期待値を思いっきり引き下げたところで……次ページからは、少額のお金をかけるだけで、天の川銀河以外の銀河星雲も楽しめるようになる、ある画期的なシステムを紹介する。

2 双眼鏡で銀河星雲星団を目撃!(機材費1万5千円)

天の川目的で暗い場所に行ったとしても、天の川だけを楽しむというのは実にもったいない。なぜなら、暗い場所は天の川以外の無数の銀河や星雲を楽しむにも、うってつけの場所だからだ。しかし、天の川以外の銀河や星雲のサイズは、天の川銀河に比べ、小さすぎて、そのままでは楽しめない。

そこで、天体望遠鏡の前段階として「双眼鏡を使って手軽に銀河星雲を楽しむ方法」を紹介。ただし天体素人にとって楽しみたい天体を双眼鏡の視野に入れること自体が無理ゲー。そこで、ここでは天体素人でも銀河や星雲を気軽に確実に楽しめる双眼システムを紹介する。

名付けて天体ナビ付き双眼システム!

できること:天体素人が広大な宇宙空間で迷子にならずに銀河や星団を確実に楽しめる!

システム全体像

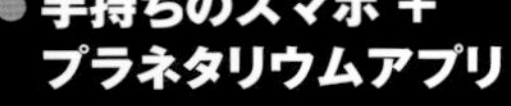

● スマホホルダー(1500円)

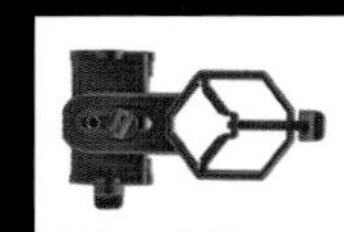

● ビデオカメラ用三脚(3000円)

● 双眼鏡(約7000円)

● 双眼鏡を三脚に固定するホルダー(約1500円)

● カメラプレート(1300円)

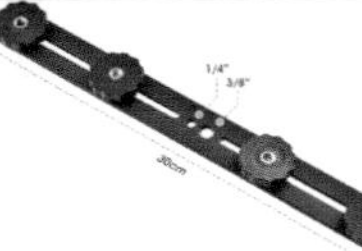

双眼鏡で楽しめる銀河・星雲・星団

双眼鏡を使った場合、どんな銀河星雲星団が楽しめるのか季節別にまとめたものを次ページから掲載している（写真は全てスタパオーナーさん撮影）。なお、双眼鏡で実際に見えるかどうか、どのように見えるかは、その場所の暗さ、その時の大気の状態などに大きく左右される。また銀河も星雲も双眼鏡で見た場合、いわゆる天体写真（天体望遠鏡を使って撮影された天体の写真）のようには絶対に見えない。なぜなら、天体写真を撮影したカメラセンサーと人間の網膜センサーには性能面で大きな違いがあるからというのが理由の1つ。そして、天体写真の場合、本書の「王道コース」で解説しているとおり、画像処理と言う画像のお化粧作業を必ず行っているからというのが、もう1つの理由。つまり、双眼鏡で天体を見るということは、光に対して感度の弱い人間の目を使い、しかも全くの無加工（すっぴん）の天体を見ることを意味する。肉眼で天の川を見た場合、写真のようには見えないと書いた理由もコレ。例えば明るい天体であるアンドロメダ銀河でさえ以下のような見え方の違いがある（両方ともスタパオーナーさん撮影）。

双眼鏡で見た アンドロメダ銀河（暗所で）の見え方

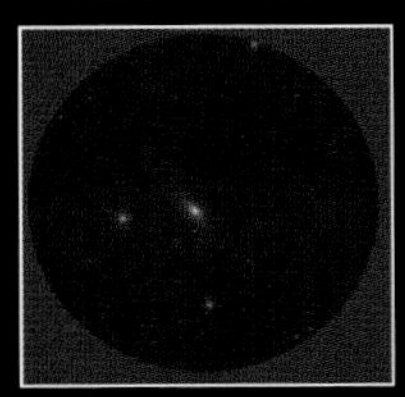

天体望遠鏡で撮影し 画像処理された天体写真

だとしても、左側のようなアンドロメダ銀河をたったの1万5千円の機材で肉眼で生々しく楽しめる！　なお、人間の目は暗い光に対しては色を認識できないため（特に赤に対する感度が低い）、基本的に、どの天体も色鮮やかには見えない（基本白黒）。よって、銀河星雲に関して言えば、双眼鏡で見えているこの銀河や星雲を後々、自分の天体望遠鏡で映像化した時、どんな風に見えるんだろう？　と妄想を膨らませながら楽しんで欲しい。なお、暗い場所に行った際、双眼鏡で銀河星雲星団を見るだけではなく、双眼鏡で天の川も見て欲しい。「え？　そんなことしたら、帯状に広がる天の川のほんの一部分しか見えないじゃないか！」って？　そう！　しかし天の川がどれだけ膨大な数の輝く星で構成されているか、そのおびただしい数の星々（その数、光り輝く恒星だけでなんと2500億個）に圧倒され、感動できること請け合いだ。

冬 オリオン大星雲　M42

双眼鏡での見え方	天体写真 （天体望遠鏡で撮影した天体写真）

冬 ふたご座散開星団 M35

双眼鏡での見え方	天体写真 （天体望遠鏡で撮影した天体写真）
	100倍

冬 ヒアデス星団 Mel 25

双眼鏡での見え方	天体写真 （天体望遠鏡で撮影した天体写真）
10倍	10倍

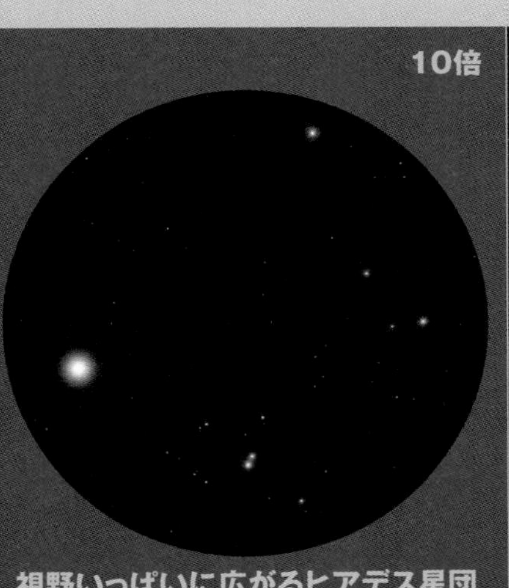

視野いっぱいに広がるヒアデス星団

冬 プレアデス星団 M45

双眼鏡での見え方	天体写真 （天体望遠鏡で撮影した天体写真）
10倍	30倍

プレセペ星団 M44

双眼鏡での見え方	天体写真 （天体望遠鏡で撮影した天体写真）
10倍	100倍

ボーデ銀河 M81 & 葉巻銀河 M82

双眼鏡での見え方	天体写真 （天体望遠鏡で撮影した天体写真）
25倍	100倍

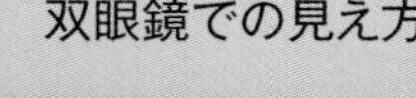 バタフライ星団 M6 & トレミー星団 M7

双眼鏡での見え方	天体写真 （天体望遠鏡で撮影した天体写真）

 バンビの横顔 M24

双眼鏡での見え方	天体写真 （天体望遠鏡で撮影した天体写真）
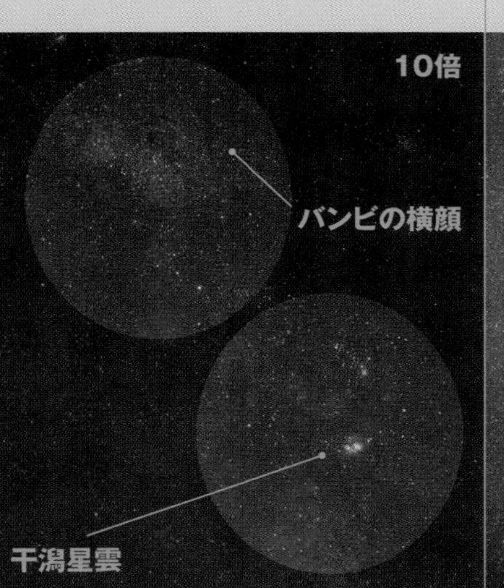	

夏 干潟星雲 M8

双眼鏡での見え方	天体写真 （天体望遠鏡で撮影した天体写真）
25倍	100倍

夏 ヘルクレス座球状星団 M13

双眼鏡での見え方	天体写真 （天体望遠鏡で撮影した天体写真）
25倍	100倍

アンドロメダ銀河 M31

双眼鏡での見え方	天体写真 （天体望遠鏡で撮影した天体写真）
10倍	25倍

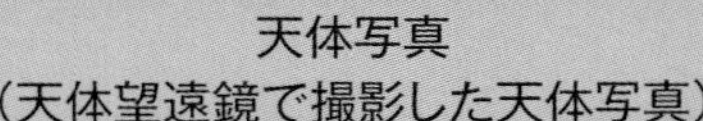

ペルセウス座二重星団 NGC869 & NGC884

双眼鏡での見え方	天体写真 （天体望遠鏡で撮影した天体写真）
10倍	30倍

天体ナビ付き双眼システムの作り方

① 機材購入

以下は著者が買いそろえた機材のリスト。
選択肢は複数あるので購入時の参考に。

※機材リンクをhttps://t.maniaxs.com/sに掲載中

❶		**Kenko 双眼鏡 Mirage 10×50** 三脚取り付けホルダー用のネジ穴があるものを必ず購入	**6,631円**
❷		**三脚取付ホルダー KTH-001**	**1,380円**
❸	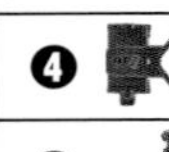	**カメラプレート30.3cmホットシュー付** 必ずホットシュー付のカメラプレートを購入	**1,318円**
❹		**ANQILAFU スマホアダプタマウント** ANQILAFUの商品は頑丈	**1,860円**
❺		**Velbon ファミリー三脚 EX-440** シュープレート付の三脚を購入すること	**3,708円**

② アプリ「Star Walk2」をスマホ（機種変前の旧世代スマホで可）にインストール

Star Walk2

iPhone版

アンドロイド版

③ アプリの設定

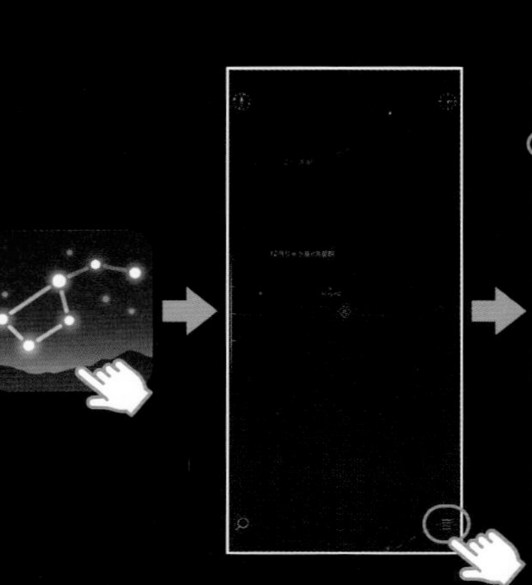

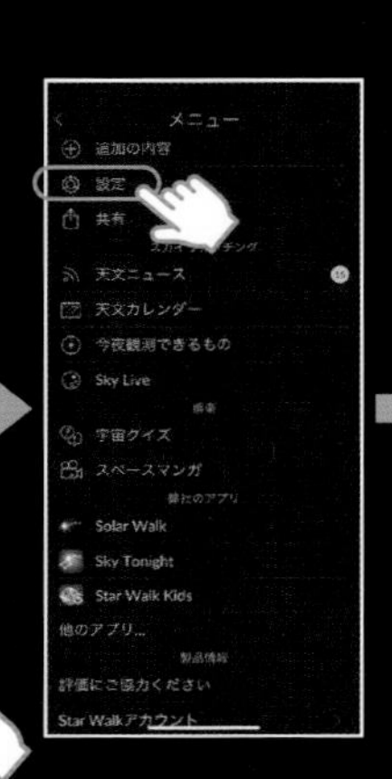

「カメラプレート」に「スマホアダプタマウント」「（三脚付属の）シュープレート」「三脚取付ホルダー」を取り付ける。

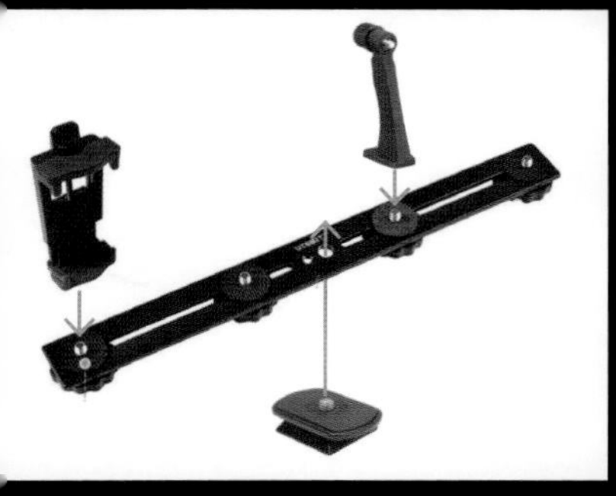

5 双眼鏡の調整（昼間に調整）

- メガネをかけている人はアイカップを縮め、裸眼の人はアイカップを伸ばす
- 双眼鏡をのぞいた時、視野が1つの円になるように左右のレンズの幅を自分の目の幅に合わせる
- 右のキャップを双眼鏡に被せ、まずは左目で、遠くの山や建物をターゲットにして中央にある大きなダイヤルでピントを合わせる
- ピントがあったら、今度は左のキャップを双眼鏡に被せ、右目のピントを右目を覗く部分についているダイヤルでピントを合わせる
- なお、この時のピント調整は左右の視力差を調整するためのもので、一度この作業を済ませたら、その後は、中央のピントダイヤルだけでピントを合わせる

目幅の調整

ピント合わせ

❻ 組み上げ

- 「三脚」の溝に「カメラプレート」の「シュープレート」を斜めに滑り込ませ
  レバーで固定

- 「スマホアダプタマウント」には、スマホカバーをつけたスマホ（旧世代で
  可）を横向きに固定
- 「三脚取付ホルダー」には、双眼鏡を固定

使い方

❶双眼システムを平らな場所に設定（できれば折りたたみ椅子などに座る）

❷空を見上げ、最も明るく目立つ星を探し、その方向に双眼鏡を向けて視野に入れ、ピントを合わせる（少しツマミを回しただけでピントは合うはず）

❸ピントが合ったら、その天体を双眼鏡のど真ん中に入れる▶

❹スマホアプリ「Star Walk2」を起動。画面左上のコンパスマークをタップ

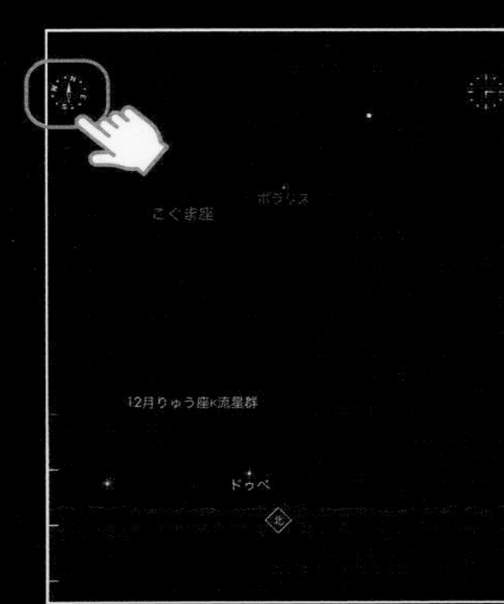

❺双眼鏡のど真ん中に表示されている天体が、スマホアプリ「Star Walk2」の画面に表示されている天体と一致するように（赤い三重丸マークのど真ん中にその天体の画像が重なるように）スマホの位置を微調整する。これで、双眼鏡で見えるものとスマホアプリで見えるものがシンクロしだす

双眼鏡

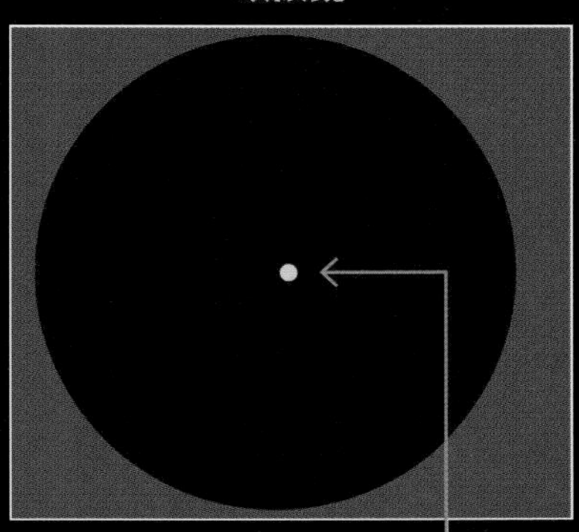

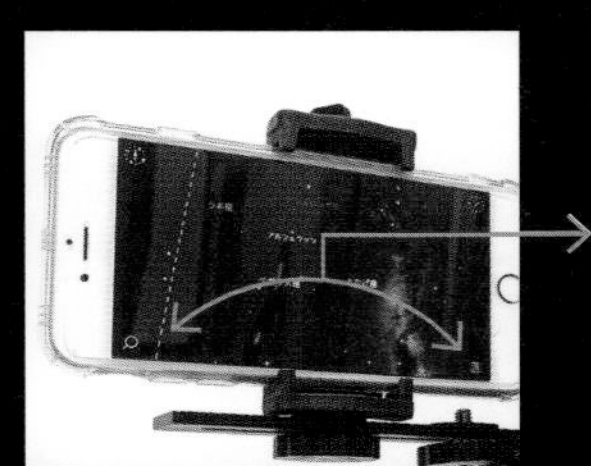

表示される星を一致させる

スマホアプリ

※双眼鏡のど真ん中に入れた星とアプリのど真ん中に表示される星をスマホの横の傾きを調整することによって一致させる
※この時、スマホがズレ落ちないように注意

❻スマホアプリ「Star Walk2」の画面左にある「虫眼鏡マーク」をタップし、見たい天体の名前（又は天体番号）を入力すると、下に該当する天体の候補が表示されるので該当する天体名をタップ

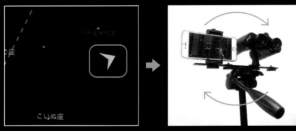

検索
オリオン大星雲
オリオン大星雲

❼スマホアプリ「Star Walk2」の画面に矢印が表示されるので、その方向に双眼鏡が向くように、三脚のレバーを操作する
右向の矢印が表示されたら、双眼鏡が右に向くようにレバーを左に動かす。
左向の矢印が表示されたら、双眼鏡が左に向くようにレバーを右に動かす。
上向の矢印が表示されたら、双眼鏡が上に向くようにレバーを下に動かす。
下向の矢印が表示されたら、双眼鏡が下に向くようにレバーを上に動かす。

❽スマホアプリ「Star Walk2」の画面中央の三重丸マークのど真ん中に、見たい天体の画像が表示されたら、そこで三脚のレバーを締め、傾きを固定する

❾その位置で双眼鏡をのぞくと、見たい天体が導入されているはずなので、その生の姿を楽しむ

DANGER

次ページより、買ったその日から（暗い場所に行かなくても）銀河星雲を楽しめる最新の一体型天体望遠鏡「Vespera」を紹介する。しかし、その前に伝えておかなければならないことがある。それはこの銀河星雲趣味が持つ魅力の恐ろしさについてだ。

実は著者は銀河星雲趣味にハマる直前まで「高校生向けの人生の暴露本」の原稿（次の著書）の執筆をしていた。しかし、その原稿を書いている最中に銀河星雲趣味にハマってしまい、アンドロメダ銀河の渦を写したい一心で、それまで書いていた原稿をほったらかしにして、日々、ああでもない、こうでもないと楽しい試行錯誤の日々を送ることになった。そして「高校生向けの人生の暴露本」ではなく本書の原稿を気がついたら書き上げ、こうして一冊の本として出版している（笑）。日本の高校生の将来よりも、自分の好奇心を優先させてしまったのだ！　これは全くの予想外の展開だった。つまり一旦、この趣味の魅力に取り憑かれたら、他のことはもうどうでもよくなってしまうところがある。そういう意味で、恐るべき魔力を持った趣味と言っていい。著者の場合、著書の出版順序が変わったが、「双眼鏡で楽しめる銀河星雲図鑑」の全ての写真を提供してくれたスタパオーナーさんは、そんなレベルじゃない。某電機メーカーの照明部門で設計の仕事をされていたスタパオーナーさんは、「大きな望遠鏡で天体を楽しみたい」という天体愛と「仲間で星を見に行きたいけど理解のある宿泊施設がない。だったら、そんな宿泊施設を自分で作ればいいじゃないか！」というアイデアをヒラメいてしまい、会社を辞め、なんと山梨県の暗い場所にドーム付きペンションを建設し、その経営に乗り出してしまった！（現在、20年目）。ちなみに「双眼鏡で楽しめる銀河星雲図鑑」の全ての天体写真は、このペンションの敷地内でスタパオーナーさんによって撮影されたもの。つまり、銀河星雲趣味にハマると、気がついたら人生が一変していた！　ということが起こるほど、この趣味はハッキリ言ってヤバイ！（笑）。一旦、ハマると、全く別次元の人生を歩むことになるかもしれないのが銀河星雲趣味だ。あなたには、その覚悟があるだろうか？　次のページからは、いよいよ銀河星雲の映像化の話に入っていく。

心の準備ができた人だけページをめくって欲しい。

スタパオーナーさんが経営する
ドーム付ペンション
スターパーティー

山梨県北杜市大泉町
西井出8240-1263
TEL：0551-38-1611
HP:https://star-party.jp

かんたんコース

一体型天体望遠鏡で銀河星雲を目撃＆撮影

（Seestar S50：約6万円※早期購入価格）
（Vespera：約37万円）

実は次章で紹介する「王道コース」の場合、その気になったとしても、スグに銀河星雲を楽しめるわけではない。楽しむまでには、それなりの前準備が必要だ。どんな準備が必要かと言うと……

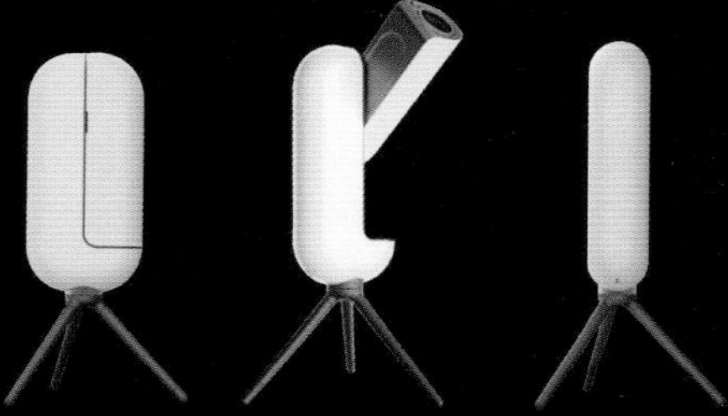

購入機材選定 ➡ 機材購入 ➡ 機材着弾 ➡ 機材組み立て ➡ 機材の調整 ➡ 制御機器の設定・調整 ➡ 機材をコードで繋ぎ合わせる ➡ 機材を北向き水平に設置 ➡ ピント合わせ ➡ 極軸合わせ ➡ キャリブレーション ➡ 撮影したい銀河星雲を指定 ➡ 銀河星雲撮影 ➡ ライブスタック映像楽しむ ➡ 画像処理 ➡ 銀河星雲映像楽しむ

「王道コース」の場合、このような一連の前準備を経て、はじめて銀河星雲の映像を楽しめる。もちろん、これだけの手間をかけるだけの意味はある（実は、この1つ1つの手間自体が楽しいのだが）。そんな中、2023年4月、ある画期的な天体望遠鏡が発売開始された。その名は「Vespera」。

天体望遠鏡、撮影用カメラ、バッテリー、制御装置、三脚全てが一体化されており、面倒な設定や調整が一切不要。買ったその日の夜から誰でも銀河星雲を楽しめてしまう禁断の知的一体型天体望遠鏡だ（スマホのボタンを次々に押していくだけで銀河星雲を楽しめる）。Vesperaの場合、銀河星雲を楽しむまでの大まかな工程は以下のようになる。

Vespera購入 ➡ 機材水平に設置 ➡ 電源ON ➡ 銀河星雲指定 ➡ 銀河星雲映像楽しむ

逆に言うと、

- 「機材組み立て」不要
- 「機材の調整」不要
- 「制御機器の設定・調整」不要
- 「機材間のコードの繋ぎ合わせ」不要
- 「ピント合わせ」不要
- 「極軸合わせ」不要
- 「キャリブレーション」不要
- 「画像処理」不要

ということ。

このように驚異的に手間を省いてくれると同時に難しい設定をする必要もなく、タブレットまたはスマホのボタンをタップしていくだけで、誰でも（天体知識ゼロでも）銀河星雲を映像化できてしまう驚異の天体望遠鏡だ。失敗しようがない「一体型知的天体望遠鏡」と言っていい。著者は発売前のVesperaの貸し出しを受けることができ、本体サイズの小ささ、操作のかんたんさ、洗練されたインターフェイスに感動した。以下は著者がVesperaで撮影した銀河星雲の一部。

※福岡の中心部（光害地）、光害カットフィルターなし、画像加工一切なしでの撮影映像

オリオン大星雲

アンドロメダ銀河

さんかく座銀河

プレアデス星団

「Vespera」銀河星雲撮影マニュアル

Vesperaを使っての銀河星雲の映像化がどれだけかんたんか、その全手順をここに紹介する。Vespera購入の検討材料、購入後の参考にして欲しい（初期設定として、ユーザーネーム＆パスワードの登録、位置情報の確認、Wi-Fi設定などはあるが、どれも指示に従ってかんたんにできるため、その説明はここでは割愛）。

Vesperaでの銀河星雲映像化全手順（※上空に雲がない事を確認!）

❶本体を水平で開けた場所に設置し、付属の水準器を本体底部に取り付ける（磁石でくっつく）

❷水準器を見ながら、丸い気泡がど真ん中に来るように三脚のネジを回し調整

❸本体中央部の丸いボタンに数秒タッチしつづけ電源ON

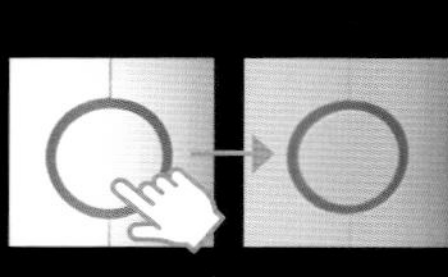

❹スマホ（又はタブレット）のWi-Fi設定画面で「vespera-■■■■■■」を選択

❺アプリ「Singularity」をインストールし、起動

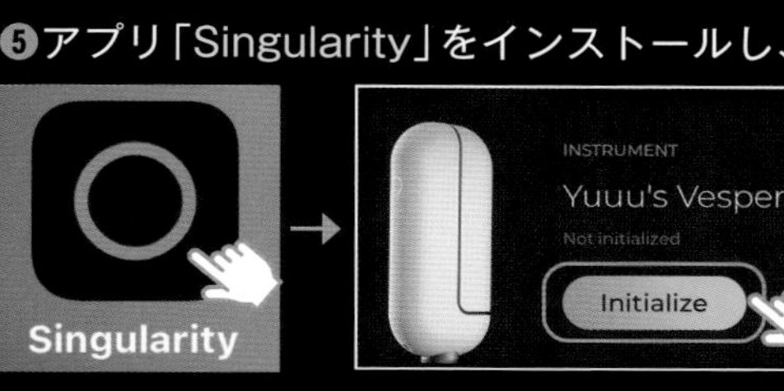

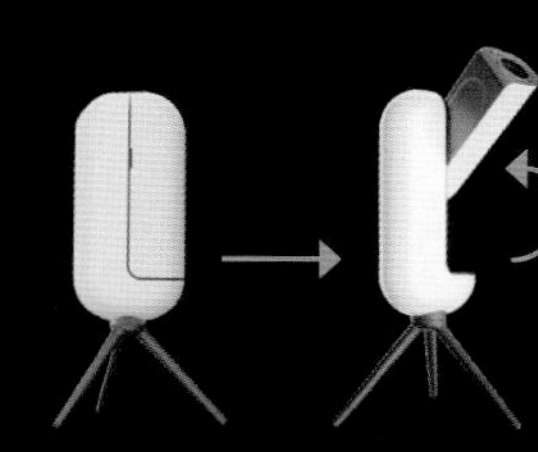

❻アプリ起動後、「Initialize」ボタンをタップ。すると、Vesperaの望遠鏡部分が傾き、ピントを自動で合わせると同時に、宇宙での自分の位置を自動認識（約4分）。この時、望遠鏡の先に視界を遮る建物があったり、雲があると、先に進めないので注意

❼「Look for a target」ボタンをタップし、映像化したい天体を選択。選択方法は「天体メニュー」から選ぶ方法と「検索」してから選ぶ方法の2通り。メニューの構成と階層は以下のとおりとなっている

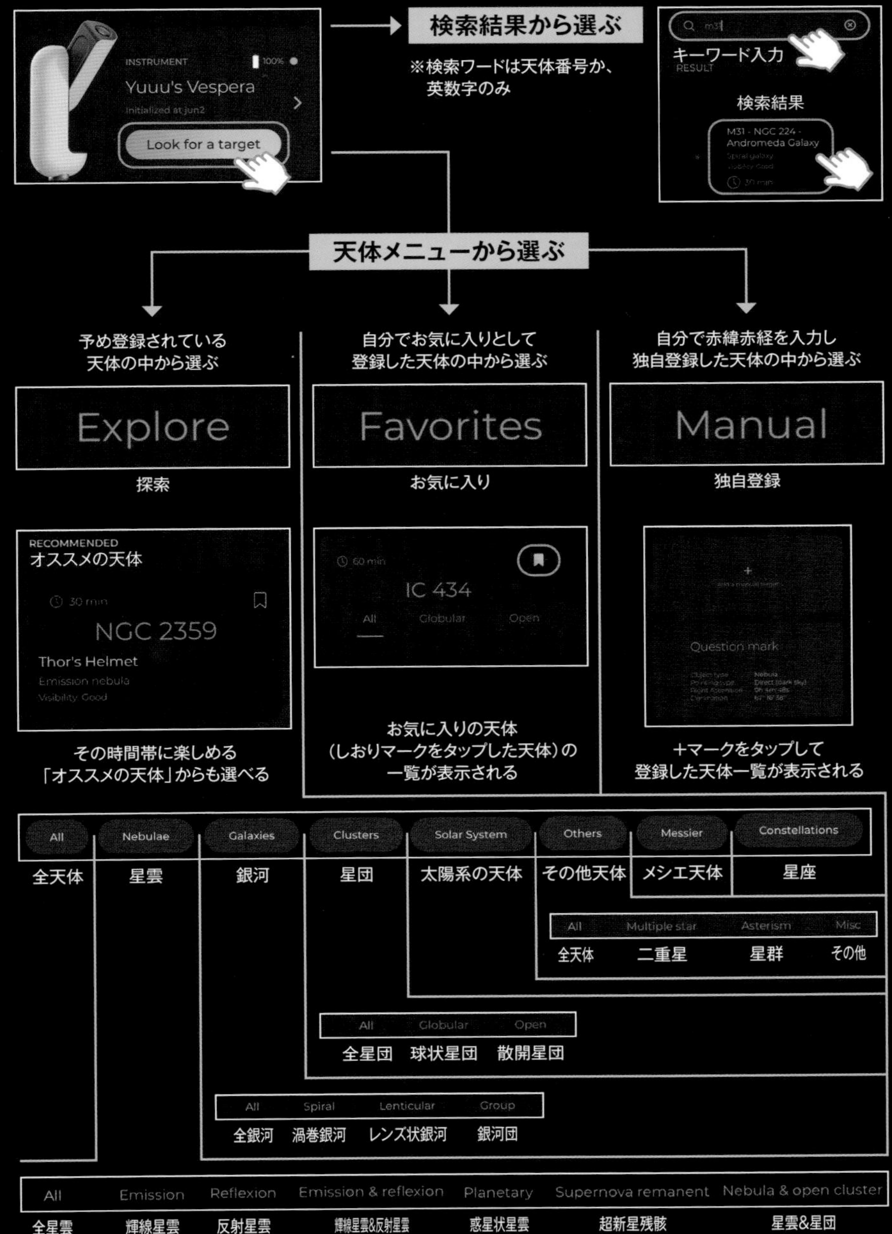

なお、天体の指定にあたっては、以下の２つの点から少し注意が必要。

●いくら時間をかけても写らない暗い天体がそれなりに存在

撮影場所の明暗にもよるが、あまりに暗い銀河星雲は、いくら時間をかけても全く写ってこない。そういう暗い天体もVesperaのメニューの中には混ざっている。といっても、天体素人には、どの天体が映像化できないほど暗いのかがわからない。

●天体には映像化して面白い天体と、特に面白味のない天体が存在

宇宙に天体が無数にある中、人間が見て面白いと感じる天体と、特に面白味を感じない天体があるのが現実（詳しくは「王道コース」の「天体＆機材の基礎知識」>「初心者でも映像化可能な楽しい銀河星雲を知る」を参照）。

よって、Vesperaで銀河星雲をしょっぱなからフルに楽しみたいなら「そこそこ明るく」「映像化して面白い」銀河星雲がどれかを知った上で、その銀河星雲の名称や天体番号を検索フォームに入力し、その検索結果から、天体を指定した方がよい。以下、季節別に「そこそこ明るく」「映像化して面白い」天体素人用の銀河星雲厳選リストを作成したので参考にして欲しい。

※正方形のマスの色は明るさを 明大 明小 、マスの数はその天体の大きさを表している。

冬

オリオン大星雲	馬頭星雲	ばら星雲	プレアデス星団
M42	IC434	NGC2237	M45

春

子持ち銀河	ソンブレロ銀河	ふくろう星雲	ボーデ銀河
M51	M104	M97	M81

夏

亜鈴状星雲	干潟星雲	わし星雲	リング状星雲
M27	M8	M16	M57

秋

アンドロメダ銀河	さんかく座銀河	パックマン星雲	らせん星雲
M31	M33	NGC281	NGC7293

❽映像化したい天体を決めたら「Observe（観測）」か「Mosaic（モザイク合成）」をタップする。Mosaic（モザイク合成）とは何かと言うと、1枚の写真では収まりきらない大きな天体を、複数枚の写真を撮影し、それを合成して大きな天体の全体写真を1枚作る技術。例えば、アンドロメダ銀河（M31）のような大きな銀河の場合、「Mosaic」ボタンをタップすると、**A**のような表示になる。

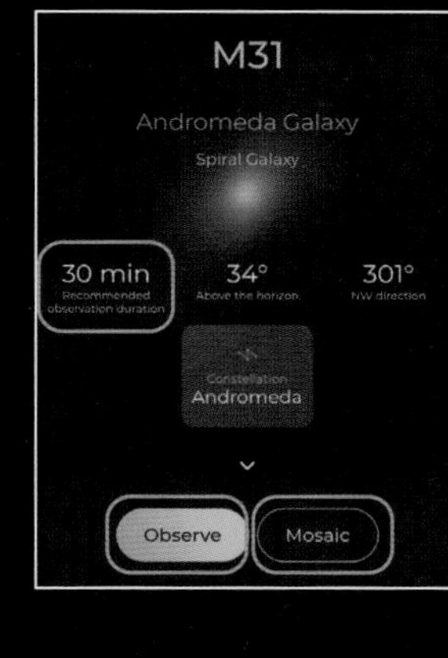

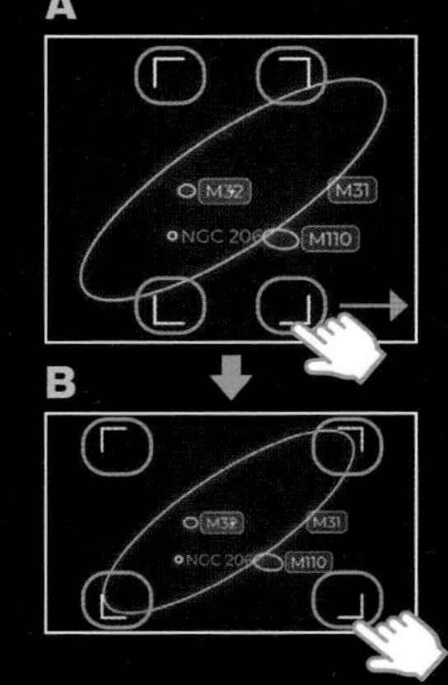

見ると、アンドロメダ銀河の大きさがVesperaの写野（鉤括弧で囲われれた部分）を大きくはみ出していることがわかる。そこで、四隅の括弧の1つを指で外側にドラッグし、ちょうど写野に収まるように調整したところ**B**の画像のようにピッタリと収まった。調整が終わったら、その画面下「Observe」をタップする。なお、天体情報画面の「30min」とは、その天体の映像がほどよい明るさで綺麗に表示されるまでの時間の目安。この時間が長ければ長いほど暗い対象であることを意味する。

❾「Observe」がタップされると、Vesperaの望遠鏡部分が、その天体の方向に動き始める。そして、目指す天体をVesperaが捉えたら、その時点から、その天体の弱い光を蓄積しだす。蓄積している間は右のような青い円の光蓄積中画像が表示される。

光蓄電中

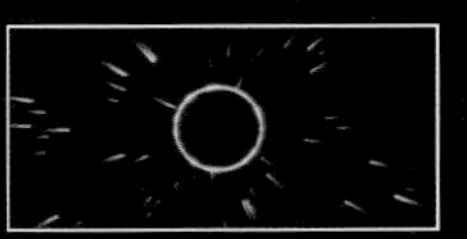

❿うまい具合に光を集めつづけることができたら、約10秒ごとに天体の画像が更新され、画増は徐々に明るく、綺麗になっていく（ライブスタック機能）。画面右下には「撮影に成功した回数」が表示され、撮影が順調ならその数字が1つづつ増えていく。

30秒経過

2分経過

10分経過

⑪銀河星雲の映像が、いい具合になってきたところで、画面右上の「･･･」ボタンをタップし、「Save in ●●●●」をタップ。すると、その時点での天体画像が、利用端末（スマホやタブレット）に保存される（このボタンをタップしない限り、画像は保存されないので注意）。撮影を止めるには画面左下の赤い■停止ボタンをタップする。

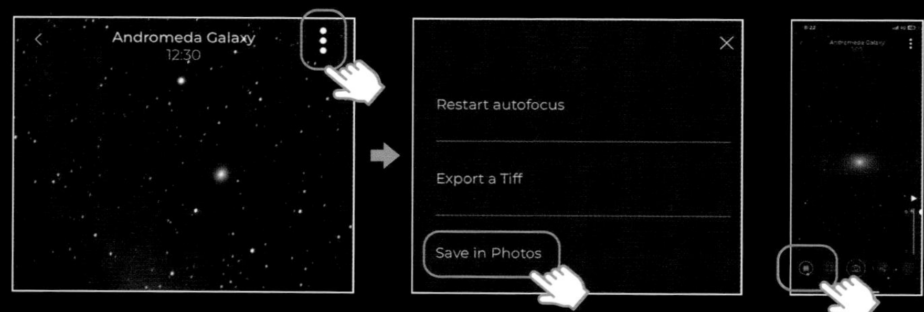

⑫保存した画像を楽しむ

スマホの場合、保存した画像はデフォルトの写真アプリに保存されているので（iPhoneの場合は「写真」アプリ）、保存した写真を探し、その画像をスマホのホーム画面に設定したり、友達に自慢したり、SNSに投稿して楽しむ。

⑬撮影画像をより美しくするために「画像処理」を行う

銀河星雲趣味の世界では、天体写真を撮影した後、必ず「画像処理」という仕上げ処理を行う。理由は撮影したままの銀河星雲の画像は、あまりにも暗く、色も薄いから。そこで、撮影した暗い画像を明るく、色を鮮明にし、銀河星雲が浮き上がってくるように画像を処理する。なお、Vesperaには、もともと自動画像処理機能が組み込まれており、本来ユーザーが画像処理を行わなくても銀河星雲の画像を楽しめるように作られてはいるが、撮影対象がとても暗い天体の場合、やはり暗い天体画像になってしまう。そんな暗い画像の場合でも、ユーザーが「一手間」かけることにより、

- 撮影したままの画像では見えなかった部分（渦など）を浮き上がらせる
- そもそも何も写っていないようにしか見えない真っ黒な画像から銀河星雲自体を浮き上がらせることが可能

例えば、著者はVesperaで撮影した画像を、iPadの「写真」アプリの画像編集機能を使って、軽く画像を処理しただけで、次ページのように、見た目を変えることができた。

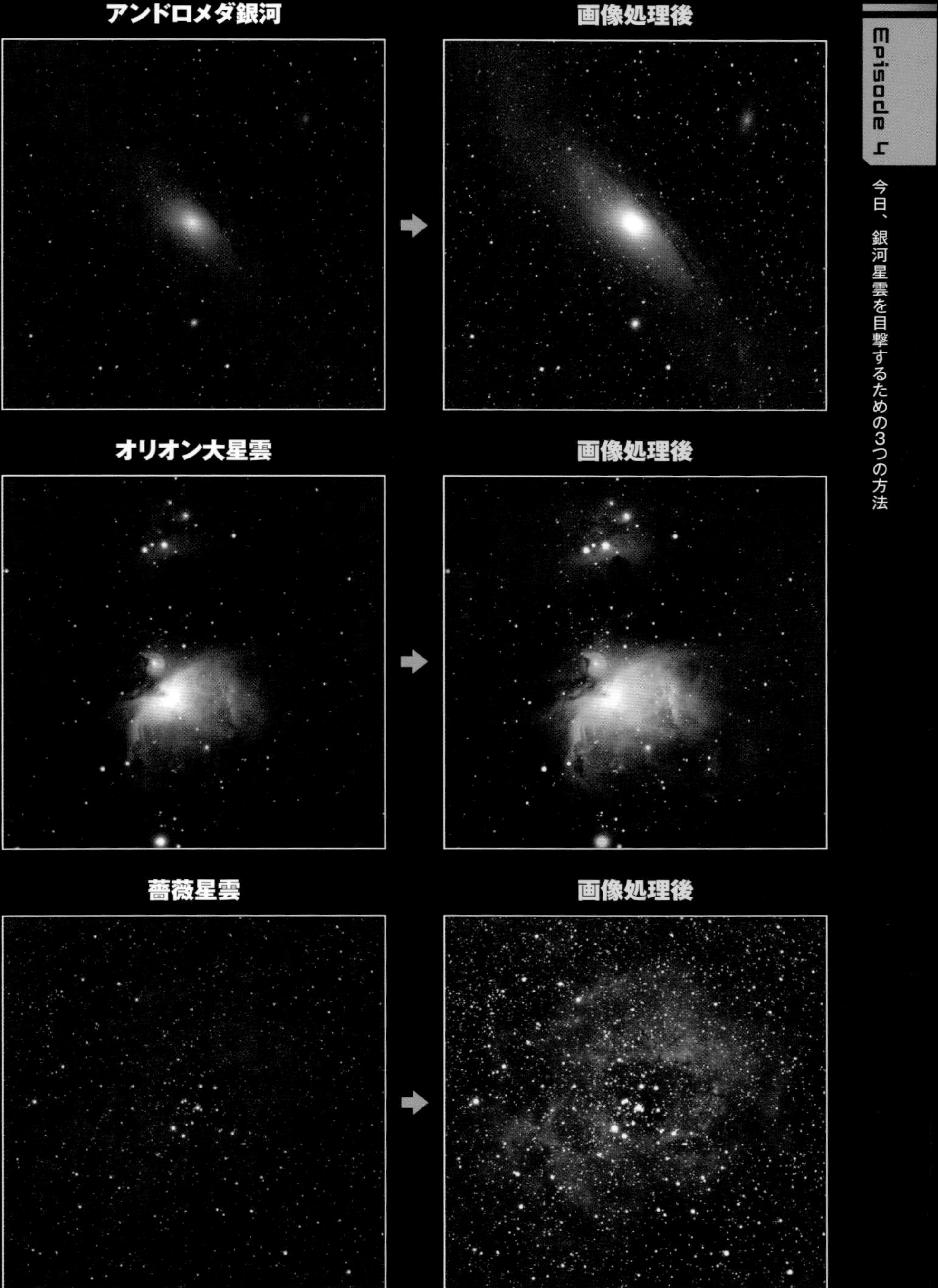
アンドロメダ銀河
画像処理後
オリオン大星雲
画像処理後
薔薇星雲
画像処理後

iPad·iPhoneアプリ「写真」による画像処理(超かんたん)

❶写真を選択

タップ

午後4:11 11月24日(木)
100%
年別
月別
日別
すべての写真
アスペクト比
選択
2022年11月21日〜22日
タップ

❷「編集」をタップ

タップ

午後4:14 11月24日(木)
100%
月曜日
午後7:53
編集

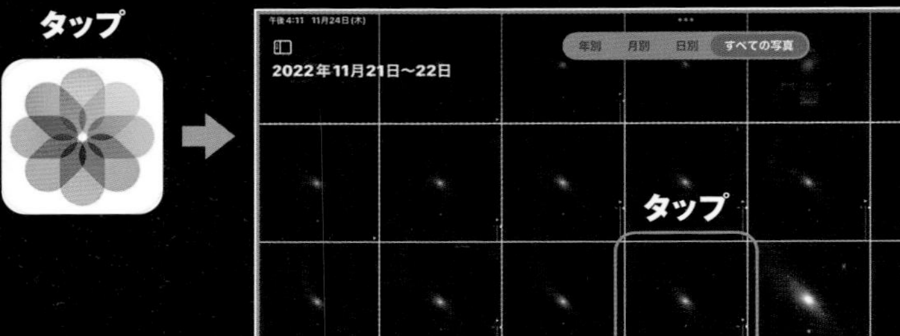

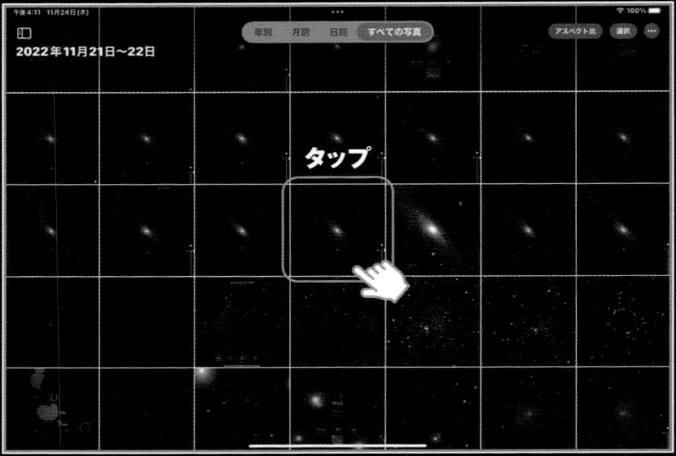

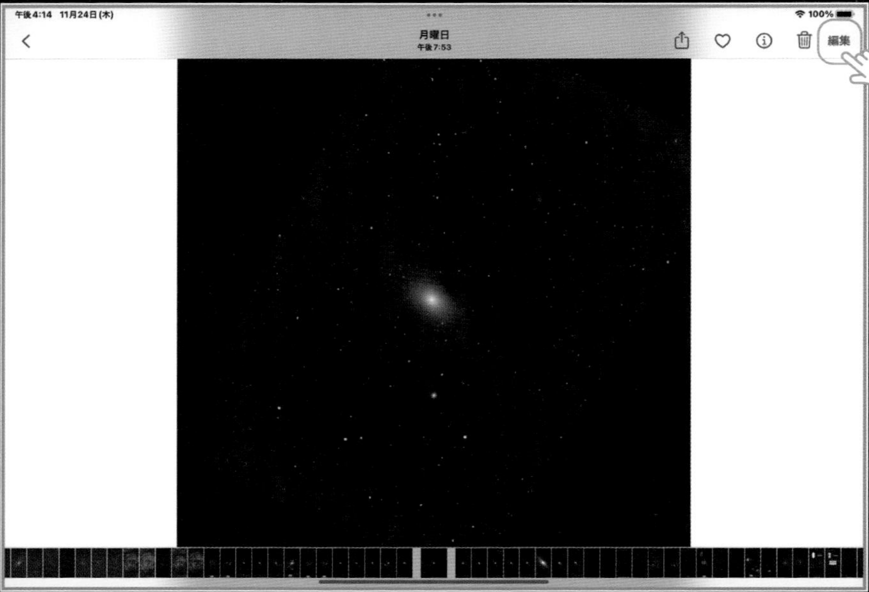

iPhone・iPad「写真」アプリ編集画面でのアイコンの意味

❸モードを選択

調整

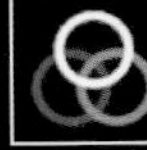
フィルタ

切り取り
回転反転

傾き

右回転

上下辺

左右
反転

左右辺

❹調整項目を選択

自動調整
※使わない

彩度
※色を濃く

露光量
※全体を明るく

自然彩度
※使わない

ブリリアンス
※明暗部調整

温かみ
※暖色寒色調整

ハイライト
※明暗部調整

色合い
※赤と緑の色味

シャドウ
※暗部を明るく

シャープ
※輪郭境界強調

コントラスト
※明暗差を大きく

精細度
※弱い輪郭強調

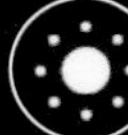
明るさ
※全体を明るく

ノイズ除去
※ザラつきぼかす

ブラックポイント
※暗部をさらに黒く

ビネット
※周辺光量調整

❹調整項目を選択し

❺スライダーの目盛り部分を指で上下させ、画像を変化させ

❻いい具合に画像を仕上げることができたら、画面右上の ✓ ボタンをタップし、決定&保存

　まずは難しく考えず、調整項目を上から順に選択していき、右側のスライダーを指で上下に動かし、それによって、画像がどう変化していくのかを体感し、その感覚を体に覚えさせて欲しい。スライダーをどのようにいじると、画像がどう変わっていくのかが体でわかってくると、思う通りに画像を変化させることができるようになり、画像処理が面白くなってくる。

　実はスマホのデフォルトの写真アプリではなく「Affinity Photo 2」というアプリの方が、画像処理の面で多機能なのだが（「Affinity Photo 2」については▶P214を参照）、「Affinity Photo 2」はデフォルトの写真アプリに比べ、設定項目が多く、天体素人にはとっつきにくいところがある。よって、手間をかけずに気軽に銀河星雲を楽しもう！　というVesperaの製品趣旨から、「Affinity Photo 2」よりも、シンプルな調整項目とかんたんな操作で画像を変化させることのできるデフォルトの写真アプリでの画像処理の方法をここではかんたんに紹介した。

Episode 5

銀河星雲撮影
王道コース全12ステップ

セイファート銀河
撮影：ハッブル宇宙望遠鏡

銀河星雲撮影「王道コース」へ、ようこそ!

美しい銀河星雲を撮影するために多くの銀河星雲マニアが採用しているメソッド、それがこの王道コースで紹介する方法。なお、王道コースには「スタンダード」（機材費25万円～）と「エコノミー」（機材費15万円～▶P161～）の2種類があり、まずは「スタンダード」について詳しく解説していく。なお、本書冒頭の「個人撮影 銀河星雲証拠写真集」で美しい銀河星雲の映像を披露してくれているマニアたちは全員、この「王道コース」「スタンダード」のメソッドを使い銀河星雲を撮影している。

この「王道コース」スタンダードの全体像を、まずは「機材構成」と「手順」2つの側面からかんたんに見ていただこう。

王道コースの機材構成例

❶ガイドスコープ
❷ガイドカメラ
❸天体望遠鏡
❹撮影用カメラ
❺機材制御装置（ASIAIR）
❻赤道儀（AZ-GTi）
❼ウエイトシャフト
❽ウエイト
❾微動雲台
❿延長ピラー
⓫三脚
⓬タブレット
⓭ポータブル電源

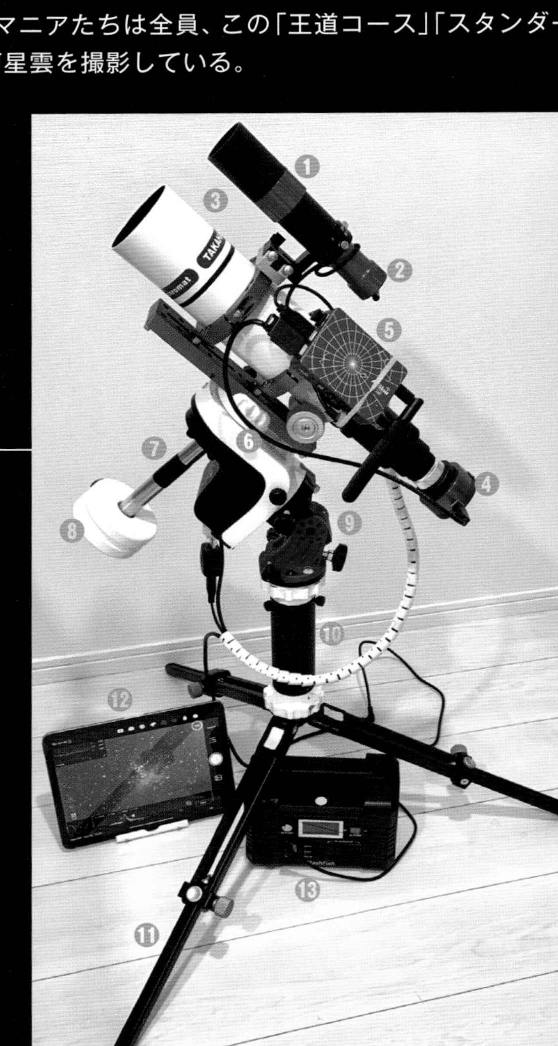

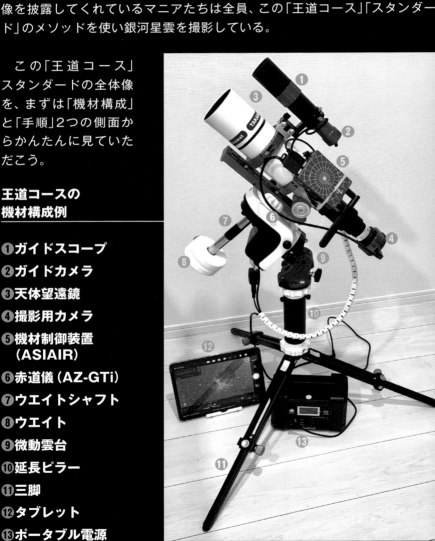

王道コース スタンダードの場合の全手順（天体素人用）

撮影準備

- STEP 1 天体&機材の基礎を知る
- STEP 2 機材をそろえる
- STEP 3 アプリのインストール
- STEP 4 AZ-GTiの赤道儀化
- STEP 5 組み立て
- STEP 6 仕上げ
- STEP 7 設定と調整

撮影

- STEP 8 ベランダで撮影
- STEP 9 遠征計画作成
- STEP 10 遠征地で撮影

撮影後

- STEP 11 画像処理
- STEP 12 天体写真披露

全手順の流れを、大雑把につかんでもらったところで、次ページより、まずは手順1の「天体&機材の基礎を知る」から話をすすめることにする。

STEP 1 天体&機材の基礎を知る

天体機材なくして、銀河星雲の映像化はできない。しかし、天体素人は多数の天体機材の中から、どれを購入すればよいのかわからないし、どこで買えばよいのかもわからない。そこでまずは天体機材（主に天体望遠鏡と撮影用カメラ）を選ぶにあたってのおすすめステップを紹介。

天体素人用 天体機材選定ステップ

STEP 1-1

そもそも銀河星雲にはどんなものがあるのか、
そして、自分はどんな銀河星雲に魅力を感じるのか、
銀河星雲カタログを眺め、
自分の好みを発見する

自分の好みは「大きな銀河星雲」「中小の銀河星雲」どちらなのかを見極める

なぜ事前に自分の好みの銀河星雲サイズを見極める必要があるかと言うと、銀河星雲のサイズによって、使用すべき天体機材が変わってくるから。なお、どちらのタイプを選んだとしても、後に天体機材を買い足すことにより、選ばなかった方の銀河星雲のタイプも映像化できる。つまりどちらを先に楽しみたいかという話

映像化したい銀河星雲のサイズに合った天体機材の仕様を知る

自分が魅力を感じる銀河星雲を映像化するには、どんな仕様の天体機材（主に天体望遠鏡と撮影用カメラの組み合わせ）を購入すればよいのかを知る。これにより、購入すべき天体機材が具体的に見えてくる

では、まずは自分の好みを発見する「STEP1」へ進んでもらおう。

STEP 1-1 自分の好みの発見

宇宙には無数の銀河星雲が存在している(2兆個と言われている)。しかし、そのうち、初心者でも映像化可能な銀河星雲は、

- それなりに明るい天体
  (逆に言うと初心者所有の望遠鏡では写せない暗い銀河星雲多数存在)
- 程よい大きさの天体
  (同様に点にしか写らない小天体、一部しか映らない大天体も多数存在)

に限られる。

では、銀河星雲マニア達は「それなりに明るく」「程よい大きさを持った」銀河星雲を片っ端から全て映像化しているかというと、そんなことはない。天体マニアも人間なので、撮影対象に選んでいる。銀河や星雲には、人間ならではの偏りがある。つまり銀河星雲には、映像化して楽しいものと、特に面白味のないものに分かれる。映像化して楽しい銀河星雲には……

といった特徴がある。そしてこれらの要素を持った銀河星雲には、天体番号とは別に独特の名前が付けられている。

例 「アンドロメダ銀河」(天体番号M31) 「猫の手星雲」(天体番号NGC6334)
「クリスマスツリー星団」(天体番号NGC2264)
「らせん星雲」(天体番号NGC7293)

そこで「それなりに明るく」「程よい大きさ」の銀河星雲のうち、映像化して面白いものだけを著者が独自に選び出し、季節別にまとめたのが次ページ掲載の「JUNZO厳選銀河星雲カタログ」だ。

※このカタログの中には、暗い場所で撮影しなければ全く映らない銀河星雲(魔女の横顔星雲、青い馬頭星雲など)や、巨大な星雲(アンタレス付近など)、極小の銀河星雲などもあえて数個入れている。理由は工夫次第で写せる天体が混じっていた方がカタログとして面白いから。

JUNZO厳選　季節別銀河星雲カタログ

明　中　暗

※マスの色は明るさ、数は大きさを表す

冬

エンゼルフィッシュ星雲	Sh2-264
オリオン大星雲	M42
かに星雲	M1
かもめ星雲	IC2177
クラゲ星雲	IC443
クリスマスツリー星団	NGC2264
馬頭星雲	IC434
ばら星雲	NGC2237
プレアデス星団	M45
魔女の横顔星雲	IC2118
モンキーフェイス星雲	NGC2174
雷神の兜星雲	NGC2359

春

回転花火銀河	M101
黒眼銀河	M64
子持ち銀河	M51
ソンブレロ銀河	M104
ひまわり銀河	M63
ふくろう星雲	M97
ボーデ銀河	M81
ニードル銀河	NGC4565

夏

青い馬頭星雲	IC4592
網状星雲	NGC6992
亜鈴状星雲	M27
アンタレス付近	IC4603-6
干潟星雲	M8
北アメリカ星雲	NGC7000
三裂星雲	M20
猫の手星雲	NGC6334
ペリカン星雲	IC5070
魔女のほうき星雲	NGC6960
わし星雲	M16
リング状星雲	M57

秋

アンドロメダ銀河	M31
シャボン玉星雲	NGC7635
クエスチョンマーク星雲	NGC7822
胎児星雲	IC1848
さんかく座銀河	M33
パックマン星雲	NGC281
ハート星雲	IC1805
らせん星雲	NGC7293

STEP 1-2 真っ先に映像化したい天体は どちらのタイプ？

銀河星雲カタログを眺めて、どんな銀河や星雲に、より強く惹かれただろう？小さな写真のカタログだけではなく、大きな写真掲載の第１章「個人撮影 銀河星雲証拠写真集」も参考に自分の好みを発見して欲しい。

壮大さを感じる大きな銀河や星雲だろうか？

アンドロメダ銀河

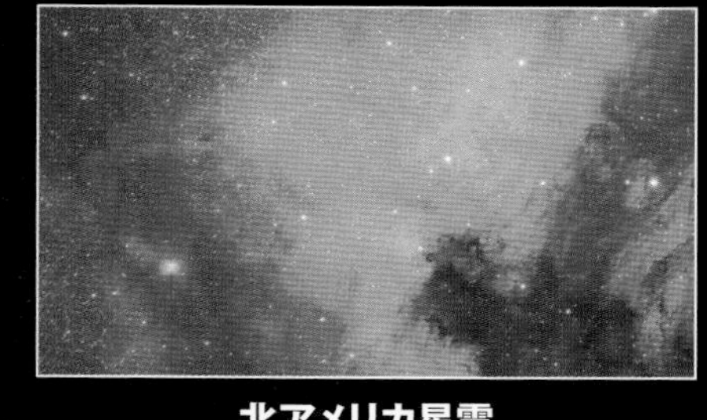

北アメリカ星雲

それとも、神秘的な色や形をした中小の銀河や星雲だろうか？

オリオン大星雲

馬頭星雲

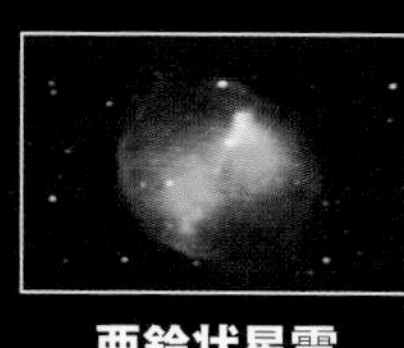

亜鈴状星雲

子持ち銀河

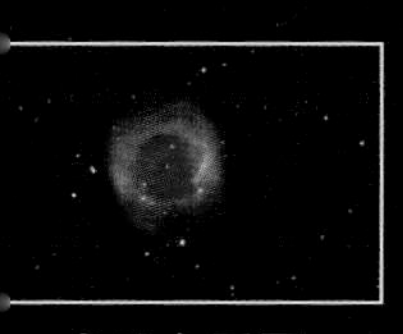

らせん星雲

ソンブレロ銀河

パックマン星雲

ワシ星雲

撮影したい天体の大きさによって、使用すべき天体機材（天体望遠鏡と撮影用カメラの組合せ）が決まってくる。どちらのタイプの天体を映像化したいのかを自問自答して欲しい。

STEP 1-3 銀河星雲のサイズに合った天体機材の仕様を知る

以下、銀河星雲のサイズと天体機材（天体望遠鏡とカメラのセンサーサイズ）の関係をまとめてみた。

大きな銀河や星雲の全体を撮影したい時の機材の組み合わせ

▼「焦点距離の短い望遠鏡」＋「センサー全体サイズの大きなカメラ」が正解

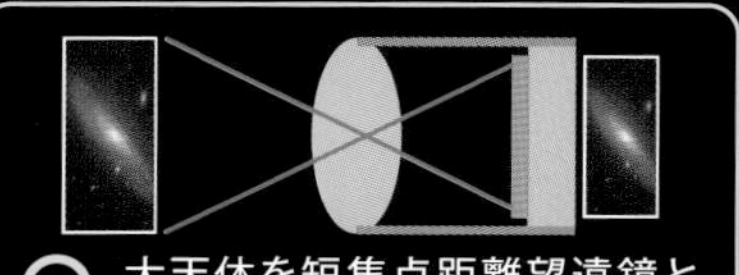

○ 大天体を短焦点距離望遠鏡と大センサーで丸ごと撮影

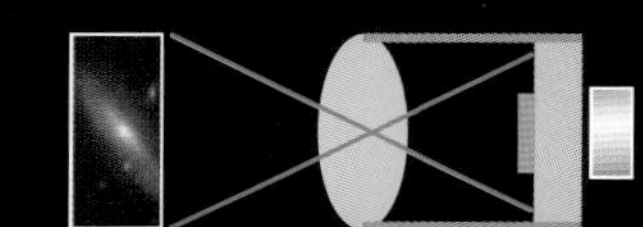

× センサーの全体サイズが小さいと大きな天体の端がハミ出て中心部分しか写せない

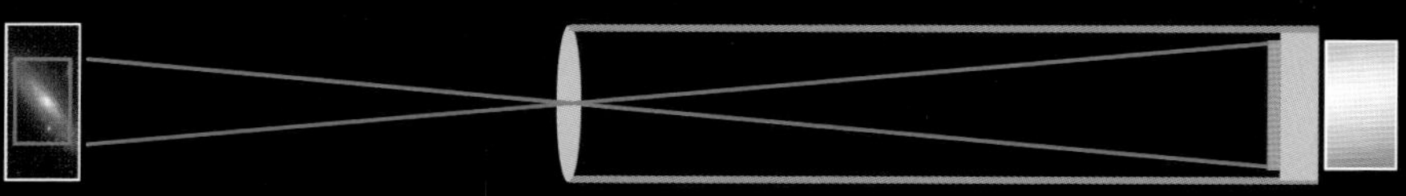

× 焦点距離が長いと、狭い範囲が拡大され、それ以外の部分ははみ出て写らない

小さな銀河や星雲を大きく撮影したい時の機材の組み合わせ

▼「焦点距離の長い望遠鏡」＋「センサー全体サイズの小さなカメラ」が正解

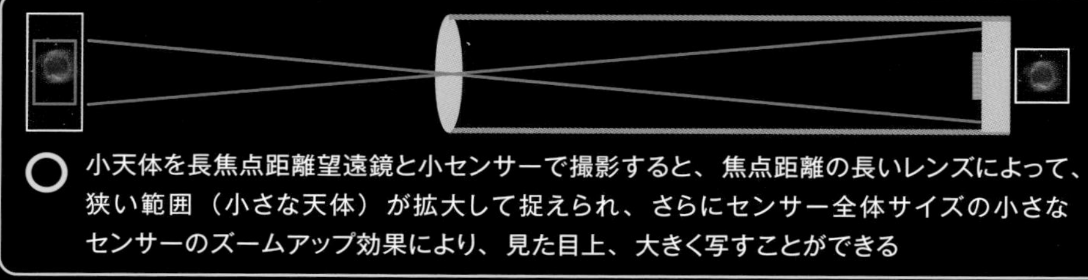

○ 小天体を長焦点距離望遠鏡と小センサーで撮影すると、焦点距離の長いレンズによって、狭い範囲（小さな天体）が拡大して捉えられ、さらにセンサー全体サイズの小さなセンサーのズームアップ効果により、見た目上、大きく写すことができる

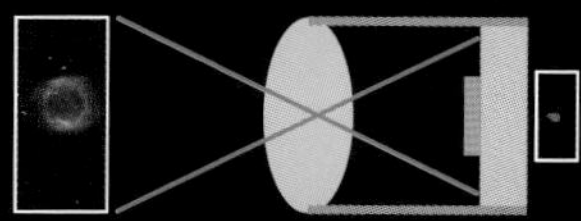

× 焦点距離が短いと、広い範囲を捉えるため、小さな天体は極小サイズに写ってしまう。

天体機材購入にあたって役立つ基礎知識まとめ

天体望遠鏡

- 焦点距離が短いほど広範囲（大きな天体の全体）を写すことができる
- 焦点距離が長いほど狭い範囲（小さな天体）を拡大して写すことができる
- 口径が大きいほど、天体を明るく写すことができる
  ※その分、望遠鏡は大きく重くなり、価格は高価になる
- F値 ＝ 焦点距離÷口径　このF値が小さいほど天体を明るく写せる

撮影用カメラ

- カメラのセンサー全体サイズが大きいほど、広範囲（大きな天体）を写すことができる（その分価格は高価になる）。逆に小さな天体は見た目上、極小に写る
- カメラのセンサー全体サイズが小さいほど、見た目上、小さな天体を大写しにできる。逆に大きな天体は、その一部しか写らなくなる
- 単位面積あたりの画素数が多いほど、きめ細かな高画質映像が得られる
- 1画素のサイズが大きいほど光飽和量（フルウェル）の値が大きくなり、写せる光のレンジが広くなる（暗い光から明るい光まで幅広く表現できる）傾向がある
- SNR1s（ソニー独自の指標）の値が小さいほど、光に対する感度が高くなる。
  なお、この値はソニーのサイトでしか確認できない。「SNR1s」で検索！

まとめ

- 撮影できる範囲（画角）は望遠鏡の焦点距離とカメラセンサーサイズの組み合わせで決まる
- 画角 ＝180/π×2×（撮像素子の対角線の長さ÷（2×焦点距離））
  ※画角とはカメラで撮影した際、実際に写る範囲を角度で表したもの。度°　分′　秒′′で表す
- 大きな銀河や星雲の全体を撮影したい場合は
  「短焦点距離望遠鏡」と「センサー全体サイズ大の撮影用カメラ」を組合せる
- 小さな銀河や星雲を大きく撮影したい場合は
  「長焦点距離望遠鏡」と「センサー全体サイズ小の撮影用カメラ」を組合せる
- Stellariumというパソコンソフト（無料）を使えば（望遠鏡の焦点距離とカメラセンサー全体サイズを設定すれば）、撮影したい天体の映像がどのように収まるか（収まらないか）機材購入前にビジュアルで確認できる
- 天体望遠鏡の口径が大きいほど、F値が小さいほど、撮影用カメラのSNR1sの値が小さいほど、撮影時間が長いほど、暗い場所ほど天体を明るく写せる

　欲しい機材選びに必要な基礎知識が頭に入ったら、次ページからの実際の機材選びに進んで欲しい。

STEP 2 機材をそろえる（初心者用）

銀河星雲の撮影に必要な主要天体機材（初心者用）は、以下の13機材

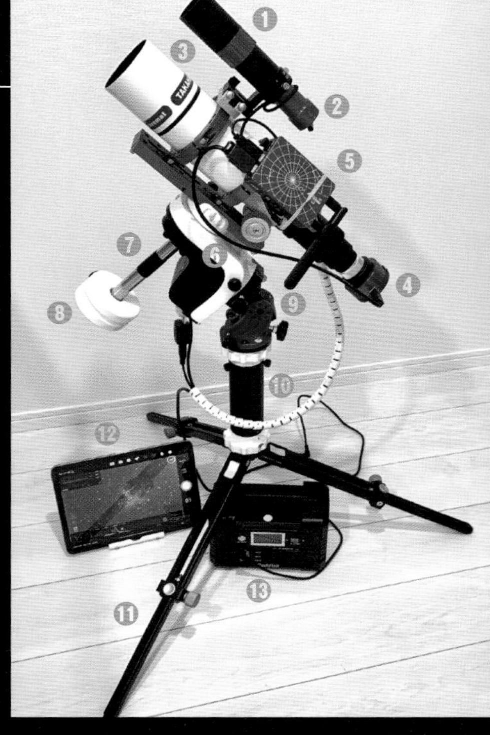

①ガイドスコープ
②ガイドカメラ
③天体望遠鏡
④撮影用カメラ
⑤機材制御装置（ASIAIR）
⑥赤道儀（AZ-GTi）
⑦ウエイトシャフト
⑧ウエイト
⑨微動雲台
⑩延長ピラー
⑪三脚
⑫タブレット
⑬ポータブル電源

このうち、複数の選択肢が存在する重要必須機材は

③天体望遠鏡
④撮影用カメラ

全機材のリンクを以下のページに掲載中
https://t.maniaxs.com/k

一方、軽量安価で初心者用の機材として、実質一択になってしまう必須重要機材は❶ガイドスコープ、❷ガイドカメラ、❺ASIAIR、❻AZ-GTi、❾微動雲台❿延長ピラー他。よって、次ページより「選択肢有重要必須機材」「選択肢無重要必須機材」「選択肢有その他必須機材」「あると便利な天体グッズ」「JUNZOがはじめに購入した天体機材」の5つのカテゴリーに分けて、それぞれ詳しく具体的に紹介していく。なお、天体機材は為替の変動で価格が激変するため、機材の表示価格はあくまで参考価格と考えて欲しい。

天体望遠鏡（初心者向け）5万円〜10万円

選択肢❶ Askar FMA135 約50,000円

口径：30mm（極小＝高解像度ディスプレイ表示には向かない）
焦点距離：135mm（短い＝明るい＝写野広い＝天体小さく写る）
F値：4.5（明るい）※この値が小さければ小さいほど明るく映る
鏡筒長：113mm（超コンパクト。持運び便利）
重量：370g（超軽量·持運び便利）
レンズ：対物3枚玉（内1枚ED）＋3枚玉フラットナー
ピント調整減速微動装置：ナシ

長所

- 焦点距離が超短いため、広い写野を写すことができる（大きな銀河、星雲向き）
- 色収差（像の輪郭に現れる色のにじみ）が極小＝ジャストピントの位置をつかみやすい
- フラットナーが入っており隅まできちんとピントが合い星が点に写る
- 超小型超軽量なため持ち運びしやすい
- F値が小さいため暗い銀河や星雲が明るく写る
- 超軽量のためオートガイドの精度が高まる

短所

- 小さな銀河や星雲は極小に写る
- ピント調整減速微動装置がないためピント合わせに苦労
- 超小型故にガイドスコープやASIAIRの取り付けに工夫必要
- 口径が小さいため高解像度ディスプレイ表示には向かない

写真全て金子竜明氏撮影

※カメラNeptune-CIIとの組み合わせで撮影

選択肢❷　Sky-Watcher EVOSTAR72ED II　約55,000円

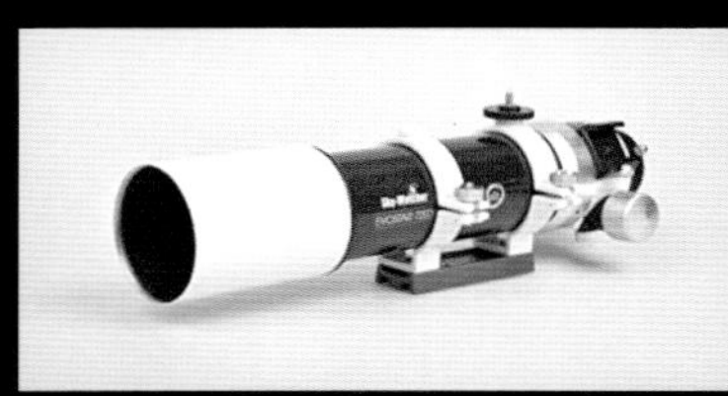

口径：72mm（そこそこ小さい）
焦点距離：420mm（そこそこ短い）
F値：5.8（そこそこ明るい）
鏡筒長：400mm（そこそこ短い）
重量：1.9kg（そこそこ軽い）
レンズ：2枚玉対物レンズ（内1枚ED）
ピント調整減速微動装置：標準装備

長所

- 2枚玉対物レンズのうち1枚にEDレンズを採用したアポクロマート鏡筒（高性能鏡筒）。EDレンズ採用鏡筒で、この価格としてはコストパフォーマンスが高い
- 鏡筒バンド、アリガタプレート、ファインダー台座などを標準装備
- 減速微動装置が標準で付いており、ピントを合わせやすい

- レデューサー（レンズ）を追加することにより、焦点距離の短縮と周辺画質の向上が図れる

短所

- ピント合わせ機構が金属板の摩擦を利用したものとなっており、造りが少しチャチ。不注意で鏡筒を落下させた場合、ピント合わせ機構がおかしくなることアリ（著者経験済）
- バックフォーカスが115.5mmと長めの設計のため、利用するカメラによっては、別売の延長筒を購入する必要アリ。どうやってもピントが合わない場合は延長筒を購入しよう

写真は全て著者撮影

※カメラ「ZWO ASI385MC」との組み合わせで撮影

選択肢❸　タカハシ FS-60CB + バンドセットII　約100,000円

口径：60mm（小さい）
焦点距離：355mm（短い）
F値：5.9（そこそこ明るい）
鏡筒長：440mm（そこそこ短い）
重量：1.7kg（軽い）
レンズ：2枚玉フローライト
ピント調整減速微動装置：オプション

長所

- 最高級天体機器メーカー「高橋製作所」の鏡筒が、この価格で手に入る
- 最高級メーカーだけあり、全ての造りがしっかりとしている（sky-watcherと対象的）
- 直焦点だけではなく、追加出費でレデューサー、フラットナー、エクステンダーと4種類の焦点距離を選べる

短所

- 鏡筒本体価格は86,900円だが、使用上必要不可欠な鏡筒バンドとアリガタさえ付属しない。そのため「FS-60CB鏡筒＋モアブルー社バンドセットII」として購入する必要アリ。結果、最低約10万円の出費となる。
- ピントを合わせるために必要不可欠な減速微動装置も標準装備ではないため、さらに別途、約2万5千円の「タカハシMEF-3 ドローチューブ減速微動装置」の出費が必要となり、トータルで約12万5千円に。

写真は全て著者撮影

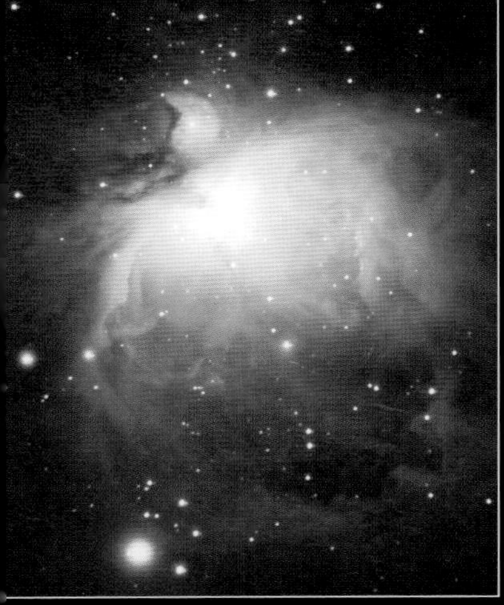
※カメラ「ZWO ASI183MC」との組合せで撮影

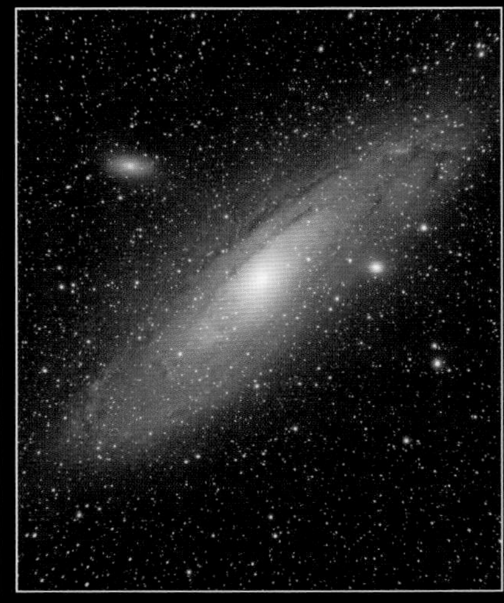
※カメラ「ZWO ASI294MC」との組合せで撮影

撮影用カメラ（初心者向け）4万6千円〜10万7千円

選択肢❶ ZWO ASI 385MC 約46,000円

センサー全体：7.3 × 4.1mm（小さい）
解像度：1936×1096（低い）
1ピクセルサイズ：3.75μm（大きい）
SNR1s：0.13lx（感度高い）
光飽和量：18.7ke（普通）
色：カラー
冷却機能：ナシ

長所

- センサー全体サイズが小さいため、クローズアップ効果により、小さな銀河や星雲が大きく写る。中小の銀河星雲向き
- 光に対する感度が高い

短所

- センサー全体サイズが小さいため、狭い範囲しか撮影できない。よって、アンドロメダ銀河などの大きな天体の撮影には向かない
- 低解像度のため拡大したり、フルHD1920×1080以上のモニターで見ると画像が粗い

写真は全て著者撮影

※天体望遠鏡「EVOSTAR72EDII」との組み合わせで撮影

選択肢❷ ZWO ASI 183MC 約85,000円

センサー全体：13.2 × 8.8mm（小さい）
解像度：5496 × 3672（超高密度）
1ピクセルサイズ：2.4μm（小さい）
SNR1s：不明
光飽和量：15ke（少ない）
色：カラー
冷却機能：ナシ

長所

- センサー全体サイズがそこそこ小さいため、クローズアップ効果により、小さな銀河や星雲をそこそこ大きく写せる。中小の銀河星雲向き
- 高密度･高解像度なセンサーにより、高精細画像が取得できる

短所

- センサー全体サイズがそこそこ小さいため、狭い範囲しか撮影できない（アンドロメダ銀河などの大きな天体の撮影には向かない）
- アンプグロー（電子回路発生源のノイズ）が盛大に出る

※右端に出ているのがアンプグロー

写真は全て著者撮影

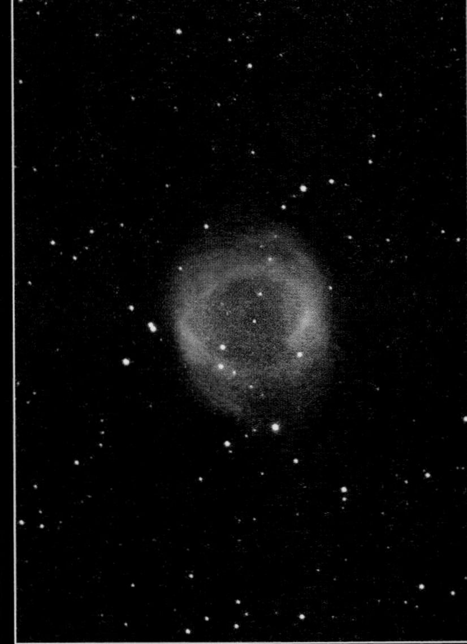

※天体望遠鏡「FS-60CB」との組み合わせで撮影

選択肢❸ ZWO ASI 294MC 約107,000円

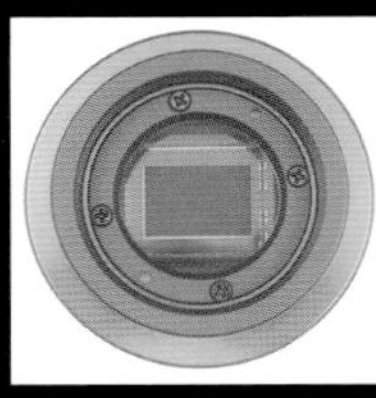

センサー全体：19.2×13mm（そこそこ大きい）
解像度：4144 × 2822（高密度）
1ピクセルサイズ：4.63μm（大きい）
SNR1s：0.14lx（感度高い）
光飽和量：63.7ke（多い）
色：カラー
冷却機能：ナシ

長所

- センサー全体サイズがそこそこ大きいため、そこそこ大きな天体（アンドロメダ銀河など）の全体を写すことができる。そこそこ大きな銀河星雲向き
- 感度が高く、暗い銀河や星雲を明るく写せる
- 解像度もそこそこ高いため、高精細な映像になる

短所

- センサー全体サイズがそこそこ大きいため、小さな天体は極小に写る

写真は全て著者撮影

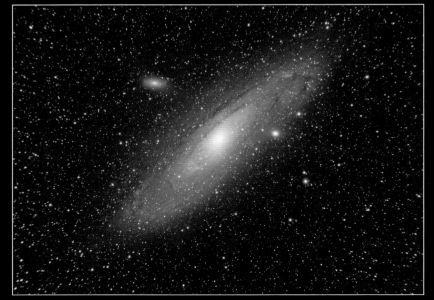

※天体望遠鏡「FS-60CB」との組み合わせで撮影

選択肢❹ ZWO ASI 662MC（新製品） 約40,000円

センサー全体：5.6 × 3.1mm（かなり小さい）
解像度：1920 × 1080（低い）
1ピクセルサイズ：2.9μm（普通）
SNR1s：0.18lx（感度高い）
光飽和量：37.8ke（多い）
色：カラー
冷却機能：ナシ

比較対象のASI385（46,000円）と比べると、解像度は同じだが、センサー全体サイズがより小さく（小さな天体を見かけ上、大きく写せる）、明るさのレンジが約2倍広い。ASI385以上に小さな銀河星雲向け。新商品群との比較では、ASI678MCの低解像度版といった位置付け

選択肢❺ ZWO ASI 678MC（新製品） 約46,000円

センサー全体：7.7 × 4.3mm（若干小さい）
解像度：3840 × 2160（高密度）
1ピクセルサイズ：2μm（普通）
SNR1s：0.29lx（感度低い）
光飽和量：11ke（少ない）
色：カラー
冷却機能：ナシ

比較対象のASI183（85,000円）と比べると、センサー全体サイズがより小さく（小さな天体を見かけ上、大きく写せる）、全体の画素数が少なくなった分、低価格に。ASI183の廉価版的商品（価格が約半分になっている）。新商品群の中では、ASI662MCの高解像度版といった位置付け（但しASI662MCに比べ、明るさのレンジが約4分の1になっている）

選択肢❻ ZWO ASI 585MC（新製品） 約60,000円

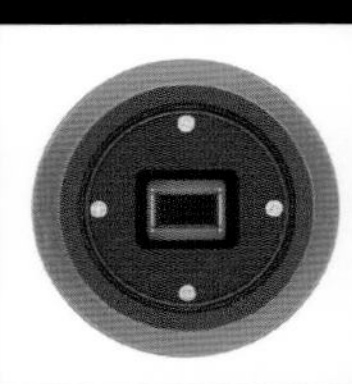

センサー全体：11.2 × 6.3mm（中程度）
解像度：3840 × 2160（高密度）
1ピクセルサイズ：2.9μm（普通）
SNR1s：0.17lx（感度高い）
光飽和量：40ke（多い）
色：カラー
冷却機能：ナシ

従来品に比較対象なし。新商品群の中では最もセンサー全体サイズが大きく（といっても、中小の銀河や星雲を見かけ上大きく美しく写す用途向き）、解像度もそこそこあり、光に対する感度も高く、他2商品のいいとこどり商品。ただし、新商品群の中では価格高め

「Stellarium」(無料)で銀河星雲の見え方事前チェック

購入する「天体望遠鏡」と「撮影用カメラ」の組み合わせを仮決めしたら、そ
の組み合わせの場合、銀河や星雲がどのように撮影されるのか(画角)をパソ
コン無料アプリ「Stellarium」で事前チェックし、機材購入の参考にすること
ができる。

❶ダウンロード

パソコンで「Stellarium」で検索、もしくはhttps://stellarium.org/ja/にアク
セスし、自分の環境に合ったOSのアイコンをクリック。すると自動的にダウ
ンロードされる

❷解凍

ダウンロードされたアイコン(圧縮ファイ
ル)を解凍プログラムで解凍する

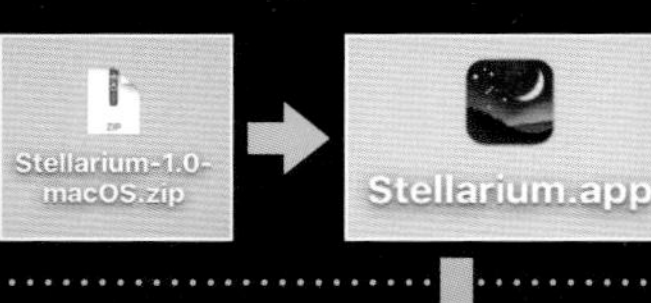

❸「Stellarium」起動

解凍してできた「Stellarium」のアイコンをダブルクリック
して起動する

❹現在位置設定

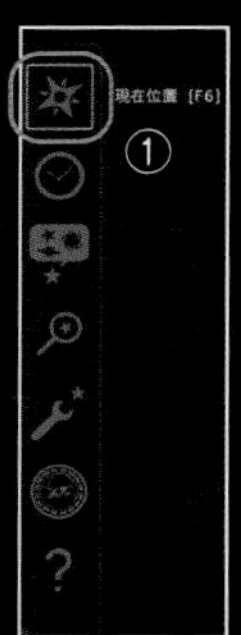

①画面左下にマウスのカーソルを合わせると、メニューが表示されるので、一番上「現在位置」をクリックする

②「ネットワークから場所を取得」のチェックボックスにチェックを入れると、自動的に緯度、経度、都市名、Region、惑星、タイムゾーンが入力されるので確認する

③ウィンドウ右上の×ボタンをクリックし、ウィンドウを閉じる

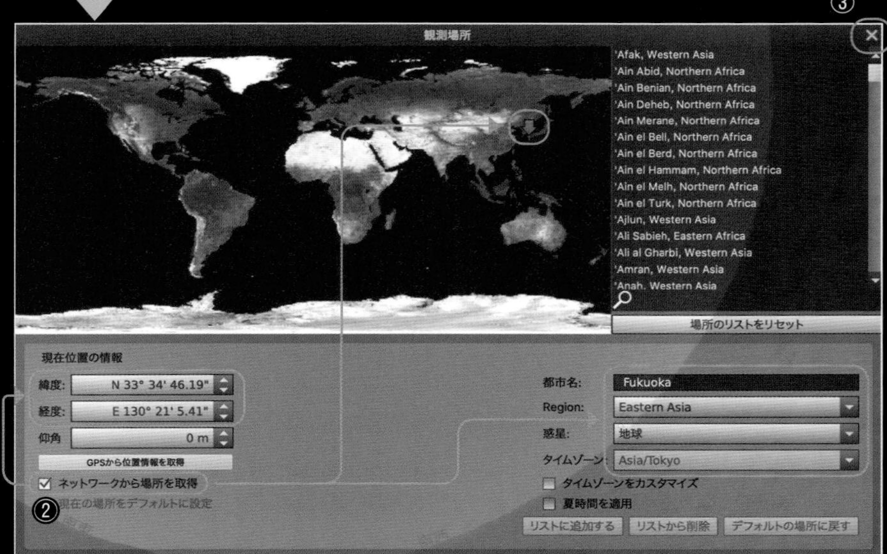

❺望遠鏡の設定

画面右上にマウスカーソルを合わせると表示されるウィンドウ右端「設定アイコン」をクリックし、さらに「望遠鏡タブ」をクリック。購入検討中の望遠鏡の「名前」「焦点距離」「口径」を入力する

❻撮影用カメラ設定

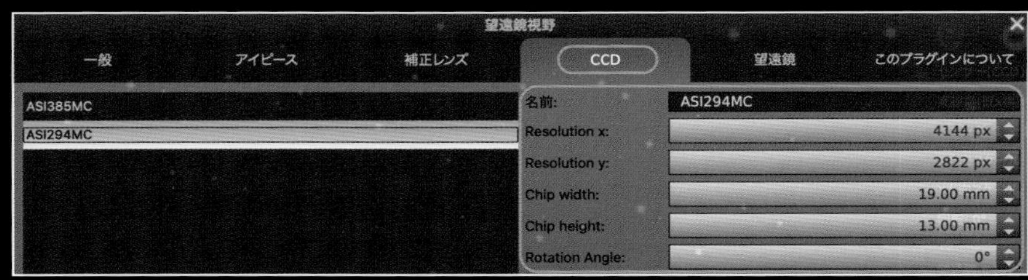

「CCDタブ」をクリックし、購入検討中の撮影用カメラの「名前」「Resolution x（横画素数）」「Resolution y（縦画素数）」「Chip width（センサーの横サイズ）」「Chip height（センサー縦サイズ）」をそれぞれ入力した後、×ボタンをクリックして設定メニューを閉じる

❼画面右上のカメラアイコンをクリックし、カメラフレームをONにする

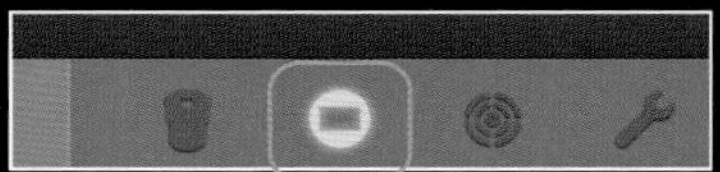

❽地表をなくし、空を暗くする

画面左下にマウスカーソルを合わせ、地表アイコンをクリックし、地表を見えなくする。さらに、画面が明るい場合は大気アイコンをクリックし、空を暗くする

❾設定保存

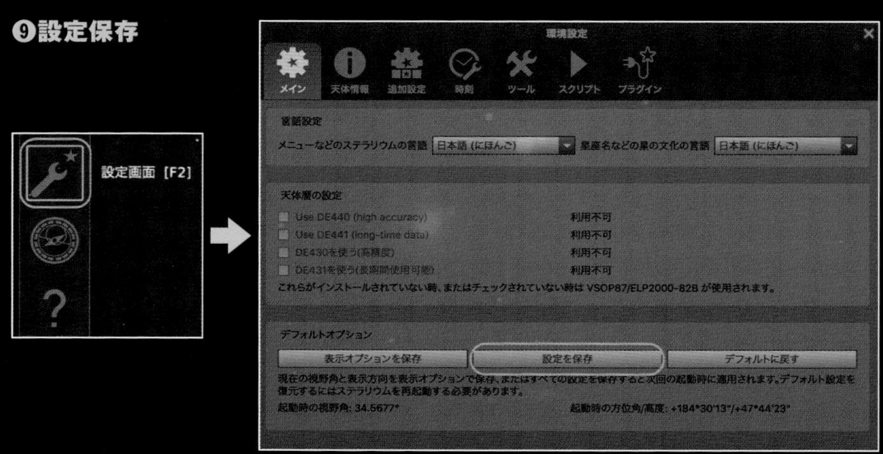

画面左下にマウスカーソルを合わせ、「設定」アイコンをクリックし、表示された画面の「設定を保存」をクリック

検索画面［F3］

天体望遠鏡「FS-60CB」と撮影用カメラ「ASI294MC」を組み合わせた場合、「らせん星雲」は、画面全体の中で小さくしか写らない⬆一方「アンドロメダ銀河」は⬇丁度いい具合に画面内に収まることがわかる

選択肢無ほぼ一択の重要必須機材

天体機器制御装置 ZWO ASIAIR plus　約46,000円

銀河星雲撮影スタイルに革命をもたらす画期的な天体機器制御装置。赤道儀やカメラに指令を出し極軸合わせ支援、天体自動導入、自動追尾、写真撮影、動画撮影、ライブスタック他。この装置なくして銀河星雲の映像化は考えられない。完全一択商品

電動架台 Sky-Watcher AZ-GTi（売切注意）　約38,000円

ASIAIRからの司令を受け、天体望遠鏡を動かす赤道儀化可能な超軽量激安電動経緯台。一般的な赤道儀が15万円～30万円、10kg以上する中、約4万円で、本体重量1.3kg。難点は2つ。Windowsパソコンを使っての赤道儀化作業（購入後1回だけの作業）を行う必要があること。搭載可能重量が5kg（重たい天体望遠鏡は搭載できない）。が、そんな難点が吹き飛ぶ超軽量激安架台。よって、初心者にとってはほぼ一択商品となっている

※「三脚付」のセット商品の場合、バラで買うより安くなる（約42,000円）➡

なお、Windowsパソコンがどうしても利用できなかったり、赤道儀化作業に不安がある場合は、同じSky-Watcher社から発売されている赤道儀化作業不要の「Sky-Watcher Star Adventurer GTi マウント」（約8万円、本体重量約2.9kg、搭載可能重量約5kg）の購入がオススメ（本体重量が約2倍にはなってしまう）

※セット商品「Star AdventurerGTiマウント三脚セット」（約9万円）の場合
- 赤道儀化作業が不要（はじめから赤道儀）
- 購入機材点数が圧倒的に少なくなり、トータル価格も安くなる＝「AZ-GTi&関連機材バラ買い」とトータル費用がほぼ同額になりお得

Sky-Watcher SynScan USB（売切注意）　約2,300円

ASIAIRとAZ-GTiをUSB有線接続し、接続を安定させるためのアダプター（「Star Adventurer GTiマウント三脚セット」商品利用の場合は購入不要）

ガイドスコープ ZWO 30F4　約15,000円

天体を正確に自動追尾するために必要となる口径30mm、焦点距離120mmのガイドスコープ。全てのASIカメラで利用可能

ガイド用カメラ ZWO ASI120MM-Mini　約23,000円

ガイドスコープに差し込むガイド用非冷却モノクロカメラ。解像度:1280×960、センサー全体サイズ:4.8×3.6mmで初者用ガイドスコープとしてほぼ一択

AZ-GTi用三脚（売切注意）　約10,000円

三脚自体の選択肢は無数にある中、このサイズで、この価格は他ではありえず、そういう意味で、初心者にとってほぼこれ一択の三脚。逆に価格をあまり気にしない人にとっては、他に無数の三脚の選択肢アリ。伸長:1,215mm、縮長:690mm、重量:約1.8kg（「AZ-GTi三脚付」セット商品利用の場合は購入不要）（「Star Adventurer GTiマウント三脚セット」商品利用の場合は購入不要）

AZ-GTi用エクステンションピラー（売切注意）　約4,000円

AZ-GTi動作時、三脚と干渉しないために必要な延長ポール。（「AZ-GTi三脚付」セット商品利用の場合は購入不要）（「Star Adventurer GTiマウント三脚セット」商品利用の場合は購入不要）

スカイメモS/T用 微動雲台（売切注意）　約11,000円

極軸合わせを行う際に、天体望遠鏡の向きを微調整するための装置。本来はスカイメモというポータブル赤道儀用の微動雲台。この価格帯での類似商品が他になく、これも初心者にとっては一択商品。調整可能角度:0°～70°、水準器付（「Star Adventurer GTiマウント三脚セット」商品利用の場合は購入不要）

バランスウエイトWT1.9kg　約5,000円

ただでさえ重たい天体機材を、さらに重くしてくれる重り。重量のある天体望遠鏡を赤道儀で動かすにあたり、天体望遠鏡の反対側に重りを配置することでバランスがとれ、天体望遠鏡を動かしやすくする。これにより天体の自動追尾性能が上がりAZ-GTiへの負担も軽減される（「Star Adventurer GTiマウント三脚セット」商品利用の場合は購入不要）

AZ-GTi用20φウエイトシャフト200mm　約4,000円

バランスウエイトをAZ-GTiに固定するための鉄の棒（「Star Adventurer GTiマウント三脚セット」商品利用の場合は購入不要）

ビクセン ウエイト抜け止めネジ　約800円

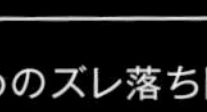

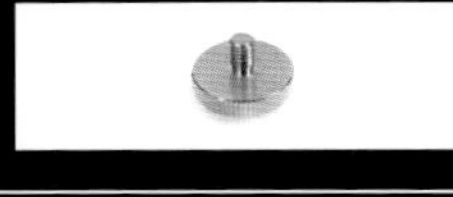

バランスウエイトが下にズレ落ちるのを防止するためのズレ落ち防止ネジ（「Star Adventurer GTiマウント三脚セット」商品利用の場合は購入不要）

uxcell クランプつまみ おねじ M8x25mm　約1,000円

微動雲台に付属しているネジをそのまま使うと、微動雲台とAZ-GTiが衝突してしまうため、これを防ぐために絶対に必要な取り替えクランプつまみ（「Star Adventurer GTiマウント三脚セット」商品利用の場合は購入不要）

選択肢豊富なその他必須機材

USBメモリ　約3,000円

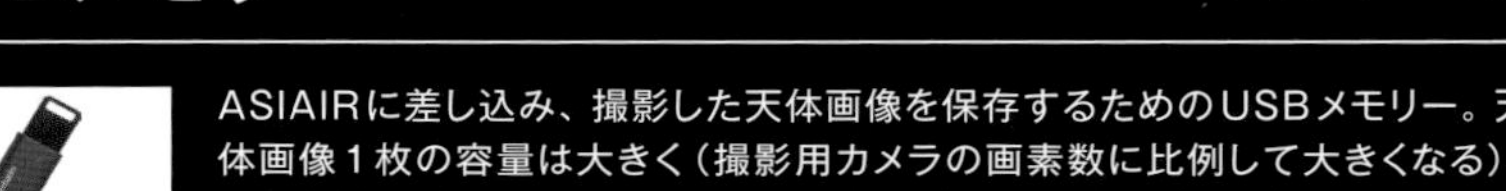

ASIAIRに差し込み、撮影した天体画像を保存するためのUSBメモリー。天体画像1枚の容量は大きく（撮影用カメラの画素数に比例して大きくなる）、また大量に保存するため、予備用に空のUSBも常に用意しておきたい

タブレット　約30,000円～約90,000円

ASIAIRとWi-Fi接続し、コントロールできる端末はタブレットだけではなく、スマートフォンでも可。しかし、スマートフォンは画面が小さすぎて、表示される天体画像のディテールがわかりづらい。さらに表示されるボタンも小さくなり操作に困難をきたす。よって、ASIAIRのコントロール端末としてはタブレットがオススメ。タブレットにはiPadとアンドロイドの2つの選択肢があるが、タブレットの世界は性能面でiPad圧倒的優位の状況がつづいている

ポータブル電源　約15,000円～

ベランダでの撮影にしろ、遠征での撮影にしろASIAIRを動作させるために必要なポータブル電源（AZ-GTiにはASIAIR経由で電源を供給）。ASIAIRに供給する電源は直流（純正弦波との表記がある方が望ましい）DC12Vである必要があるため、「DC OUT 12V」表記のある丸穴付電源を選ぶ。ここで注意したいのは旅客機を使って遠征に行くことも考えての電源選び。国内線の場合、ワット時定格量が160Wh以下でバッテリー容量が43,243Ah以下のもののみ機内持ち込み可（荷物預け入れはどんな場合でも不可）。よって、大事を見て150Wh以下（付近）、40,000mAh付近のバッテリーを買うとよい。なお、ワット時定格量（Wh）の記載がないバッテリーは機内持ち込み、預け入れ両方不可なので注意

配線チューブ(スライドタイプ) 約100円

ASIAIRから出る3つのケーブル(AZ-GTiへつながるSynScanUSBケーブル、AZ-GTiへつながるDCケーブル、そしてポータブル電源へつながるDCケーブル)をまとめるチューブ。このチューブでまとめないと、それぞれのケーブルがAZ-GTiに絡まり、最悪機械の故障につながる。ダイソーで買えば100円

各種USBケーブル(短いもの) 約500円~

付属USBケーブルは長すぎるため機材に合わせた長さのUSBを必要個数購入

あると便利な天体グッズ

光害カットフィルター 約20,000円~

光害の激しい街中や住宅地で、街が発する光をカットし、銀河や星雲の光成分だけを通すフィルター。このフィルターを使うことにより光害地でも、それなりの銀河星雲を撮影できるようになる。
価格帯は3,000円~20,000円。
注意:光害地ではなく、遠征先(光害のない暗い場所)で撮影する際は、必ず光害カットフィルターをハズすこと(1段~1.5段程度の減光効果があるため)。またその際、必ずピントを合わせ直すこと(フィルターを付けた状態と、ハズした状態ではピンとの位置がズレるため)

FUJIFILM レンズクリーニングペーパー 約200円

レンズが汚れた際に、その汚れを拭き取るクリーニングペーパー

レンズクリーナー VS-S02-E 約1,500円

レンズに付着した小さなほこりがどうしても取れない時に使うクリーナー。もったいなく感じても一本、一本使い捨てにする

ヘッドライト　約1,500円

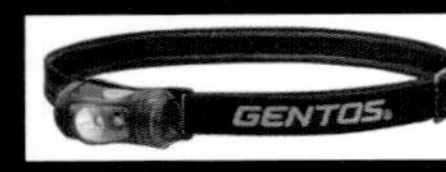

遠征時はほぼ必須となるヘッドライト。手が自由になる

SV172 結露防止レンズヒーター　約2,500円

天体望遠鏡のレンズが曇らないように、天体望遠鏡の周囲に巻きつけて使う電気ヒーター

COOWOO 結露防止レンズヒーター　約2,000円

ガイドスコープのレンズが曇らないように、ガイドスコープの周囲に巻きつけて使う電気ヒーター

天体機材一式を収納運搬できるカート　約5,500円

遠征時、天体機材一式を入れ、移動させるのに便利な車輪付カート。40D×6.5W×39Hcm

SWFOTO T1A20 三脚　約18,000円

旅客機を使っての遠征時、スーツケースに楽々入る頑丈で小さな三脚。最大耐荷重25kgもありながら、1.4kgという軽さ。収納時の長さは32cm

スーツケース 45L　約16,000円

機内持ち込み可能で頑丈な作り（金属フレーム）のスーツケース。フロントオープンのポケットが付いており、便利。衝撃で絶対に破損させたくない天体望遠鏡（長さ注意）などの機材を入れ機内に持ち込む。45L

JUNZOがはじめに購入した天体機材

以下は著者が購入した天体機材の全リスト。銀河星雲を撮影するにあたり最も安価で最も軽量だと考え購入したものばかり。このリストと全く同じ機材を購入するのも1つの手。なお、赤背景の機材は他の機材では代替できないほぼ一択モノ（価格にこだわらなければ他にも選択肢アリ。※例外:ASIAIR）。白背景の機材は代替可能な機材が他にあるもの。また、天体観測機材は品切れになることがよくあるため（特に「天体望遠鏡」「AZ-GTi」「AZ-GTi用三脚」「AZ-GTi用延長ポール」「スカイメモS/T用微動雲台」「AZ-GTi USB化アダプター」）、以下の機材と全く同じものを購入したい場合は、以下の機材が全て入手可能かネットショップなどで事前確認してから、全機材購入に着手した方がよい（代替品でカバーできると思う場合は、この限りではない）。なお、全機材のリンクをhttps://t.maniaxs.com/k/#jun に掲載中。

① 天体望遠鏡
EVOSTAR72ED II（売切注意）

約55,000円

この価格でEDアポクロマート鏡筒。最初は安く抑えたい初心者用

② 撮影用カメラ
ZWO
ASI662MC

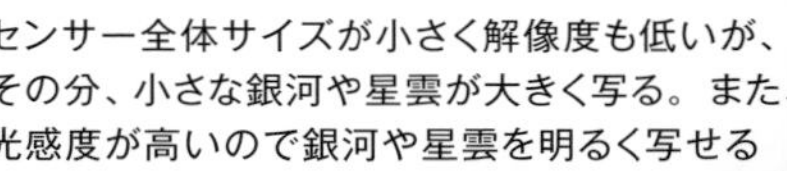

約40,000円

センサー全体サイズが小さく解像度も低いが、その分、小さな銀河や星雲が大きく写る。また、光感度が高いので銀河や星雲を明るく写せる

③ ガイドスコープ
ZWO30F4

約15,000円

天体望遠鏡で銀河や星雲を自動追尾する際、必要となるガイドスコープ

④ ガイド用カメラ
ZWO ASI120MM mini

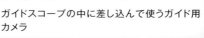

約23,000円

ガイドスコープの中に差し込んで使うガイド用カメラ

⑤ 赤道儀化可能な経緯台
AZ-GTi（売切注意）

約38,000円

天体を自動導入、自動追尾可能にしてくれるモーターで、ここまで安く、ここまで軽いものは他にない。ほぼ一択（例外:Star Adventurer GTi）

⑥ 制御装置
ZWO ASIAIR plus

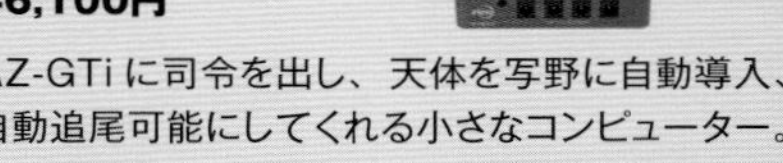

46,100円

AZ-GTiに司令を出し、天体を写野に自動導入、自動追尾可能にしてくれる小さなコンピューター。ここまで安く、ここまで軽い天体機器制御コンピュータも他にはない。完全なる一択商品

⑦ Verbatim USBメモリ 256GB

3,280円

撮影した天体画像を保存するUSBメモリー

⑧ AZ-GTi用三脚（売切注意）

8,250円

AZ-GTi用に作られた格安の三脚

⑨ AZ-GTi用エクステンションピラー（売切注意）

3,300円

AZ-GTi用三脚の上に接続するAZ-GTi用に作られた格安の延長ポール

⑩ スカイメモS/T用微動雲台（売切注意）

12,100円

天体望遠鏡の向きを手動で微調整するための装置。極軸合わせの時に使用

⑪ 天体ミラーファインダー用アリ溝

1,460円

ガイドスコープを取り付けるための土台

⑫ iPad Air（第5世代）

92,800円

天体機器のコントロール、天体写真の撮影、画像保存など全てこのタブレットのディスプレイ操作で行う。数年以内に発売されたタブレットを既に所有している場合購入不要。アンドロイドタブレットも利用可。古いタブレットの場合は動作遅く使い物にならない

⑬ FlashFish ポータブル電源 40800mAh/151Wh

13,430円

ASIAIRやAZ-GTiを動かすための電源。国内線機内持ち込み可のバッテリー

⑭ バランスウエイト WT1.9kg

4,070円

天体望遠鏡と重さのバランスをとるための重り

⑮ AZ-GTi用20φ ウエイトシャフト200mm

3,500円

バランスウエイトを取り付けるための鉄の棒

⑯ ビクセン ウエイト抜け止めネジ

770円

バランスウエイトがウエイトシャフトから抜け落ちないようにするための留め具

⑰ 配線チューブ（スライドタイプ）

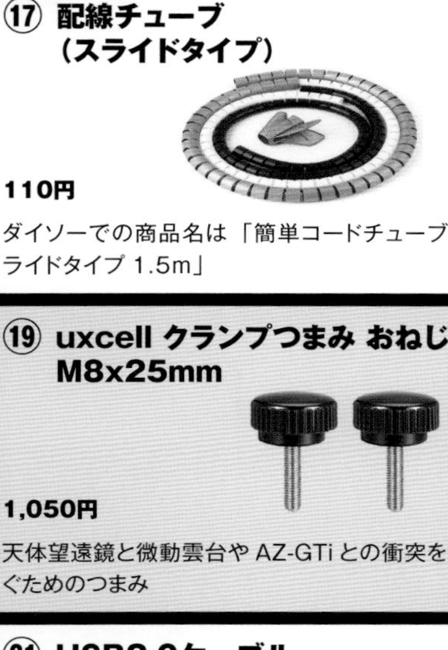

110円

ダイソーでの商品名は「簡単コードチューブスライドタイプ 1.5m」

⑱ 六角穴付キャップボルトセット

1,920円

天体機材の固定等あるとなにかと便利なボルトセット

⑲ uxcell クランプつまみ おねじ M8x25mm

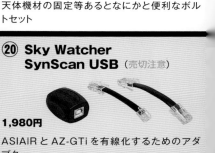

1,050円

天体望遠鏡と微動雲台や AZ-GTi との衝突を防ぐためのつまみ

⑳ Sky Watcher SynScan USB（売切注意）

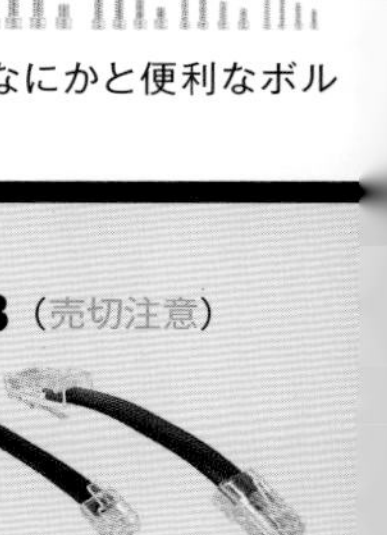

1,980円

ASIAIR と AZ-GTi を有線化するためのアダプター

㉑ USB2.0ケーブル 1.8m

331円

SynScan USB と ASIAIR をつなぐ USB2.0 ケーブル 1.8m

㉒ GENTOS LED ヘッドライト

3,010円

暗い中、天体機器を調整する際に利用する頭に付けるライト

㉓ FUJIFILM レンズクリーニングペーパー

173円

レンズを汚れを拭き取るためのクリーニングペーパー

㉔ BAGING バギング 横押しショッピングカート

5,499円

遠征の際、天体機材を収納し、移動させるためのカート

㉕ SWFOTO T1A20 三脚

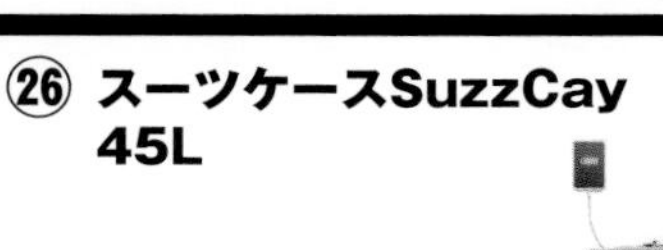

18,500円

旅客機を使った遠征時に使うコンパクトながら強靭な小型三脚

㉖ スーツケースSuzzCay 45L

16,550円

機内持ち込み可能なスーツケース

コース別　メリットデメリット比較表

かんたんコース

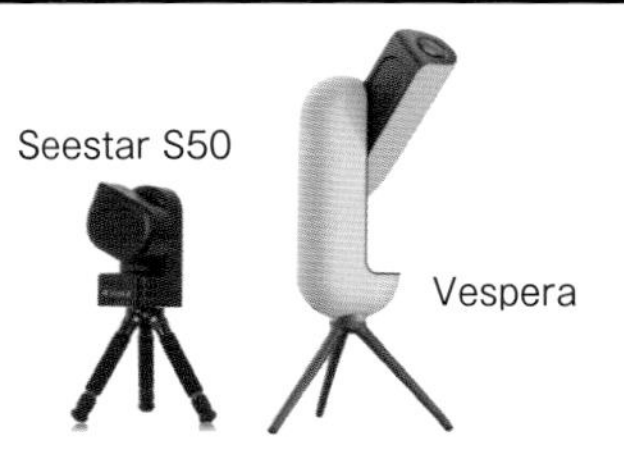

仕様

- Seestar S50（高さ：26cm　重さ：3kg）
  焦点距離：25cm　解像度：1920×1080
- Vespera（高さ：40cm　重さ：5kg）
  焦点距離：20cm　解像度：1920×1080

メリット

- 全てが超かんたん
- ボタン操作のみで機材の操作が可能
- 組み立て不要
- 設定不要
- （子どもでも）失敗しようがない

デメリット

- 一体型なので拡張性がほぼない
- カスタマイズ不可
- 組み立てる楽しさがない
- 自分では故障を修理できない

価格

- Seestar S50：約6万円（早期購入価格）
- Vespera：約37万円

向く人

メカ音痴、IT音痴、工作下手、単に銀河星雲を楽しみたい人、手っ取り早く銀河星雲を楽しみたい人

購入

- 全国の天体ショップ＆ネットショップ

王道コース

仕様

- 無限の組み合わせ
- 無限の拡張性
- 無限の性能アップ

メリット

- パーツを取り替えることにより、無限の拡張性有。無限の性能アップが可能
- それぞれのパーツは他の機材でも活用流用可能
- 機械いじり、組み立ての楽しさがある
- 試行錯誤する楽しさがある

デメリット

- 組立てや設定に問題があると正常に動作しない
- 組立ての手間がかる⇄組立てる楽しさ有
- 設定に手間がかかる⇄設定を変える楽しさ有
- 一体型に比べサイズが大きくなる

価格

15万円～

向く人

メカ好き、IT好き、工作好き、創意工夫をするのが好きな人、どんどんパワーアップさせ銀河星雲趣味を極めたい人

購入

- 全国の天体ショップ
- 海外の天体ネットショップ　●アマゾン
- 量販店　●ZWO

STEP 3 アプリのインストール

銀河星雲の撮影、天体画像の編集には、以下5つのアプリのインストールが必要（全て無料）。自分の環境に合ったアプリをインストールしよう。なお、全アプリのリンクは、https://t.maniaxs.com/apr に掲載中。

AZ-GTi制御アプリ
SynScan Pro

iPad、iPhone版

アンドロイド版

天体機器総合制御アプリ
ASIAIR

iPad、iPhone版

アンドロイド版　エラーの場合

ZWOカメラ撮影支援アプリ
ASIStudio

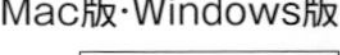
Mac版・Windows版

撮影地点の座標調査アプリ
座標コーディネート

iPad、iPhone版

アンドロイド版

光害調査アプリ
Light Pollution Map

iPad、iPhone版

アンドロイド版

STEP 4 AZ-GTiの改造（赤道儀化）

AZ-GTiを使って銀河星雲を撮影するためにはAZ-GTiの赤道儀化作業が必要。なお、赤道儀化するにあたっては、2通りの方法がある。

A）AZ-GTiとWindowsパソコンをUSBケーブルでつなぎ、AZ-GTiを赤道儀化する方法（「AZ-GTi USB化アダプター」を使ったこの方法が安全）

B）AZ-GTiとWindowsパソコンをWi-Fiでつなぎ、AZ-GTiを赤道儀化する方法（危険性あり）

以下、A、B、2通りの方法について、解説。

注意：「Sky-Watcher Star Adventurer GTi マウント」を利用する場合を含め、元々赤道儀である架台を利用する場合は、当然、この改造作業は不要

①ローダーのダウンロード

Windowsパソコンで Sky-Watcherのダウンロードサイト

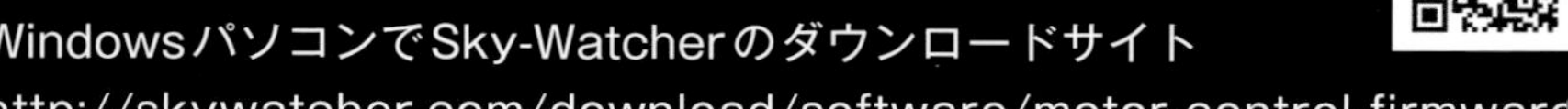

http://skywatcher.com/download/software/motor-control-firmware

にアクセス

①最新版のローダーのダウンロード

Aの場合は「Windows program: Motor Controller Firmware Loader,Version」を「デスクトップ」にダウンロードし、解凍する。

Bの場合は「Windows program: Motor Controller Firmware Loader-Wi-Fi,Version」を「デスクトップ」にダウンロードし、解凍する。解凍すると

Aの場合「MCFirmwareLoader.exe」という名前のアイコンができる。

Bの場合「MCFirmwareLoader_Wi-Fi.exe」という名前のアイコンができる。

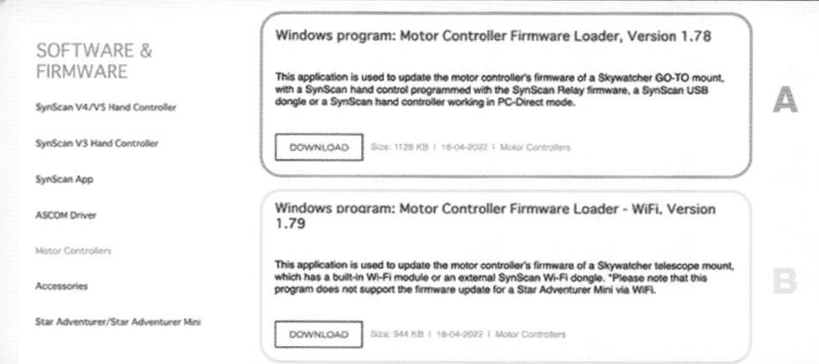

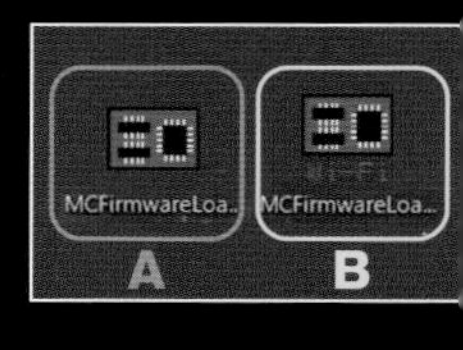

❷最新版のファームウェアのダウンロード（A、B共通）

同じページにある「Firmware: AZGTi Mount, Right Arm, AZ/EQ Dual Mode, Version」をクリックして「デスクトップ」にダウンロードする。
すると「AZGTi_motor_controller_firmware_right_arm_.MCF」という名前のアイコンができる。

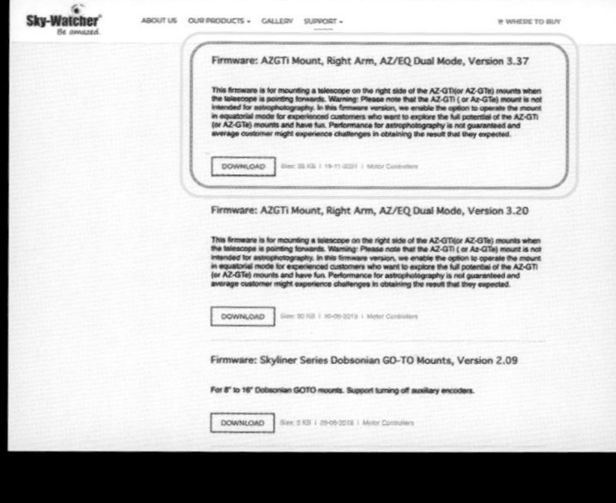

❷AZ-GTiの赤道儀化

Aの場合

❸ポータブル電源とAZ-GTiをコードでつなぐ

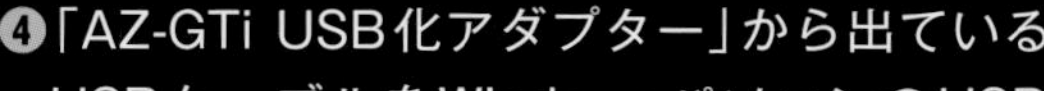

❹「AZ-GTi USB化アダプター」から出ているUSBケーブルをWindowsパソコンのUSBポートに接続し、もう片方のケーブルをAZ-GTiの四角いポートに差し込んで接続

❺ポータブル電源をONにし、AZ-GTiの電源スイッチも押してONに

❻先ほどダウンロードした「MCFirmwareLoader.exe」をダブルクリックして起動

❼表示されたウィンドウの中の「Browse」ボタンを押し、先ほどダウンロードしたファイル「AZGTi_motor_controller_firmware_right_arm_▲.MCF」を指定した上で「Update」ボタンを押す

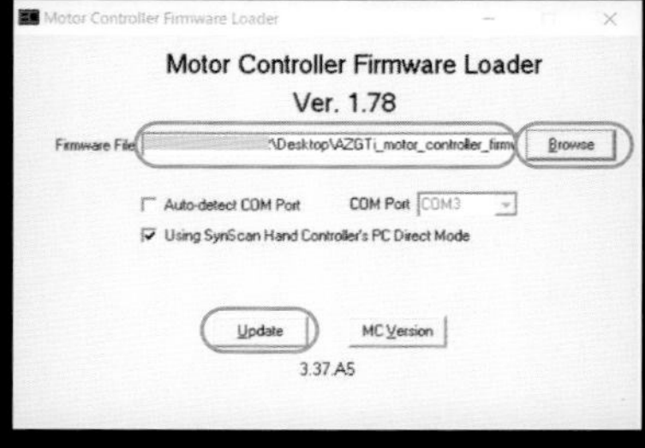

❽成功すると再起動を促されるのでAZ-GTiの電源を切り、再度電源を入れる

③AZ-GTiとポータブル電源をコードでつなぐ

④ポータブル電源をONにし、AZ-GTiの電源スイッチも押してONにする

⑤Windowsパソコンの Wi-Fi設定画面で「SynScan_▲▲▲」に接続する(接続完了まで数分)

⑥ダウンロードしたダウンローダー「MCFirmwareLoader_WiFi.exe」をダブルクリックし起動

⑦表示されたウィンドウの中の「Browse」ボタンを押し、先ほどダウンロードしたファイル「AZGTi_motor_controller_firmware_right_arm_▲.MCF」を指定し「Update」ボタンを押す

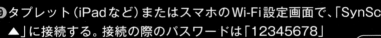

⑧成功すると、再起動を促されるので、AZ-GTiの電源を切り、再度、電源を入れる

③動作確認(AB共通)

⑨タブレット(iPadなど)またはスマホのWi-Fi設定画面で、「SynScan_▲▲▲」に接続する。接続の際のパスワードは「12345678」

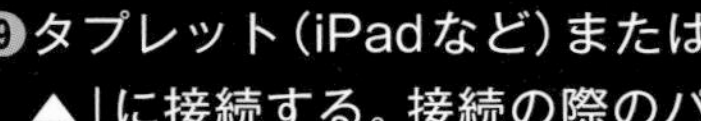

⑩タブレットまたはスマホのアプリ「SynScan Pro」を起動

⑪「SynScan Pro」の起動画面で「接続する」をタップ

⑫タップした後「赤道儀モード」というボタンが右側に表示されていたら、AZ-GTiの赤道儀化完了

STEP 5 組み立て

❶組み立て

❶「天体ファインダー用アリ溝」をボルト、ワッシャ小、ワッシャ中で「ASIAIR」に固定

❷「ガイドカメラ」に「スリーブ延長筒」を取り付け「ガイドスコープ」に差し込み、ネジで固定

❸「ガイドカメラ」が差し込まれた「ガイドスコープ」を「ASIAIR」のアリ溝に差し込み、ネジで固定

❹「ガイドスコープ」が取り付けられた「ASIAIR」のアリガタを望遠鏡のアリ溝に差し込み、ネジで固定

❺「微動雲台」に取り付けてあるクランプつまみをハズし、購入した「クランプつまみ」に取り替える

※微動雲台に最初から取り付けられているクランプネジは、AZ-GTiが動いた際にぶつかり、AZ-GTiが壊れる危険性アリ。よって、微動雲台に取り付けられているクランプネジをハズし、購入リストにある「クランプつまみ」に付け替える（重要）

※このステップ5「組み立て」はJUNZOの機材を例に説明している。自分の機材に合わせてのアレンジが必要

❻「三脚」を開き、「固定板」を押し込んだ上で右回転させ、固定

❼「三脚」の上に「延長ポール」を取り付け固定

❽「延長ポール」の上に「微動雲台」を取り付け固定

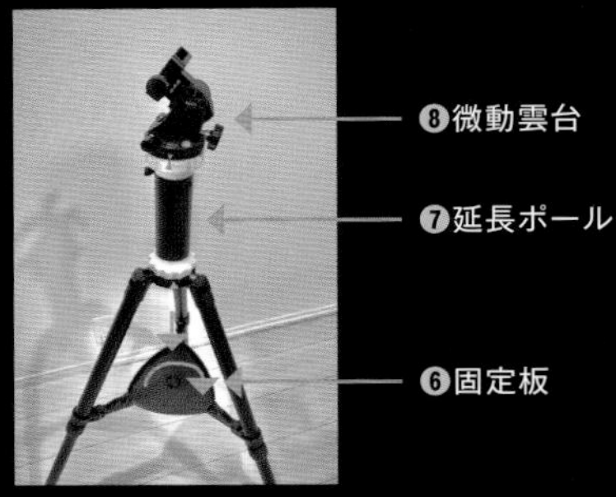

❾「天体望遠鏡」のアリガタの裏側から穴に合うボルトをねじ込み、ナットで留める

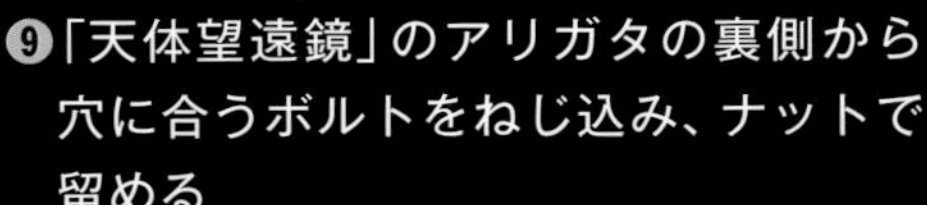

※天体望遠鏡がアリ溝からズリ落ちて壊れるのを防止するために取り付ける

❿「AZ-GTi」の大きなネジ穴に「ウエイトシャフト」をねじ込み固定

⓫ねじ込んだ「ウエイトシャフト」に「ウエイト」を差し込み、仮固定

⓬「ウエイトシャフト」に「ウエイト抜け防止ネジ」をねじ込み固定

⓭「微動雲台」に付属している「アリガタ」を「AZ-GTi」の裏側に取り付け固定

⓮「微動雲台」のアリミゾに「AZ-GTi」のアリガタを滑りこませた上で「微動雲台」の「クランプつまみ」を固く締めて固定

⓯固定された「AZ-GTi」のアリミゾに「天体望遠鏡」のアリガタを滑りこませた上で「AZ-GTi」の固定ツマミを回して固定

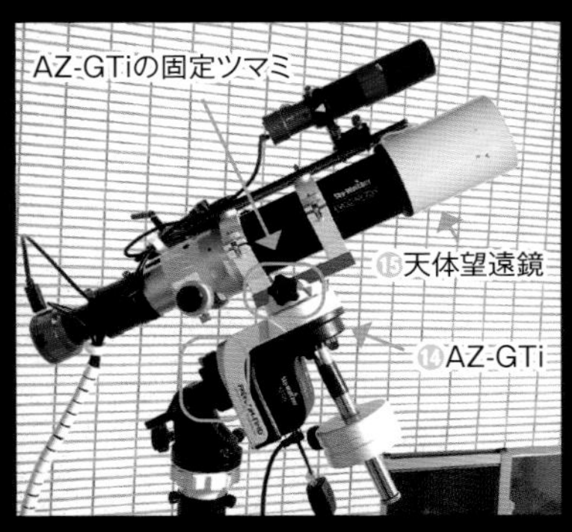

❷配線

❶「ガイドスコープ」と「ASIAIR（黒穴）」をUSBケーブルでつなぐ

❷「撮影用カメラ」と「ASIAIR（青穴）」をUSBケーブルでつなぐ

❸「AZ-GTi USB化アダプター」から出ているUSBケーブルを「ASIAIR（黒穴）」に挿す

❹「ASIAIR（青穴）」に「USBメモリー」を挿す

❺「ASIAIR（DC INPUT）」と「バッテリー（12V Output）」をDCケーブルでつなぐ

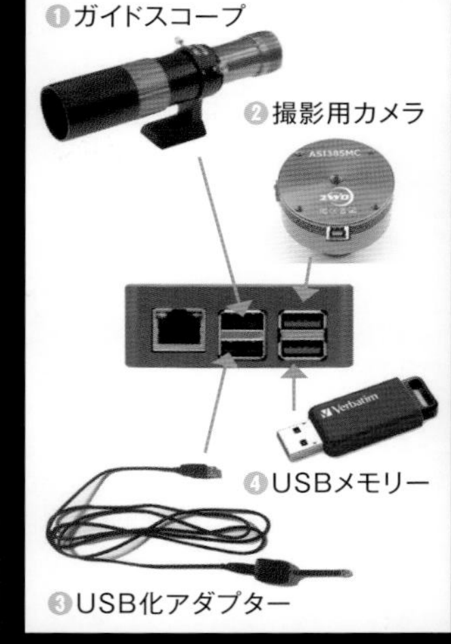

❻「AZ-GTi」と「ASIAIR」（DC OUTPUT 4）をDCケーブルでつなぐ

❼「ASIAIR」から出ている配線のうち

- ASIAIR自体の電源ケーブル
- AZ-GTiにつながっているUSBケーブル
- AZ-GTiにつながっている電源ケーブル

この3つのケーブルを配線チューブで束ねる

※ケーブルを束ねないと、望遠鏡の動きによっては、それぞれのコードが三脚や微動雲台などに絡まり、ヘタをするとAZ-GTiの動きを止め、AZ-GTiを壊す恐れがアリ

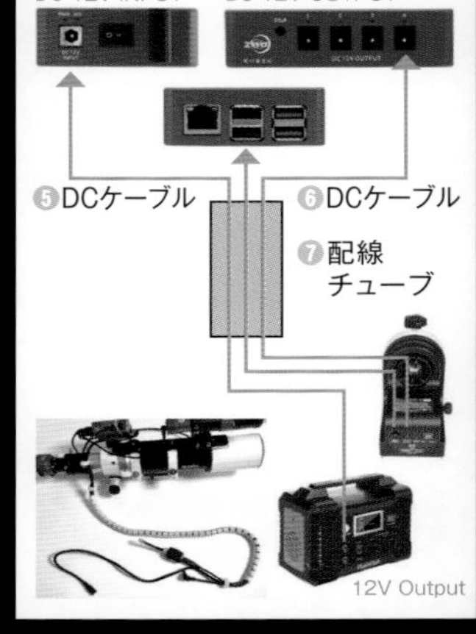

❽ASIAIRやAZ-GTiの電源プラグが抜けないように幅広の輪ゴムで固定

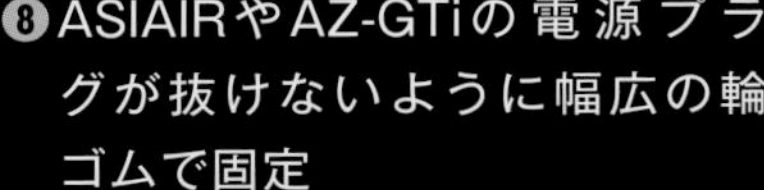

※注意：「Sky-Watcher Star Adventurer GTi マウント」利用の場合は、付属のUSBケーブルで「Star Adventurer GTi マウント」と「ASIAIR」を必ず接続すること！

STEP 6 仕上げ

❶「ウエイト」の位置決め

AZ-GTi側面の「小さく黒いクランプネジ」を左側に回し①、望遠鏡側とウエイトが重量的にシーソー状態になるまで緩める。その上で望遠鏡側の重さとウエイトの重さのバランスが釣り合うようにウエイトを移動させ②、釣り合ったところでウエイトを固定させる③。

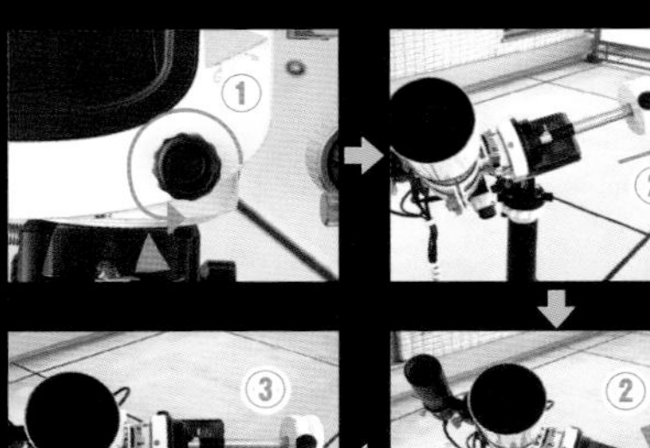

❷「機材」の位置決め

今度はAZ-GTiのウエイトシャフト差し込み部分周囲の「ダイヤル状ネジ」①を緩め、天体望遠鏡の前方部分と後方部分をシーソー状態にし、前後のバランスが取れるようにガイドスコープなどの取り付け位置を移動させ②、固定する③。

❸機器間の干渉チェック（重要）

「小さく黒いクランプネジ」「ダイヤル状ネジ」両方①を緩め、天体望遠鏡をいろんな方向に動かしてみて、「少々動かしたぐらいでは」天体望遠鏡とAZ-GTiのクランプネジや、微動雲台のクランプネジなどと衝突しないかチェック。衝突する場合は、衝突しないように各種パーツの取り付け位置を調整。また、その際、配線が絡まないかもチェック。

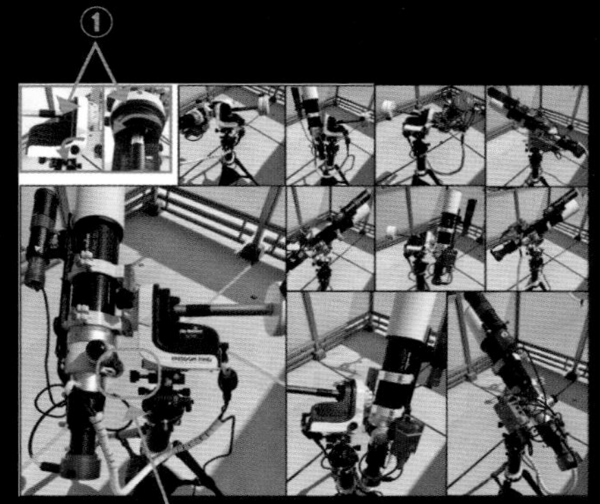

衝突しないか?

STEP 7 設定と調整

❶ASIAIRの設定

❶座標情報入手

※以下の工程①～⑥は撮影予定地（僻地など）でGPSが機能しない可能性がある場合のみ必要。通常は不要の工程

①アプリ「座標コーディネート」起動
②画面右下の「Degree」をタップ
③「dd° mm' ss" N dd° mm' ss" E」を選択
④「完了」をタップ
⑤現在地を地図のど真ん中に入れる
⑥表示された座標をメモ
例:
北緯35° 40' 42" 東経139° 46' 5"

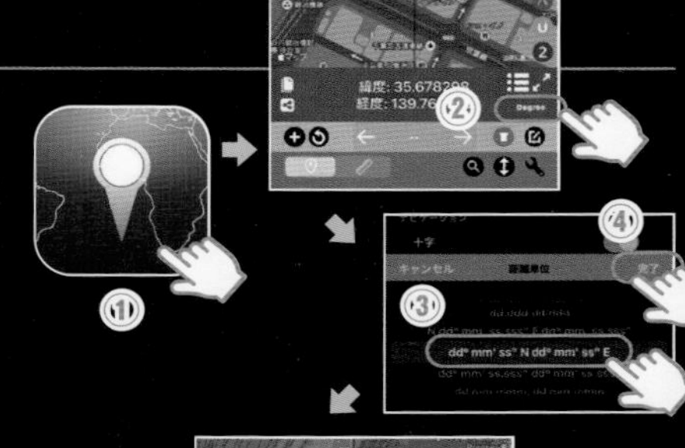

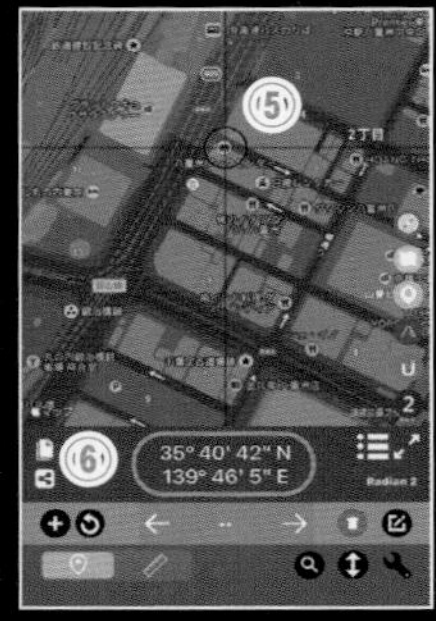

❷バッテリーが「ASIAIR」本体に接続されていることを確認した上で、バッテリー▶ASIAIRの順番に電源をON

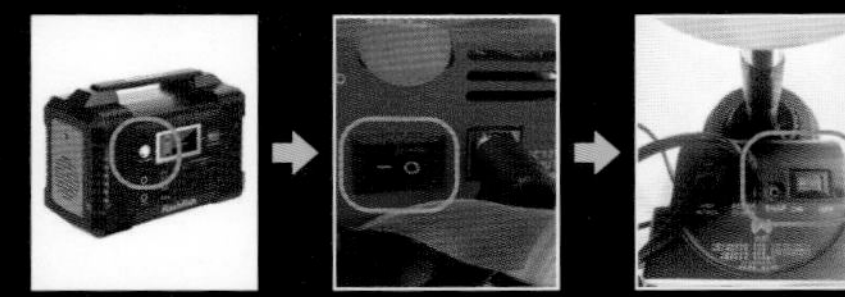

❸AZ-GTi本体の電源をON

❹タブレット（又はスマホ）のWi-Fi設定画面で「ASIAIR_▲▲▲▲▲」を選択し接続。パスワードは「12345678」

❺アプリ「ASIAIR」のアイコンをタップし、起動

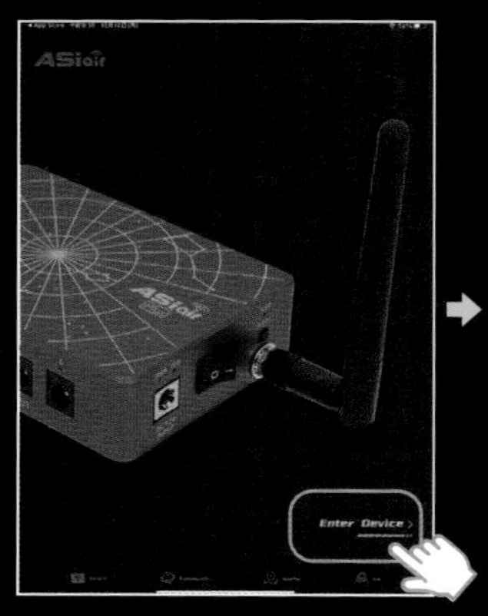

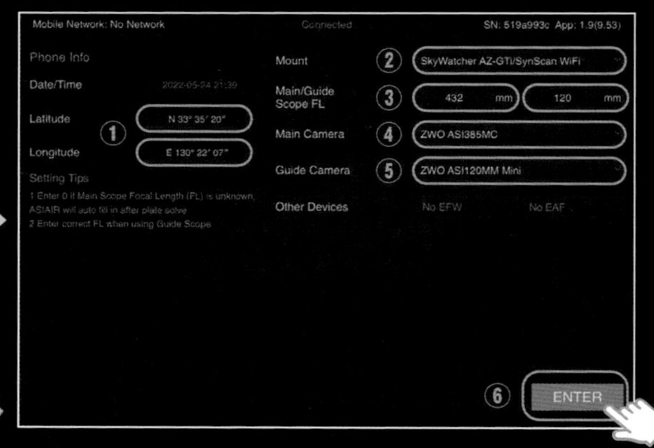

❻起動直後の画面右下「Enter Device」をタップし、

①Latitude（緯度）、Longitude（経度）の欄に❶で調べた値をそれぞれ入力（自動入力時はそのまま）

②Mount欄は「SkyWatcher AZ-GTi/SynScan Wi-Fi」を選択（Star Adventurer GTiマウントの場合は「EQMod Mount」を選択））

③Main/Guide Scope FL（焦点距離）欄には、「420」「120」をそれぞれ入力

※「420」「120」は「EVOSTAR72EDII」、「ZWO ASI120MM Mini」を使用している場合の数値。これ以外の場合は、その焦点距離の数値を入力（「EVOSTAR72EDII」、「ZWO ASI120MM Mini」を使用している場合）

④MainCamzera欄は「ZWO ASI385MC」を選択

※メインカメラにASI385MC利用時

⑤GuideCamera欄は「ZWO ASI120MM Mini」を選択

※ASI120MM Mini利用時

⑥最後に画面右下の「ENTER」をタップ

❼画面上部マウントアイコンをタップ

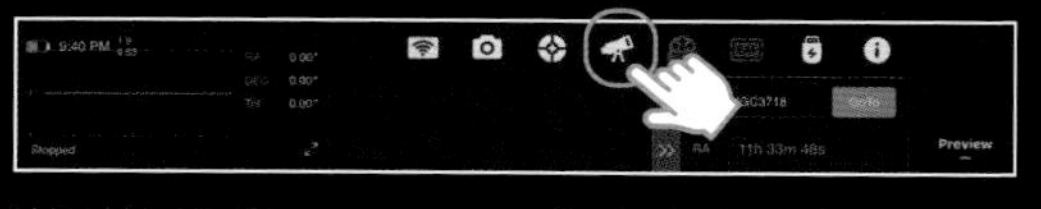

❽❽❾が右の画像と同じ状態かチェック

注意：※「ASIAIR」のアップデートにより、表示内容や操作方法、操作手順などが本書の内容と異なる場合があります（ASIAIRの解説内容全般）

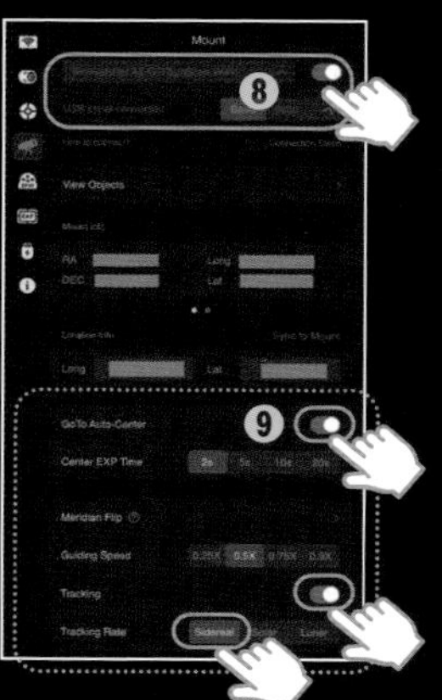

⑩左上「Wi-Fi」アイコンをタップし、AZ-GTiの電源プラグを差し込んだ番号右部分が「ON」表示になっていることを確認（ON表示になっていない時は差し込んだ番号右のスイッチをタップし、ONにする

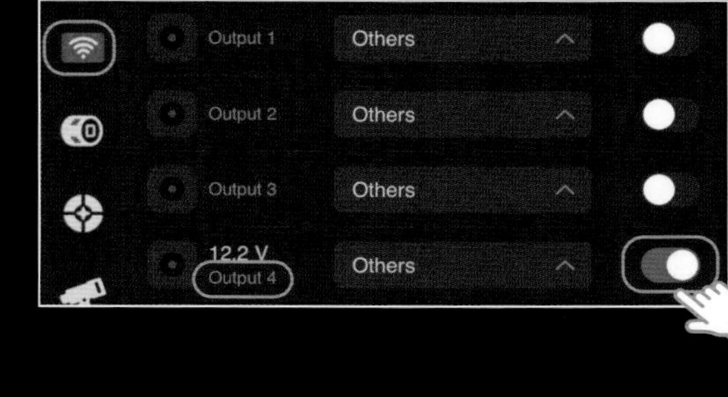

❷カメラの調整

❶撮影用カメラのピントと向きの調整（昼間に実行）

①昼間、バルコニーなどに天体機材一式を移動させる。その上で、できるだけ遠方にある「目印」になる建物（先の尖った鉄塔など）を探し、その目印の方角に天体望遠鏡が向くように（大体の方角でよい）、天体機材一式を設置。そして天体望遠鏡、ガイドスコープ、両方のキャップをトル

②ASIAIR画面の右メニュー「Preview」モードになっているか確認

③画面上部「撮影カメラアイコン」をタップ

④Gainの「L」をタップし「0」に設定

⑤「Customize Filename」をタップ

⑥「ASI Camera Model」「Gain」をタップしてONにする

⑦前の画面に戻り「Advanced Settings」をタップ

⑧「Auto White Balance on Screen」と「Continuous Preview」をOnにする

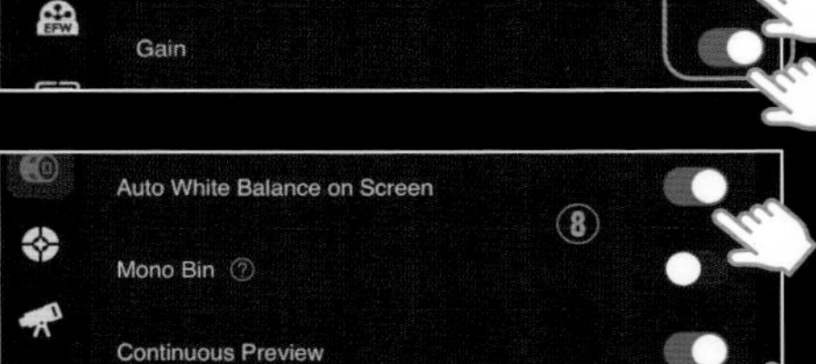

⑨元の画面に戻り、画面右端中央の「撮影ボタン」をタップ

⑩画面右端下方の「EXP」部分をタップし、画面が灰色になるように（真っ暗でも真っ白でもダメ）数値を設定（大体は「0.001」でOK）

⑪天体望遠鏡のピント微動調整ノブを回し、風景がクッキリ映るようにピントを合わせる

⑫ピントが合ったらネジで固定

⑬カメラを固定しているネジを少しだけ緩め、風景が上下左右正常に映るように撮影用レンズを回転させる。上下左右正常に映ったら、その状態でネジを締めて撮影用カメラを固定

⑭レバーを緩め、目印にした建物がモニターのど真ん中に来るように「微動雲台」の左右それぞれのネジ、ダイヤルを回す。目印（この場合アンテナの先端）がモニターのど真ん中に来たところで、レバーを締め固定

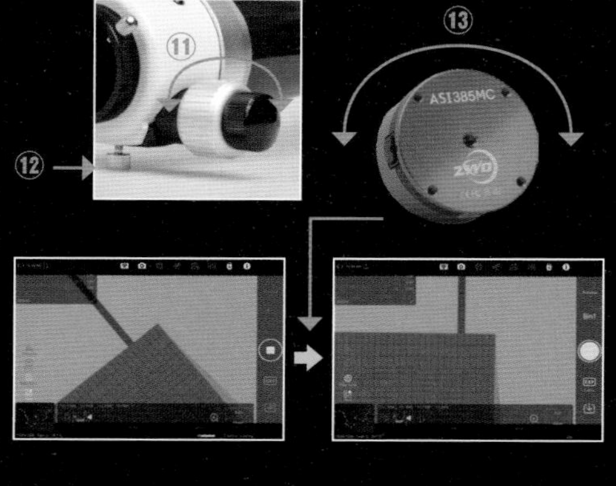

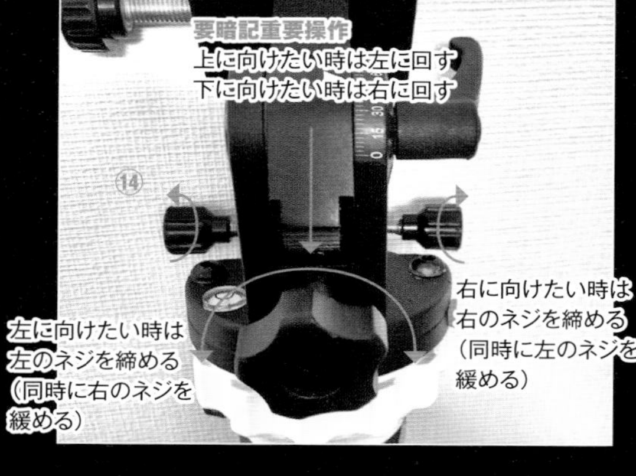

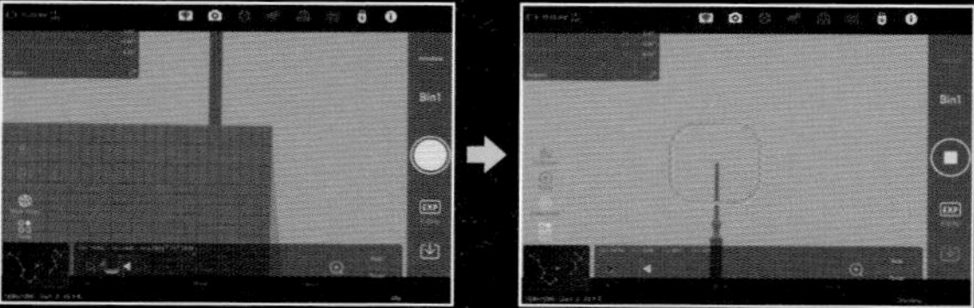

②ガイドカメラのピントと向きの調整（昼間に実行）

①画面上部の「ガイドカメラアイコン」をタップ

②スライダーを動かし、Gainを「0」に設定

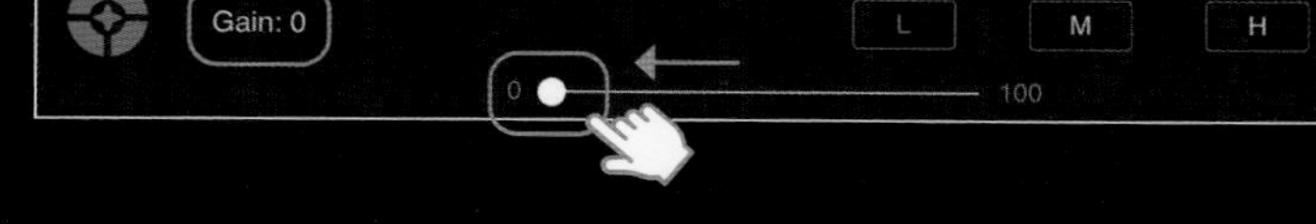

③元の画面に戻り、左上のグラフ部分をタップし、表示された画面右上の「リコード」アイコンをタップ
④画面右下にある「EXP」ボタンをタップし、画面が灰色になるように（真っ暗でも真っ白でもダメ）数値を設定。大体は「0.001」でOK

⑤赤い「ピント固定ダイヤル」を緩め、黒い「ピント調整筒」を回し、赤い「ガイドカメラ」の位置を調整し、風景がクッキリ映るようにピントを合わせる。ピントが合ったら赤いピント「固定ダイヤル」を回して固定

⑥ガイドスコープ上部の2つの固定ネジを緩め、風景が上下左右正常に映るように、かつピントがズレないようにガイドカメラ自体を手で回転させる。上下左右正常に映るようになったら、ネジを締めてガイドカメラを固定

⑦ガイドスコープのファインダー台座ネジを緩め、モニターのど真ん中に「目印」(この場合、アンテナの先端)が来るようにガイドスコープを手で動かす。ど真ん中にきた状態で、ファインダー台座をネジで固定(そのままでは「目印」がど真ん中に来ない場合は、小さな紙片などをファインダー台座とガイドスコープのアリガタの間に詰めて調整する)

❸微動雲台の上下角設定

❶微動雲台の固定レバー①を左に回し緩めた上で、大きなダイヤル②を左右に回し、微動雲台の上下の傾きを「90度ー観測地の緯度」の位置に合わせる(三角印を所定の数字のところに合わせる)。

(例) 札幌の場合、緯度は北緯43度なので、90度ー43度=「47度」に設定
東京の場合、緯度は36度なので、90度ー36度=「54度」に設定
福岡の場合、緯度は33度なので、90度ー33度=「57度」に設定
※極軸合わせの際、再調整するので、大雑把でよい

STEP 8　ベランダで撮影

銀河星雲撮影態勢が整ったからと言って、いきなり暗い場所へ遠征に行ってはいけない。まずはベランダや近場の空き地などで、実際に撮影できるかどうか確かめてみる。ベランダや近場でキチンと撮影できないものは、当然、遠征に行ってもまともな撮影はできない。ベランダで安定して撮影できるようになって、はじめて遠征での撮影を考える。ただしベランダだからと言って、やみくもに撮影すればよいということもなく、撮影に向いた状況というものがあるので、まずはその解説。

❶状況確認

❶雲の状態

夜空は一見、雲がないようでいて、実際は一面に雲が広がっていることも多い。雲が広がっていては、写るのは雲ばかり。では、天気予報で確認すればよいかと言うと、実は銀河星雲撮影に天気予報ほどアテにならないものもない。なぜなら、雲が多少あっても（時には空一面の雲の時でさえ）、天気予報は「晴れ」表示になることがよくあるから。
そこで役立つのが「雲予報（SCW - 天気予報 / 観測情報）」
https://supercweather.com/

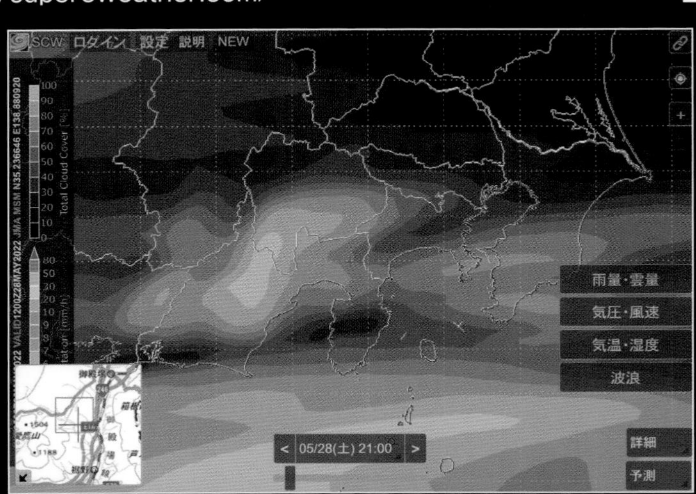

[使い方]

①画面右上の「センターマーク」アイコンをタップ。すると現在地を中心にした地図が表示される

②画面右下の「観測」という文字をタップし「予測」を選択。表示が「衛星画像」から「雲予報画像」へと変わる。黒いエリアが雲のない場所。白ければ白い程厚い雲が広がっている場所

③「予測」の上部が「詳細」になっているか確認（「詳細になっていない場合は「詳細」を選択）

④右上の「+」「ー」ボタンを押し、見やすい縮尺に調整する

⑤画面下中央の「日時表示部分」の右矢印「>」をタップする度に1時間先の画面に変わる。左矢印「<」をタップする度に1時間前の画面に戻る

⑥この雲予報をチェックし、撮影開始予定時間以降、黒いエリアが持続するなら撮影決行

❷月の出具合

できるだけ月の光の影響がない日に撮影する。月の状況は「満月カレンダー」でチェック（「満月カレンダーで検索」）

大吉	小吉	凶
新月 at 5:28	57.8%	満月 at 8:49
05:00 18:52	00:30 11:03	07:08 16:59

※「満月」の日は極力避ける。
※「新月」の日は月光の影響を全く受けない。撮影すべし。
※新月でなくとも月の出る時間と月が沈む時間をチェックし月が沈む時間以降であれば撮影！

❸PM2.5濃度

できるだけPM2.5の数値が低い日時に撮影する。
PM2.5の濃度予測チェックは https://sprintars.riam.kyushu-u.ac.jp/forecastj_day.html

PM2.5予測・黄砂予測

2022年6月14日 発表
今日・明日の詳細予測はこちら

		6月14日	6月15日	6月16日	6月17日	6月18日	6月19日	6月20日
北海道	PM2.5	少ない	少ない	やや多い	やや多い	やや多い	やや多い	やや多い
	黄砂	少ない	少ない	少ない	少ない	少ない	少ない	少ない
東北北部	PM2.5	少ない	少ない	多い	多い	多い	やや多い	多い
	黄砂	少ない	少ない	やや多い	やや多い	少ない	少ない	やや多い
東北南部	PM2.5	少ない	やや多い	多い	多い	多い	多い	多い
	黄砂	少ない	少ない	やや多い	やや多い	やや多い	少ない	少ない
首都圏	PM2.5	やや多い	やや多い	多い	多い	非常に多い	非常に多い	非常に多い
	黄砂	少ない	少ない	やや多い	やや多い	少ない	少ない	少ない
北陸信越	PM2.5	やや多い	やや多い	多い	多い	多い	多い	多い
	黄砂	少ない	少ない	やや多い	やや多い	やや多い	少ない	少ない

❹風

できるだけ風のない日に撮影を行う。強風の場合、天体機材が揺れ、オートガイドがうまく機能しなくなり、撮影自体ができなくなる。
風予報は「Yahooの風予測」https://weather.yahoo.co.jp/weather/wind/

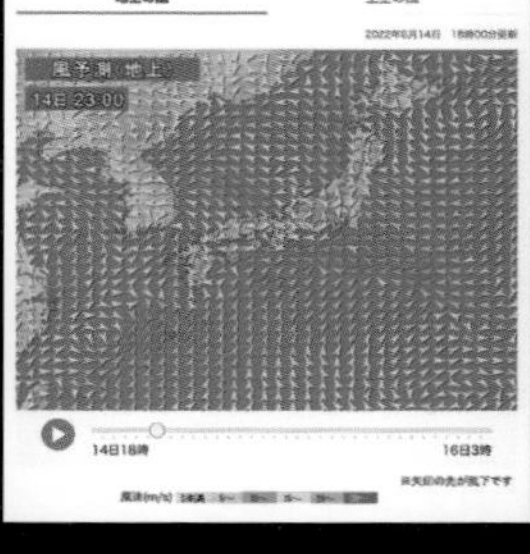

又は「雲予報（SCW - 天気予報 / 観測情報）」の「気圧・風速」ボタンを押す https://supercweather.com/

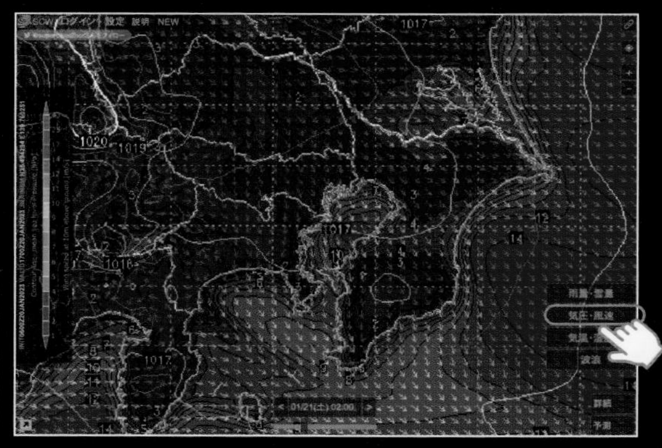

❷ベランダに天体機材設置

❶頭に「LEDヘッドライト」を付ける

❷三脚の上に延長ポールを取り付け、その延長ポールの上に微動雲台を取り付ける

❸「三脚」「延長ポール」「微動雲台」のセットをベランダに持ち運び「三脚」を開き固定板を取り付ける

❹「三脚」「延長ポール」「微動雲台」のセットが北向きになるように（微動雲台の大きなダイヤルがある方が後ろ（南）を向くように）スマホの「コンパスアプリ」を見ながらベランダに設置。注意：スマホの「コンパスアプリ」は天体機材の影響を受け、頻繁に異常な方角を示すため、機材から少し離れた場所でも向きを確かめる

❺微動雲台が水平になるように微動雲台の「水平器」を見ながら三脚の脚の長さを調整

❻「微動雲台」の上に「AZ-GTi」を載せて固定。「AZ-GTi」の上に「天体望遠鏡」を載せて固定

❼全てのコードをつなぐ

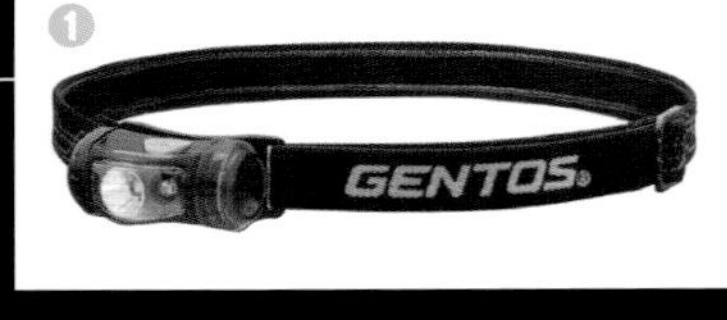

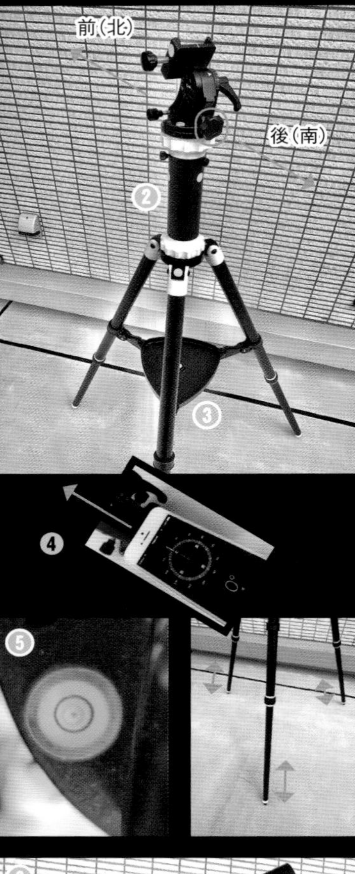

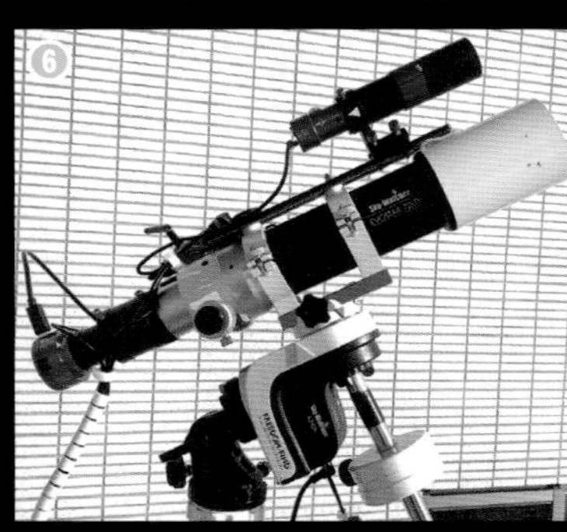

❸撮影準備

バッテリーの
スイッチ

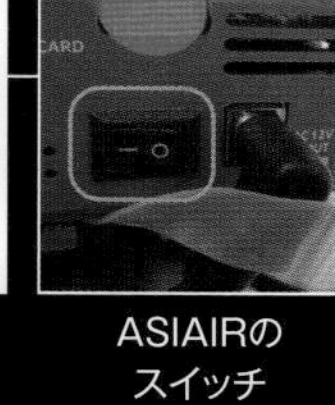
ASIAIRの
スイッチ

AZ-GTiの
スイッチ

❶全ての電源ON

バッテリーの電源ON、ASIAIRの電源ON、AZ-GTi

の電源ON

❷Wi-Fi接続

タブレット（スマホ）のWi-Fi設定画面で「ASIAIR」を選択

❸アプリ「ASIAIR」起動

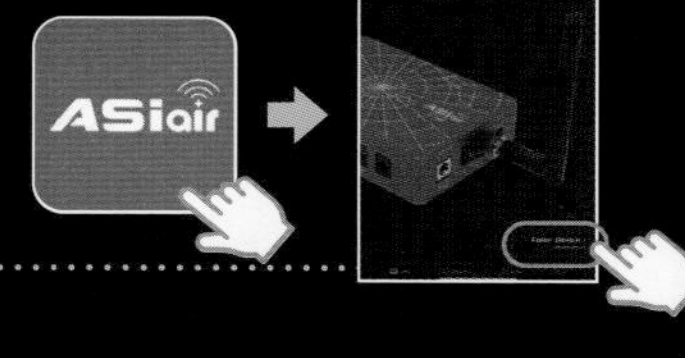

❹設定画面確認

「Latitude（緯度）」「Longitude（経度）」「Mount」「Main/Guide Scope FL」「MainCamera」「GuideCamera」各々に適切な数値、名称が設定されているか確認した上で、最後に画面右下「ENTER」ボタンをタップ

❺撮影用カメラのピント合わせ

①画面上部「撮影カメラアイコン」をタップ。Gain欄にある「M」ボタンをタップし、数値を「131」に設定し、元の画面に戻る
②「Preview」モードになっていることを確認した上で、「EXP」を「1s」に設定
③画面右端中央の「撮影ボタン」をタップ

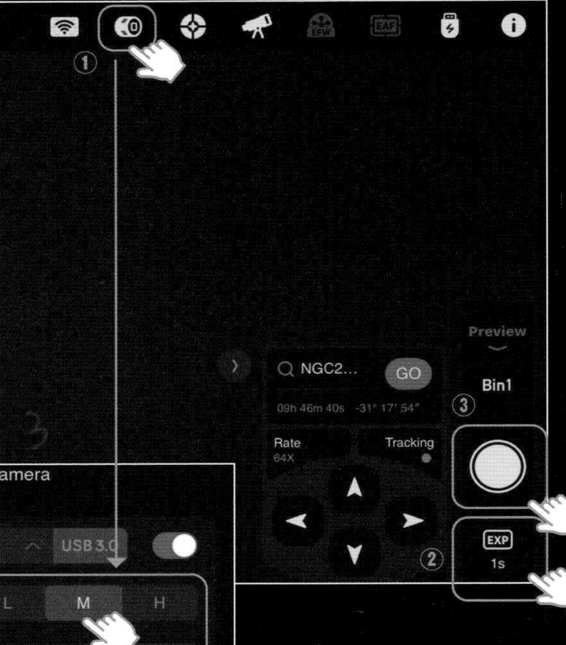

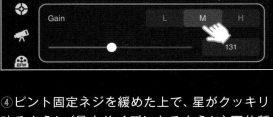

④ピント固定ネジを緩めた上で、星がクッキリ映るように(最小サイズになるように)天体望遠鏡のピント微動調整ノブを少しずつ回し、ピントを合わせる。1つ前のステップ「設定・調整」で遠方の建物にピントを合わせているため、そこから少しだけ微動調整ノブを回せばピントは合うハズ

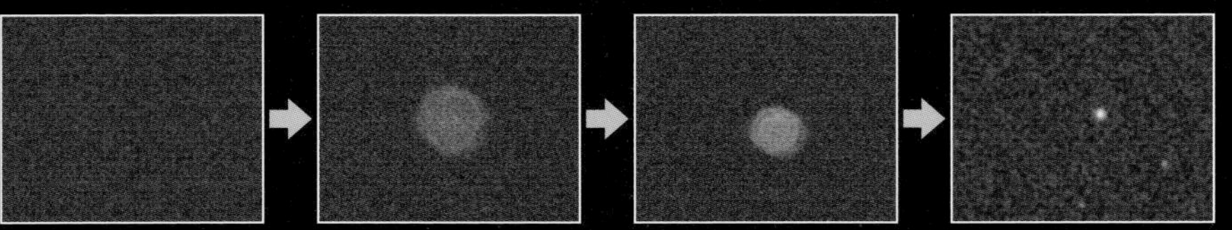

⑤大体のピントが合ったら、画面右上「Preview」タップ後表示されるメニュー一覧の中から「Focus」をタップ

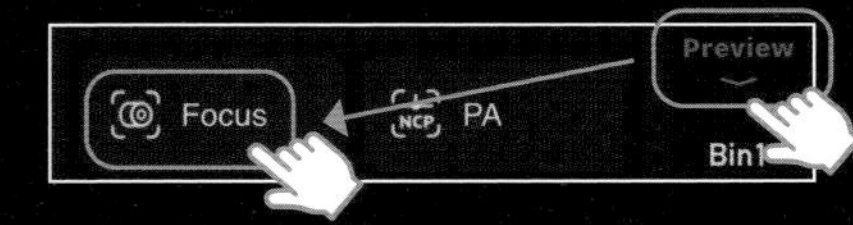

⑥四角い緑枠の中心に星が映るように、四角い枠を指でドラッグ
⑦画面左中央の「虫眼鏡アイコン」をタップ
⑧すると、左半分に星の拡大星像が表示され、右半分上部には、その星の大きさの変化グラフ、右半分下部にはその星の明るさグラフが表示される。星の大きさが最小になるように、ピント微動調整ノブを少しずつ回し、最小になったところで、ピント固定ネジを締め固定する

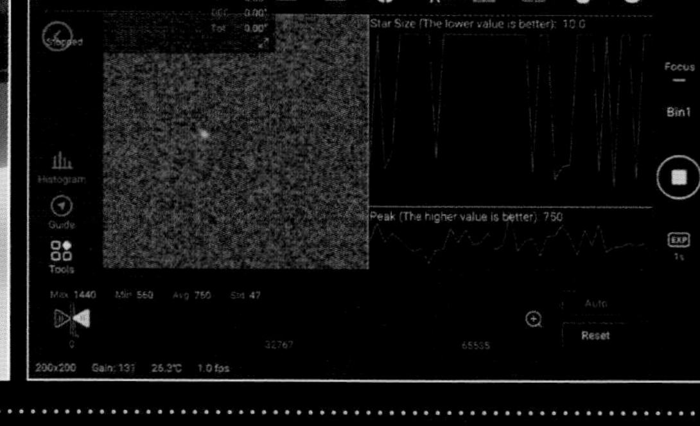

⑥ガイドカメラのピント確認

①画面上部の「ガイドカメラアイコン」をタップ
②Gain欄の「M」ボタンをタップし、数値を「28」に設定し、元の画面に戻る

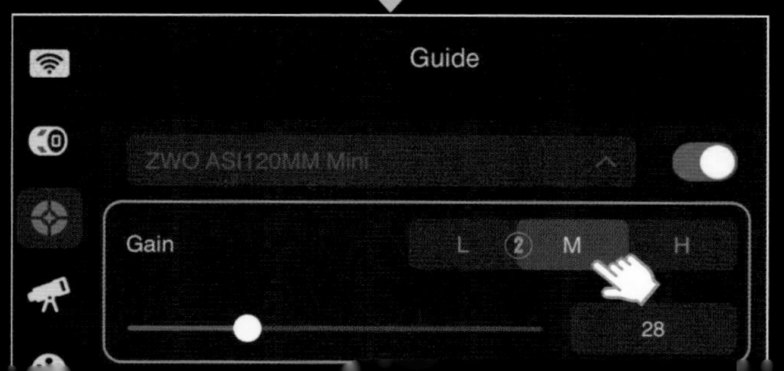

③左上のグラフ部分をタップ

④タップ後、表示された画面右上の「リロード」アイコンをタップ

⑤画面右下にある「EXP」ボタンをタップし「1s」に設定

⑥ガイドカメラの黒い「ピント調整筒」を回し、ピントを合わせる。ピントが合ったら赤い「ピント固定ダイヤル」を回して固定。その後、元の画面に戻す

※これも1つ前のステップ「設定・調整」で遠方の建物にピントを合わせているため、そこから少しだけズラせばピントは合うハズ

※星が明るすぎる時は、「Gain」を下げたり、「EXP」を下げ調整

※星が暗すぎる時は、「Gain」を上げたり、「EXP」を上げ調整

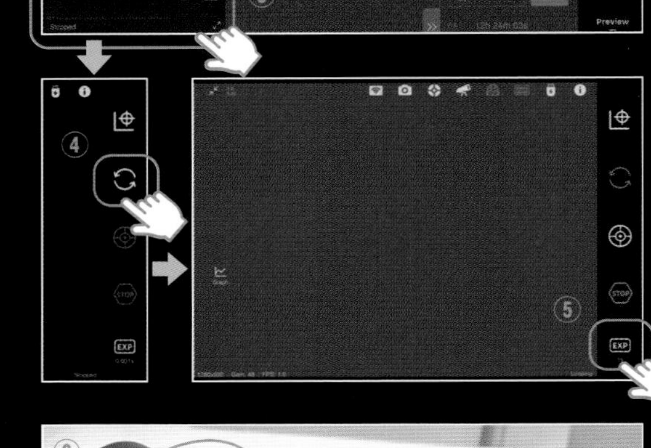

❼天体画像の保存場所の確認

画面上部の「メモリー」アイコンをタップした後、「USB Drive」が指定されているか確認。

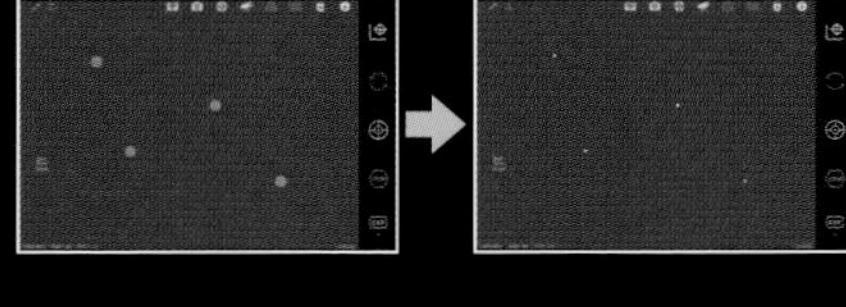

そもそも極軸合わせとは？　赤道儀の回転軸（極軸）と天体の日周運動の回転軸が平行になるように赤道儀を調整すること。

北

北極星

極軸

調整

調整

極軸合わせをすることにより、天体の日周運動と同じ動きを「正確に」天体望遠鏡にさせ、見た目上、天体の日周運動を打ち消すことができるようになる！（狙った天体が、見た目上、静止する！）。これにより、特定の銀河や星雲の光を長時間、同じ状態でカメラのセンサーに当てつづけることが可能になり、暗い天体の映像化が可能になる。

※銀河や星雲を撮影するには天体望遠鏡を撮影したいと思う銀河や星雲に長時間（明るい天体で0分以上、暗い天体の場合１時間以上）向けつづける必要がある。

天体初心者が詰まる最初のポイントが、この極軸合わせ。この極軸合わせをキチンと済ませることができれば、大体においてオートガイドがうまく機能するようになり、天体写真が問題なく撮影できるようになる。逆に、極軸合わせをせず、スマホの方位磁石アプリで天体機器をテキトーな北向きにセットしただけでは、オートガイドがうまく機能せず、結果、天体写真がうまく撮影できない。

北極星が見える場合の極軸合わせ

❶画面右端「Preview」の文字をタップ。するとその左側にメニュー一覧が表示されるので、その中の「PA」をタップして選択

❷「EXP」をタップして「2s」に設定した上で、右端中央の三角再生ボタンをタップ。すると、プレートソルビング（今、望遠鏡がどこを向いているのかの計算）が始まる

❸プレートソルビングが終了すると、画面下に「Next」が表示されるので、これをタップ。タップすると、AZ-GTiが自動で60度回転しはじめる。

❹60度回転が終了すると、「Let's Go」ボタンが表示されるので、これをタップ

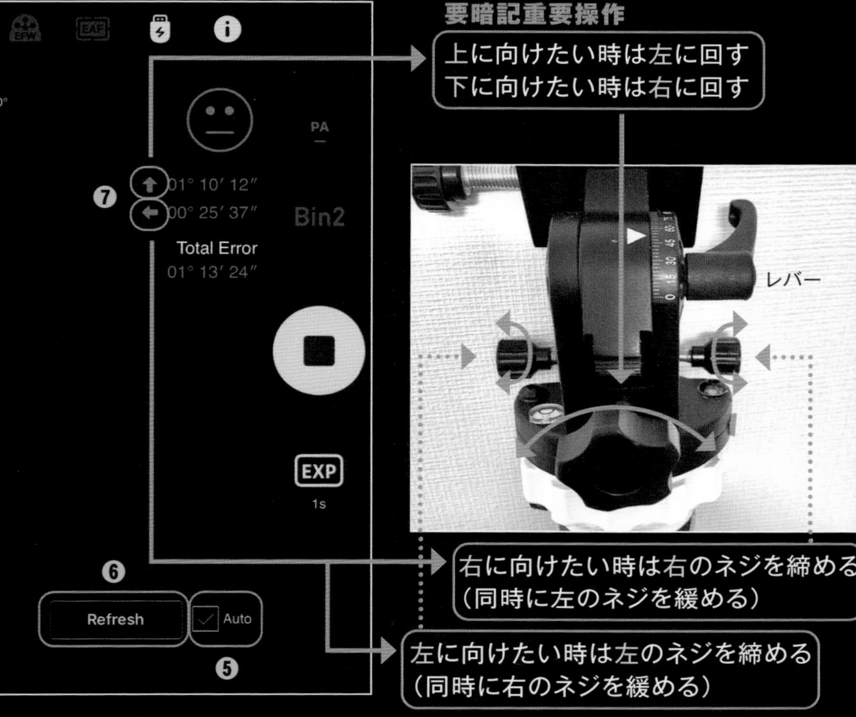

❺画面右下の「Auto」のチェックボックスをタップし、チェックを入れる

❻「Auto」の左にある「Refresh」ボタンをタップ。これにより、2秒ごとの自動撮影が始まる

❼画面右側に緑の矢印が表示されるので、その方向へ天体望遠鏡が動くように、微動雲台のダイヤルやネジを回す。具体的には……

- 緑の矢印が上向きの場合は、鏡筒をもっと上に向けろ！　ということなので、微動雲台の大きなダイヤルを左に回す
- 下向きの矢印の場合は大きなダイヤルを右に回す
- 緑の矢印が左向きの場合は、微動雲台の左のネジを締めると同時に右のネジを緩める
- 右向きの場合は、右のネジを締めると同時に左のネジを緩める

どの程度ダイヤルやネジを締めるとよいかは、実際にやってみて、どの程度、鏡筒が動くか身をもって確かめ、その感覚を試行錯誤しながら身につけていくしかない

❽天体望遠鏡の向きが北極星の方角に近づくと、外側の円の数値は

30°➡1°➡2'

と変化していく。内側の円の数値は

1°➡2'➡4"と変化していく。

ちなみに、「°」は度、「'」は分、「"」は秒と読む。
顔のマークは最後には笑顔に変わる。

度° 分' 秒"
1° = 60'
1' = 60"

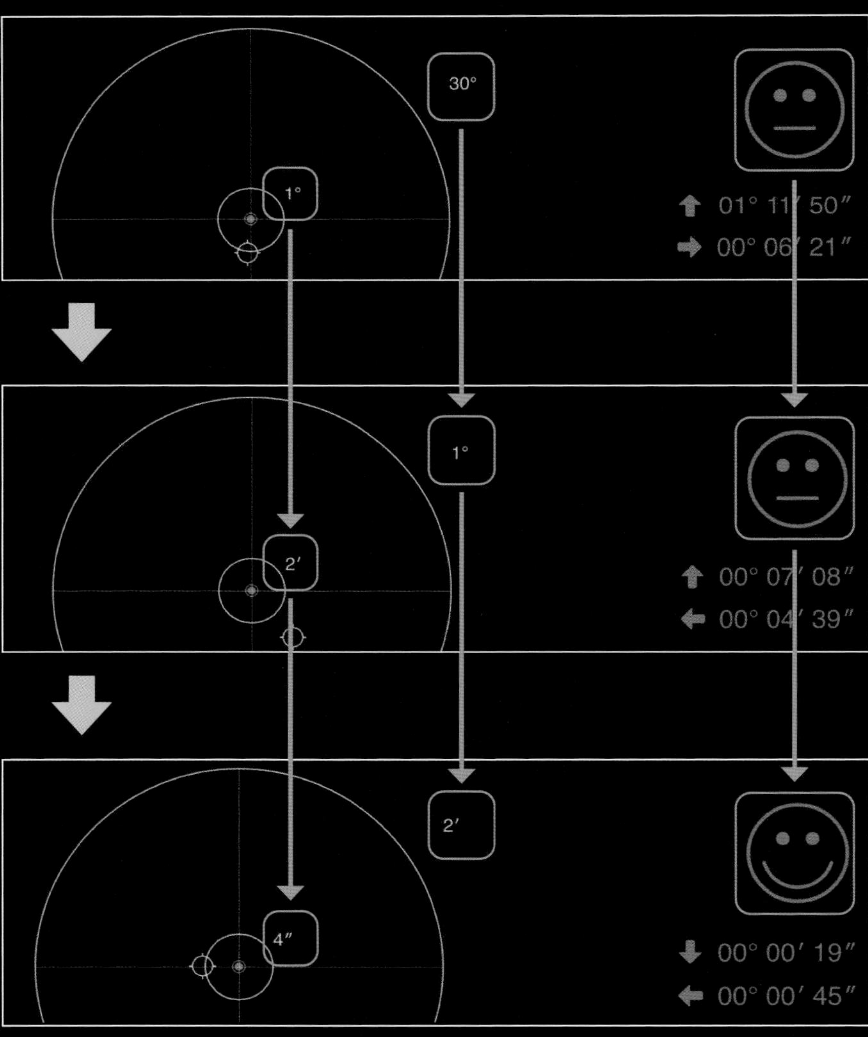

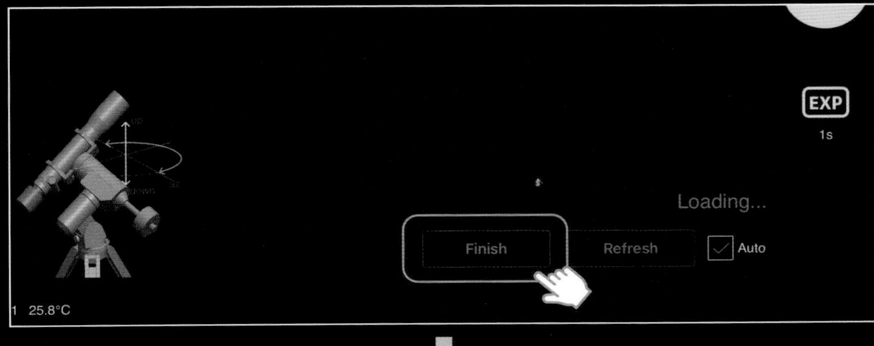

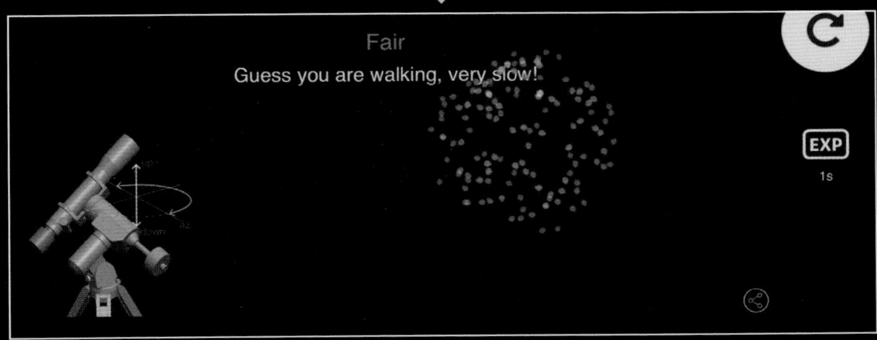

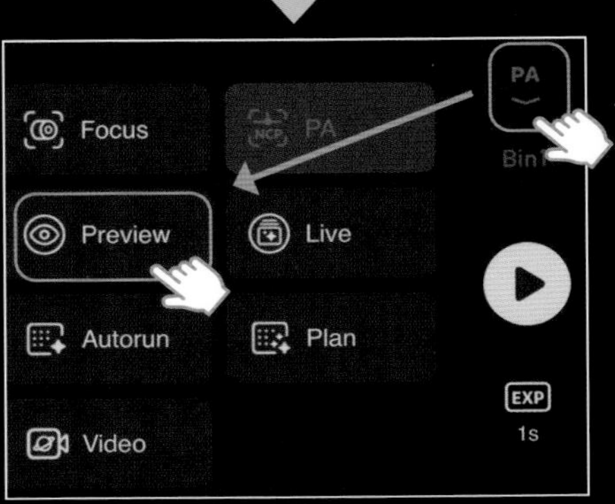

❾右上の顔マークが笑顔になった段階で、極軸合わせは終了してよい。それ以上、深追いする（ターゲットマークをど真ん中に入れる）必要ナシ。深追いすると、逆にどんどん極軸からズレていく。最後に「Finish」ボタンをタップして、極軸合わせを終了させる。この時、極軸合わせに要した時間により、メッセージが表示される（短時間で済んだ時は花火が打ち上げられる）

❿右上の「PA」をタップ後、表示されるメニューの中から「Preview」をタップし、Preview画面に戻る

北極星が見えない場合の極軸合わせ

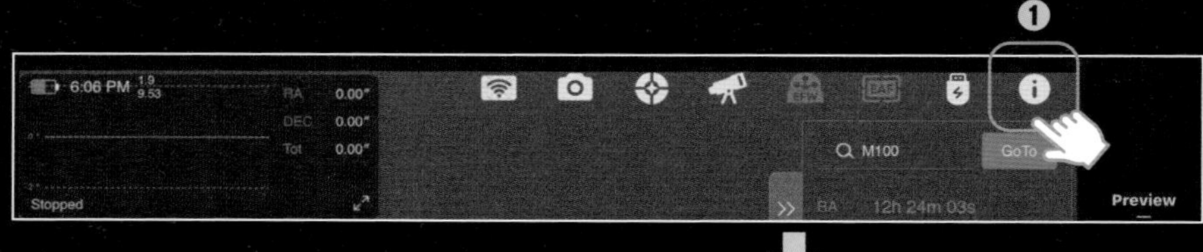

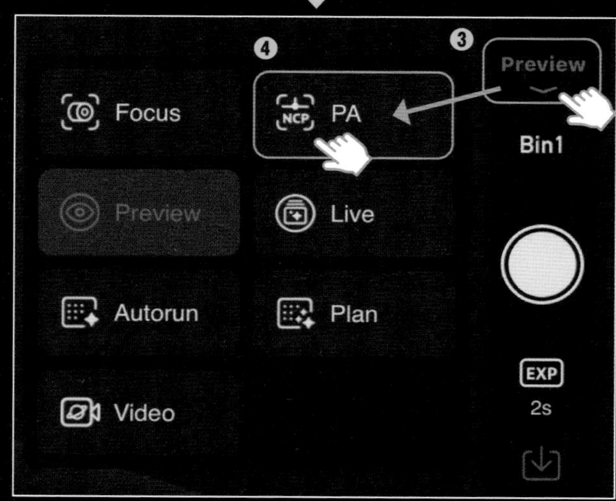

❶「Preview」モードで、上部メニュー右端にある「i」アイコンをタップ

❷表示されたウィンドウ中の「All-Sky Polar Align」のスライドスイッチをタップしてONにし、元の画面に戻る

❸「Preview」をタップしてメニュー一覧を表示させる

❹「PA」の文字をタップ。

※ここまでは北極星が見えない場合に極軸合わせをするための設定。これ以降が、北極星が見えない場合の極軸合わせ操作

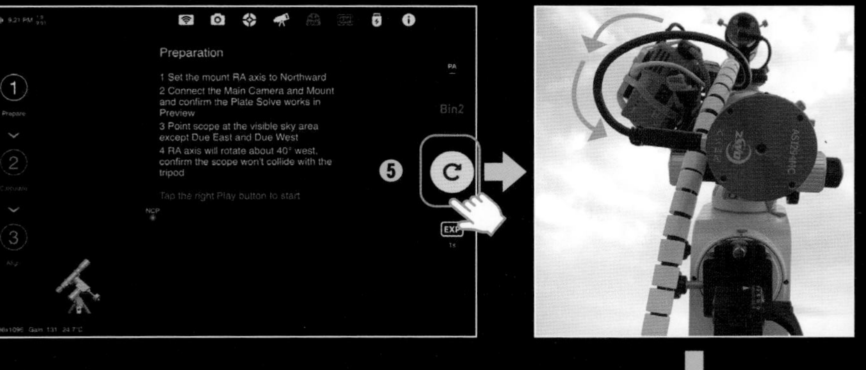

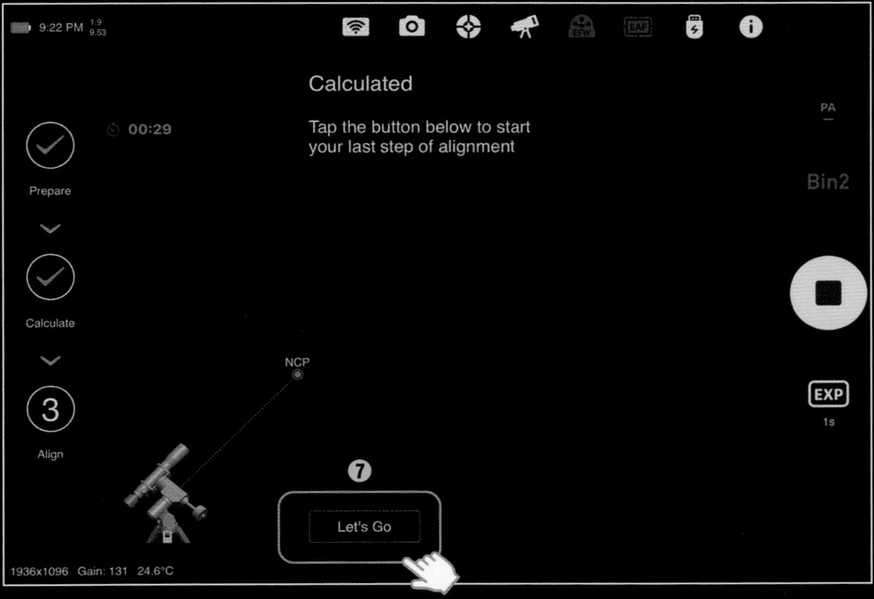

❺右端中央の「三角再生ボタン」をタップ。すると、プレートソルビング（今、望遠鏡がどこを向いているのかの計算）が始まる

❻プレートソルビングが終了すると、AZ-GTiが回転と撮影を2回繰り返す

❼2回の回転と撮影が終了すると、「Let's Go」ボタンが表示されるので、これをタップ

❽画面右にある「EXP」をタップし「2s」に設定

❾画面右下の「Auto」のチェックボックスをタップし、チェックを入れる

❿「Auto」の左にある「Refresh」ボタンをタップ。これにより、2秒ごとの自動撮影が始まる

⓫画面右側に緑の矢印が表示されるので、その方向へ天体望遠鏡が動くように、微動雲台のダイヤルやネジを回す。具体的には……

- 緑の矢印が上向きの場合は、鏡筒をもっと上に向けろ!ということなので、微動雲台の大きなダイヤルを左に回す
- 下向きの矢印の場合は大きなダイヤルを右に回す
- 緑の矢印が左向きの場合は、微動雲台の左のネジを締めると同時に右のネジを緩める
- 右向きの場合は、右のネジを締めると同時に左のネジを緩める

どの程度ダイヤルやネジを締めるとよいかは、実際にやってみて、どの程度鏡筒が動くか身をもって確かめ、その感覚を試行錯誤しながら身につけていくしかない

(望)大体望遠鏡の向きが北極星の方角に近づくと、外側の円の数値は

30°➡1°➡2'

と変化していく。内側の円の数値は

1°➡2'➡4"と変化していく。

ちなみに、「°」は度、「'」は分、「"」は秒と読む。
顔のマークは最後には笑顔に変わる。

度° 分' 秒"

1° = 60'

1' = 60"

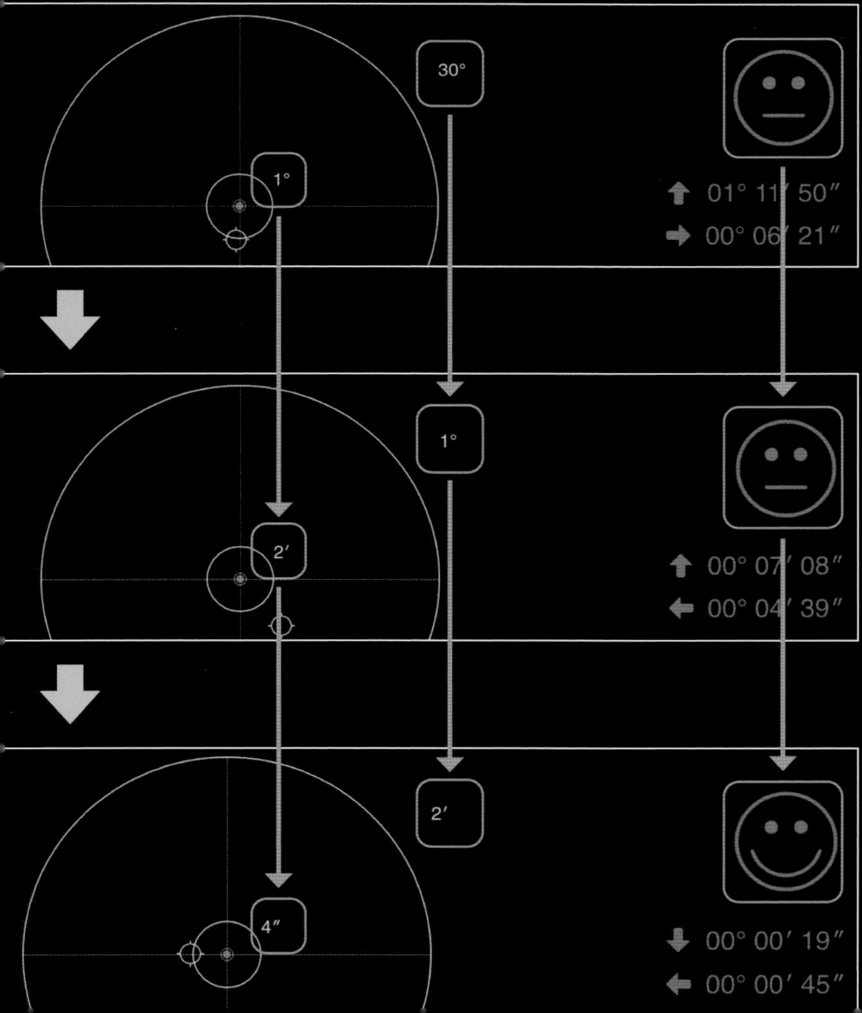

30°
1°
01° 11′ 50″
00° 06′ 21″

1°
2′
00° 07′ 08″
00° 04′ 39″

2′
4″
00° 00′ 19″
00° 00′ 45″

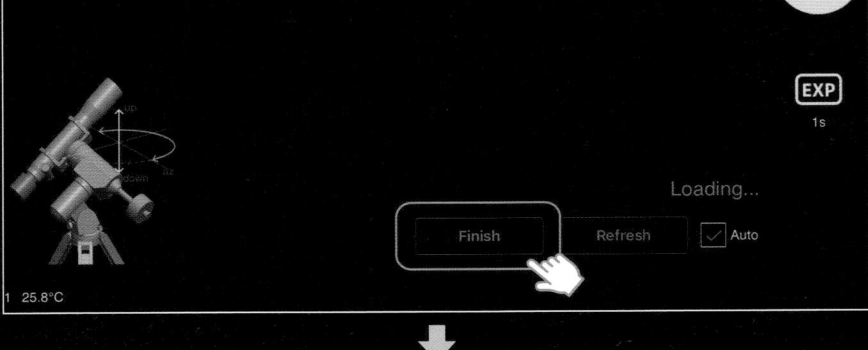

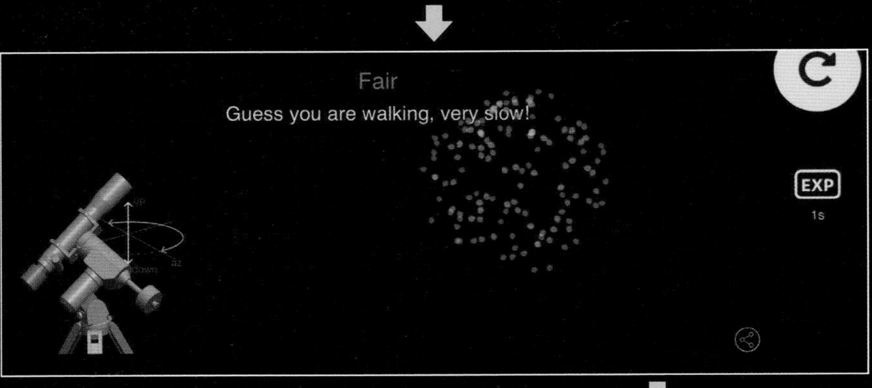

❾右上の顔マークが笑顔になった段階で、極軸合わせは終了してよい。それ以上、深追いする（ターゲットマークをど真ん中に入れる）必要ナシ。深追いすると、逆にどんどん極軸からズレていく。最後に「Finish」ボタンをタップして、極軸合わせを終了させる。この時、極軸合わせに要した時間により、メッセージが表示される（短時間で済んだ時は花火が打ち上げられる）

❿右上の「PA」をタップ後、表示されるメニューの中から「Preview」をタップし、Preview画面に戻る

❺撮影天体指定

❶天体登録

①「Previewモード」で「虫眼鏡マーク」をタップ➡右上の「三本線」をタップ➡「Add」をタップ

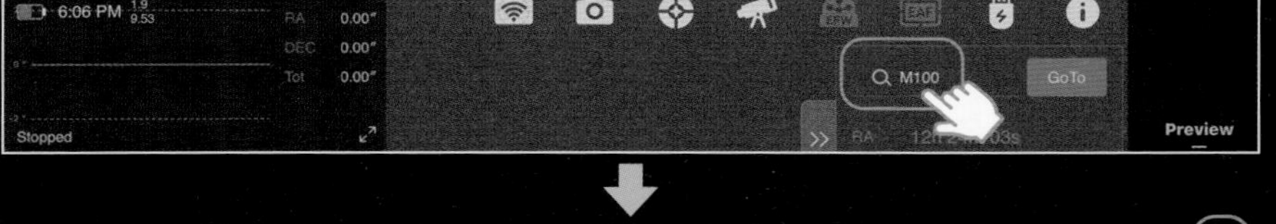

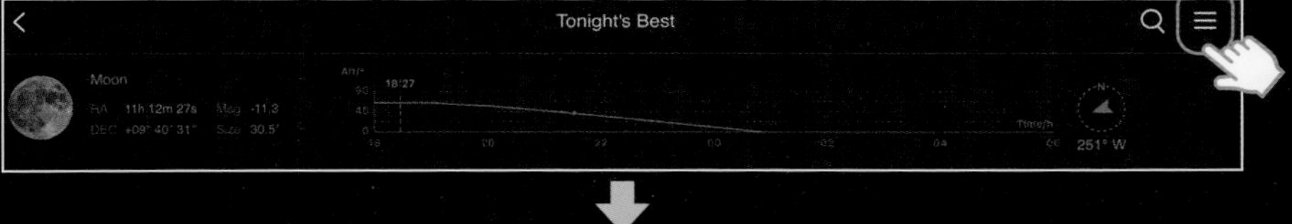

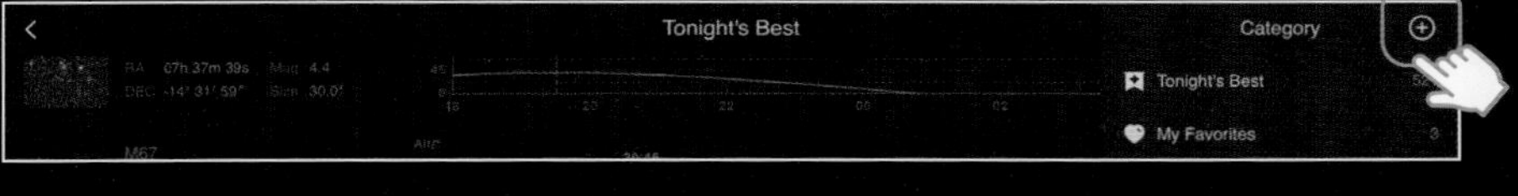

②「検索窓」に「冬」と入力し「Confirm」をタップ
③同様にして、「春」「夏」「秋」も作成

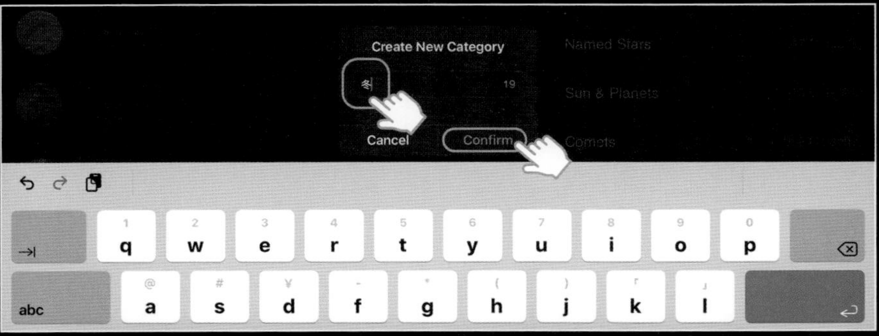

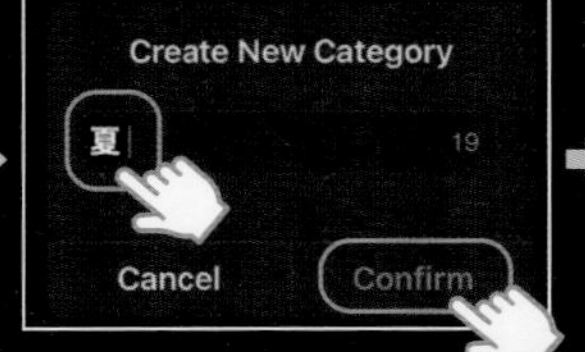

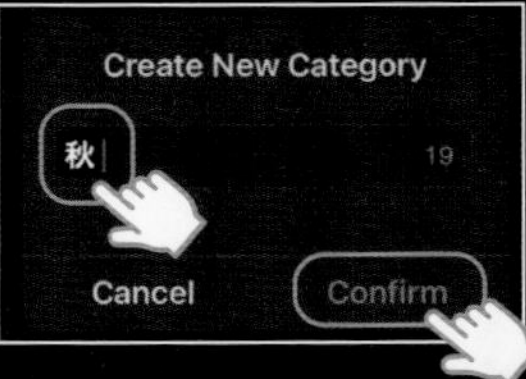

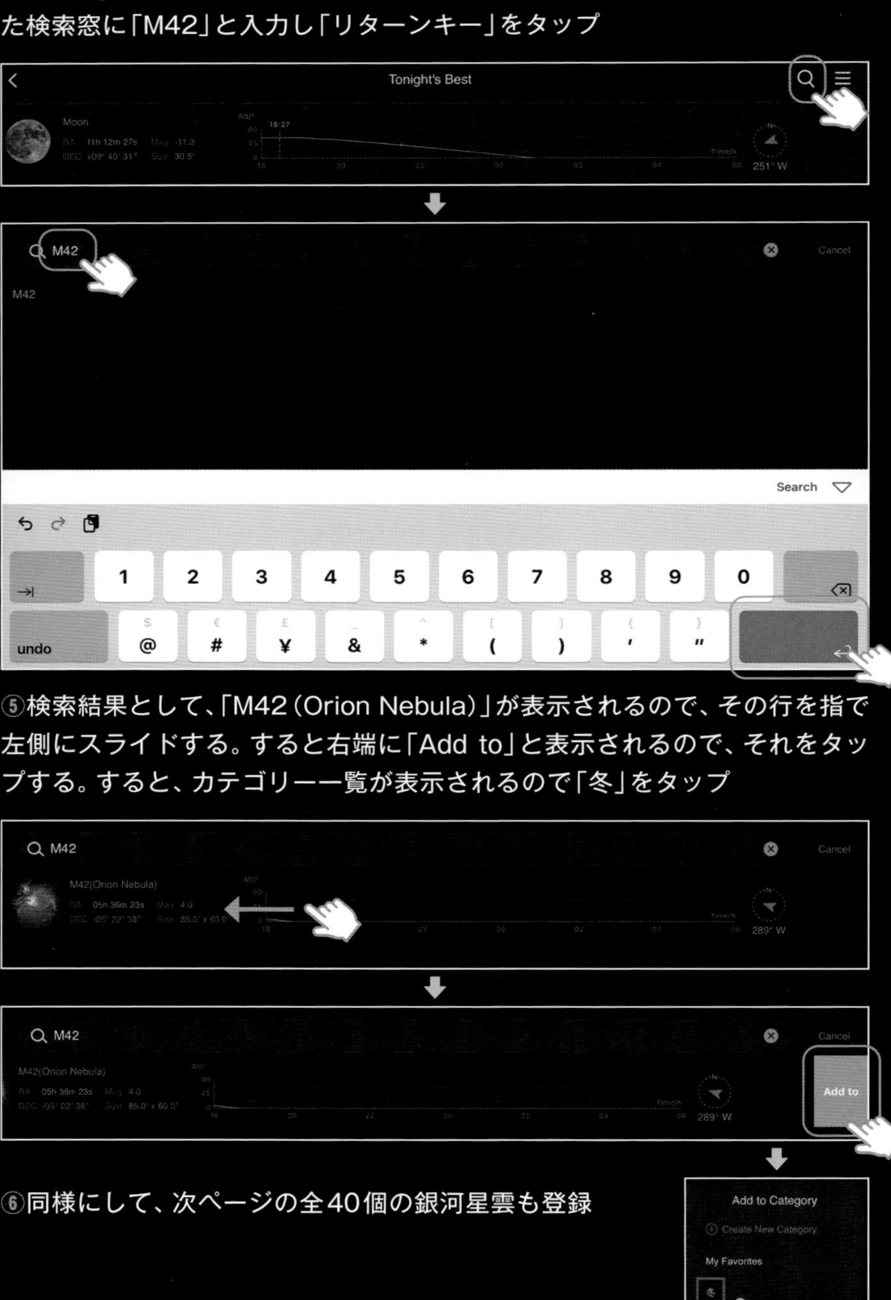

④「Tonight's Best」画面上部右にある「虫眼鏡マーク」をタップし、表示された検索窓に「M42」と入力し「リターンキー」をタップ

⑤検索結果として、「M42（Orion Nebula）」が表示されるので、その行を指で左側にスライドする。すると右端に「Add to」と表示されるので、それをタップする。すると、カテゴリー一覧が表示されるので「冬」をタップ

⑥同様にして、次ページの全40個の銀河星雲も登録

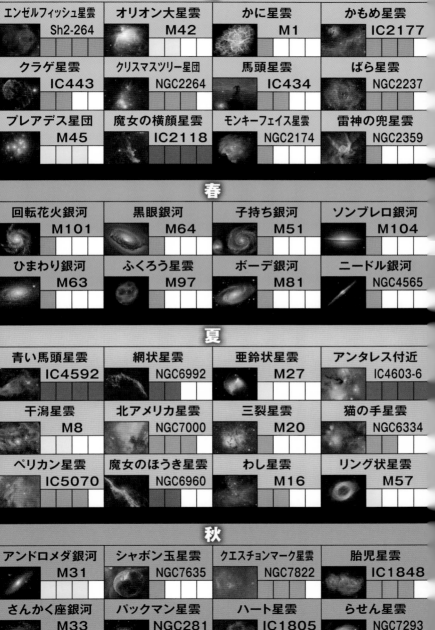

エンゼルフィッシュ星雲	Sh2-264
オリオン大星雲	M42
かに星雲	M1
かもめ星雲	IC2177
クラゲ星雲	IC443
クリスマスツリー星団	NGC2264
馬頭星雲	IC434
ばら星雲	NGC2237
プレアデス星団	M45
魔女の横顔星雲	IC2118
モンキーフェイス星雲	NGC2174
雷神の兜星雲	NGC2359

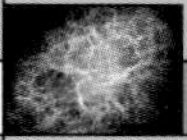

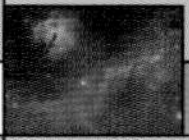

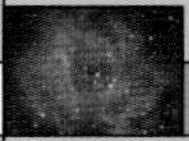

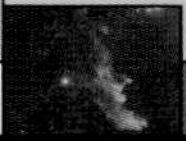

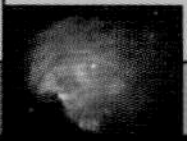

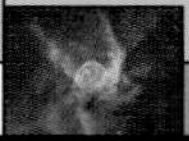

春

回転花火銀河	M101
黒眼銀河	M64
子持ち銀河	M51
ソンブレロ銀河	M104
ひまわり銀河	M63
ふくろう星雲	M97
ボーデ銀河	M81
ニードル銀河	NGC4565

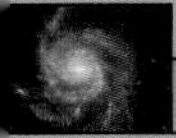

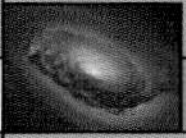

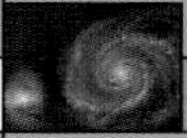

夏

青い馬頭星雲	IC4592
網状星雲	NGC6992
亜鈴状星雲	M27
アンタレス付近	IC4603-6
干潟星雲	M8
北アメリカ星雲	NGC7000
三裂星雲	M20
猫の手星雲	NGC6334
ペリカン星雲	IC5070
魔女のほうき星雲	NGC6960
わし星雲	M16
リング状星雲	M57

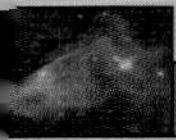

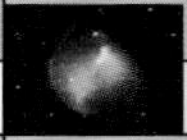

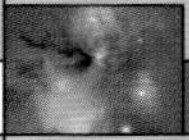

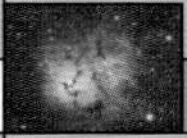

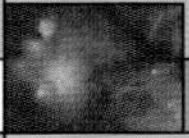

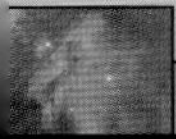

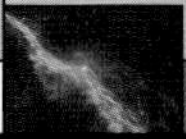

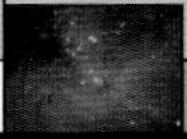

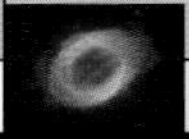

秋

アンドロメダ銀河	M31
シャボン玉星雲	NGC7635
クエスチョンマーク星雲	NGC7822
胎児星雲	IC1848
さんかく座銀河	M33
パックマン星雲	NGC281
ハート星雲	IC1805
らせん星雲	NGC7293

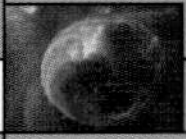

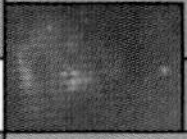

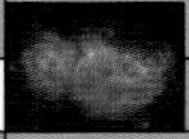

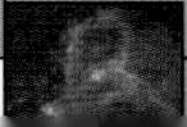

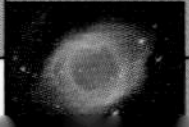

❷天体指定

指定法1:「登録メニュー」から指定(M51:子持ち銀河の場合)

①「Preview」画面の右上「虫眼鏡」マークをタップ

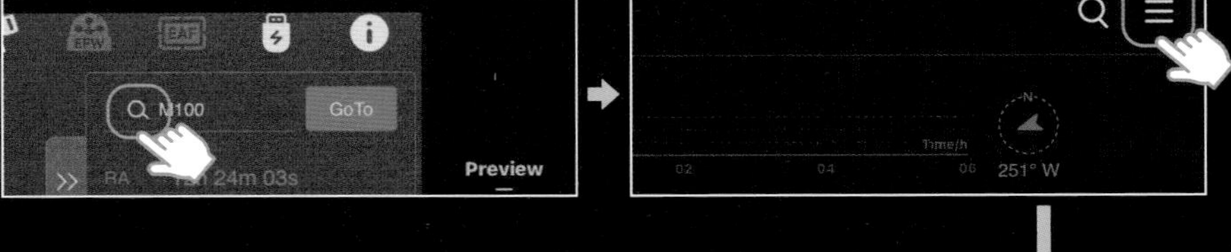

②表示された画面上部右端の「三本線」マークをタップ

③突き出てきたリストの中から「春」をタップ

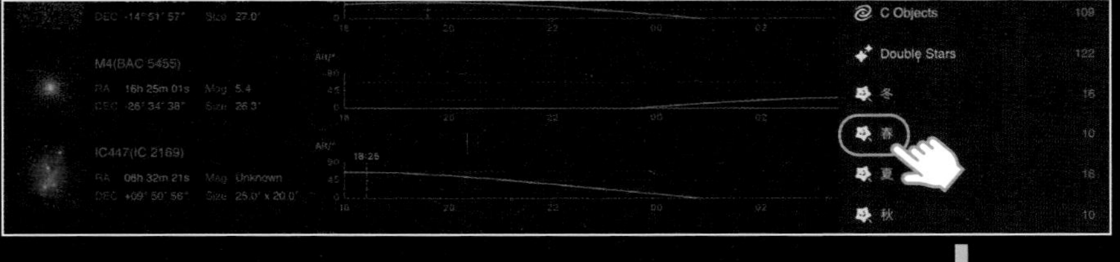

④表示された画面の中から「M51」をタップして選択し「ターゲットマーク(GoTo)」をタップ

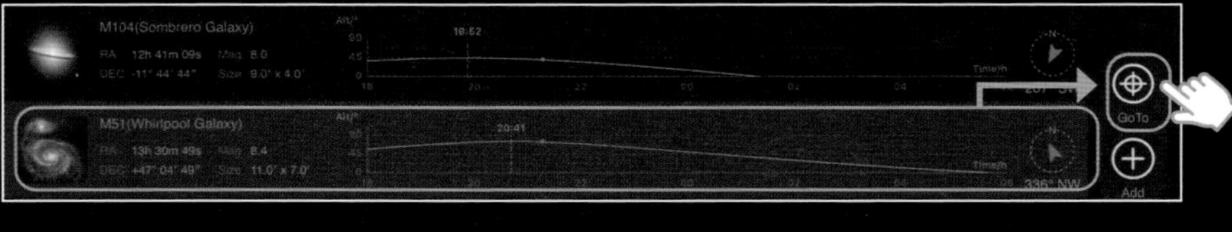

Mag:明るさの等級
(数字が小さい方が明るい)

Size:視直径(見た目の大きさ)
度°分′秒′′×度°分′秒′′

い天体の場合は中央に薄っす
と、その天体の姿が映し出さ
れる。多くの天体は暗いので、
この時点では何も映し出されな
い（しかし中央に天体は導入さ
れているので心配無用）

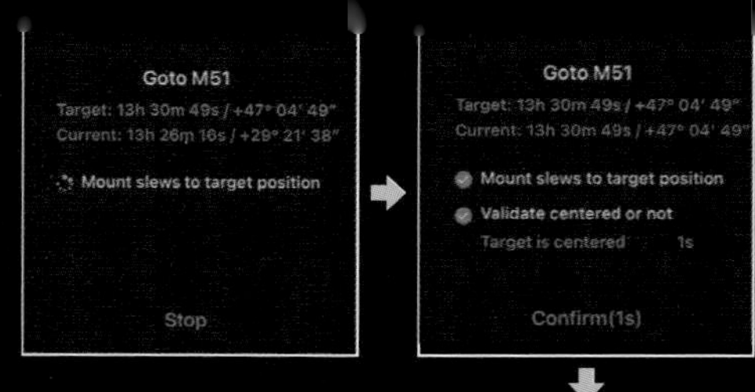

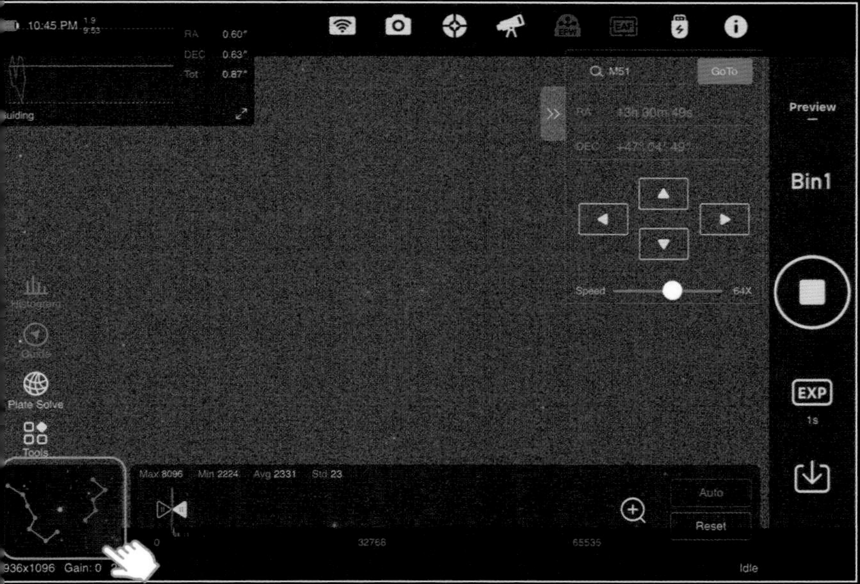

画面左下の星座マークをタップ。すると、どんな構図で今から撮影しようとしているのかがわかる画面が表示される。四角い写野の中のど真ん中にM51が収まっていることが確認できる

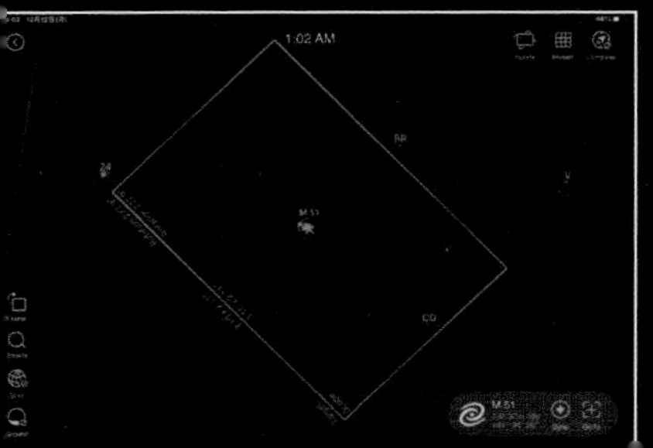

指定法2:「今日、見頃の天体」から指定(M51:子持ち銀河の場合)

①「Preview」画面の右上「虫眼鏡」マークをタップ

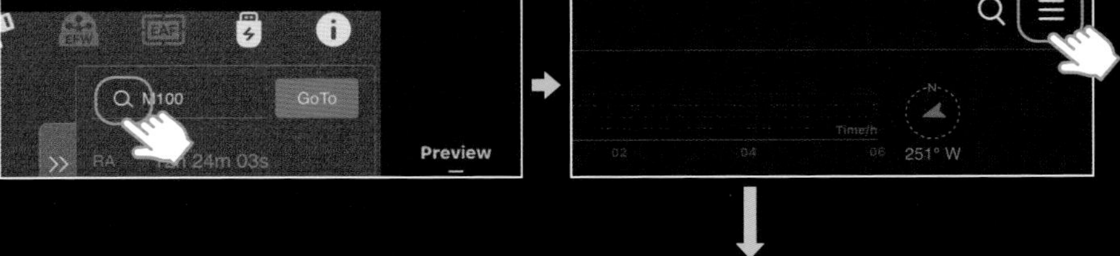

②表示された画面上部右端の「三本線」マークをタップ

③突き出てきたリストの中から「Tonight's Best(今夜見頃の天体)」をタップ

④表示された画面の中から「M51」をタップして選択し「ターゲットマーク(GoTo)」をタップ

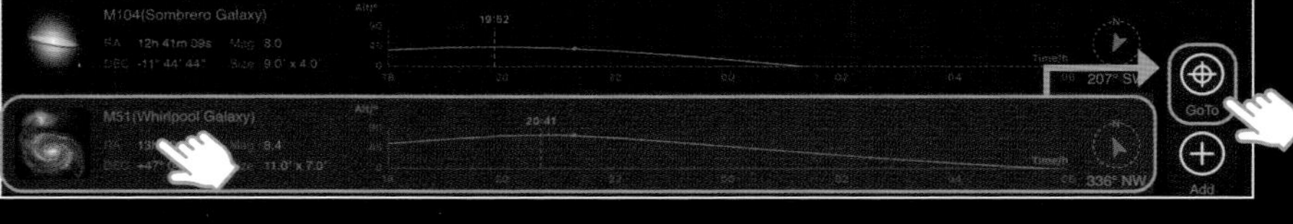

後は、「指定の仕方その1」と同様、AZ-GTiが動き、M51を画面ど真ん中に導入してくれる

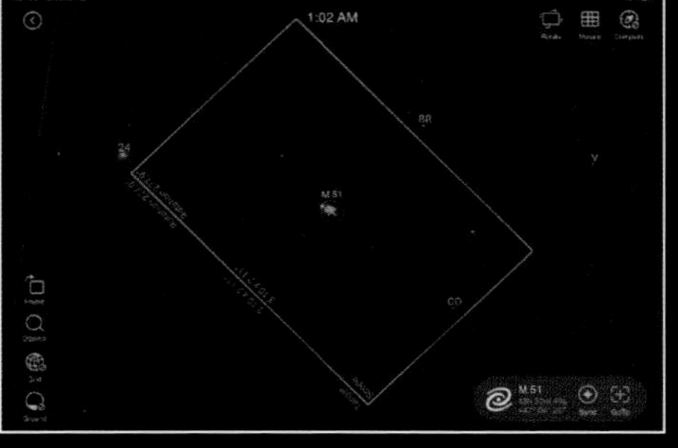

指定法3：「天体番号」で指定（M51：手持ち銀河の場合）

①「Preview」画面の右上「虫眼鏡」マークをタップ
②表示された画面上部右の「虫眼鏡」マークをタップ
③表示された画面の検索窓に「M51」と入力
④すると、その下に検索結果として「M51」が表示されるので、それをタップ

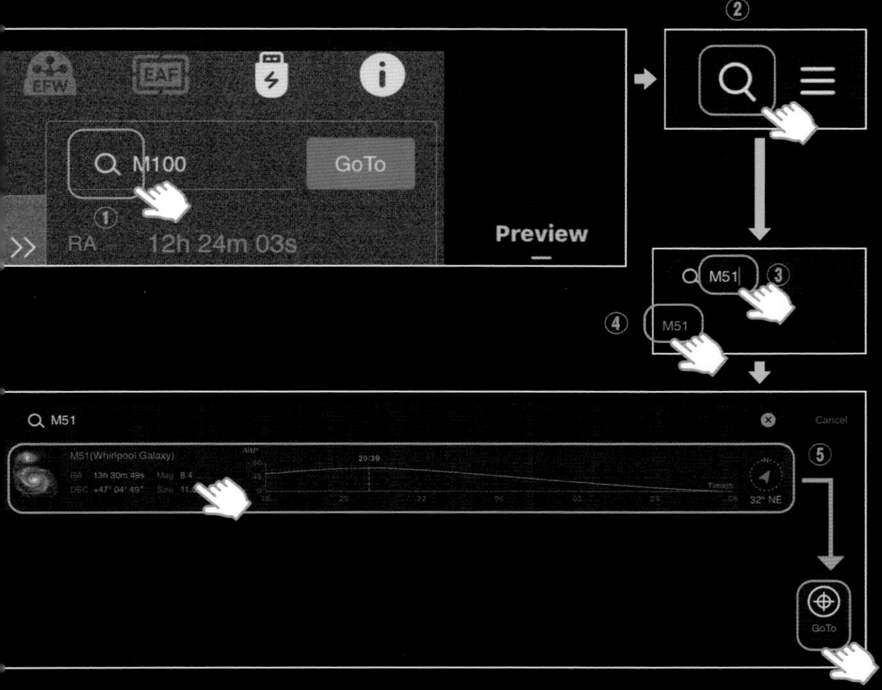

⑤表示された「M51」をタップして選択し「ターゲットマーク（GoTo）」をタップ後は、「指定法1」と同様、AZ-GTiが動き、M51を画面ど真ん中に導入してくれる

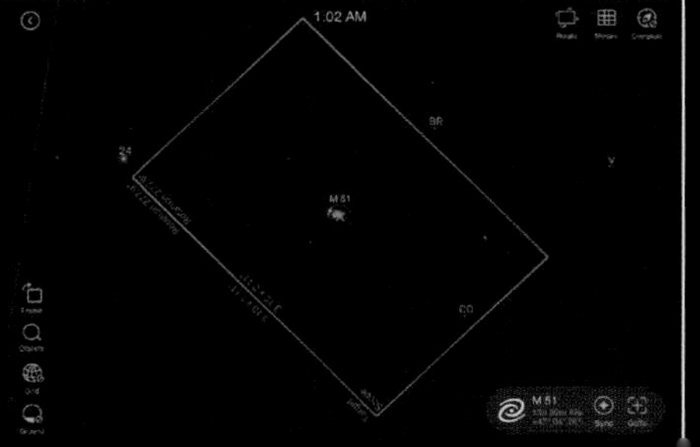

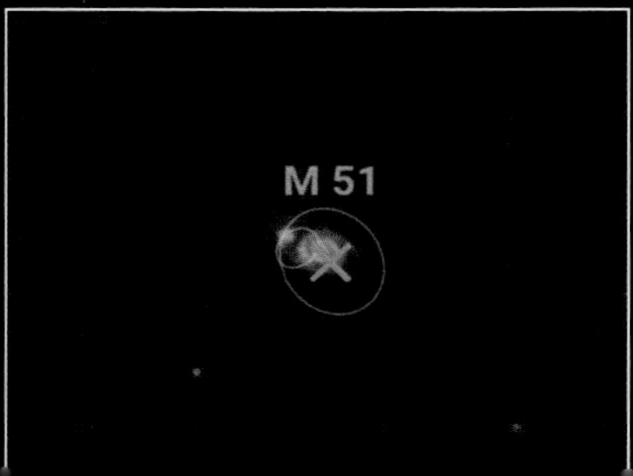

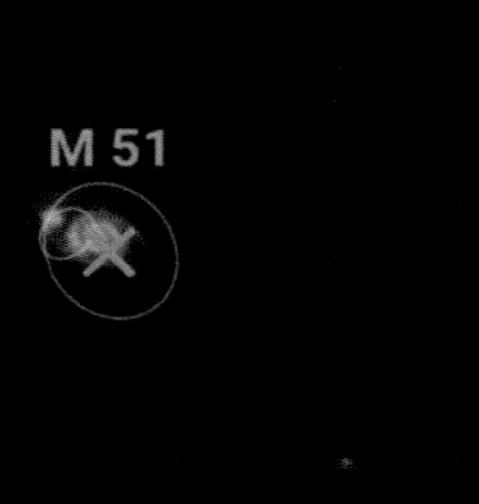

❻はじめてのキャリブレーション

キャリブレーションとは、天体導入直後に行う、制御コンピューター(この場合ASIAIR)と赤道儀(この場合AZ-GTi)間の信号動作調整作業。この作業を行ってはじめて、正確な天体の追尾が可能になる。基本的に1度やればOK(オートガイドがうまくいかなくなった時、再度実行すればよい)。

①「Preview」モードで画面左上にある「グラフ部分」をタップ
②表示された画面の右端にある「再読み込み」印をタップ
③「ターゲット」印をタップ
④特定の星の動きをASIAIRが追尾しながらAZ-GTiとの間の信号動作調整作業が行われる
⑤キャリブレーションが終了したら、黄色の十字線が緑色の十字線に切り替わるので、画面左上の「閉じる矢印」マークをタップ

❼撮影

撮影方法には大きく分けて2つあり、1つが「Livestack」、もう1つが「Autorun」。Livestackは、その場で銀河や星雲の映像が時間経過とともに徐々に浮かび上がってくる臨場感あふれる撮影法。Livestackの処理工程は2段階あり、1段階目は設定した時間の間、カメラセンサーに天体の光を当てつづけ（光を貯めつづけ）、それを1枚の画像としてまず自動保存。保存後、2枚目も同様にして映像化し保存。その直後1枚目と2枚目の画像の位置合わせを行い、その上で両方の画像の明るさを平均化（これを3枚目、4枚目も同様に全てリアルタイムで処理）。

これによりS/N比（信号（Signal）と雑音（Noise）の比率）が高まり、天体の光は強調され、逆にランダムノイズは弱まり、滑らかな画像になっていく。メリットは何と言っても、そのお手軽さと臨場感。目の前で銀河や星雲が徐々に浮かび上がってくる様は感動モノ。

デメリットは、撮影した画像の中に、流れ星の軌跡が写り込んだものが含まれていたり、写りのよくないものが含まれていても、最終画像にその影響が出てしまうこと（運任せの要素あり）。ただし、「Save Every Frame when Stacking（後述）」のチェックボックスにチェックを入れておけば、後からそれら不良画像を取り除いた上でスタックすることも可能▶P159。

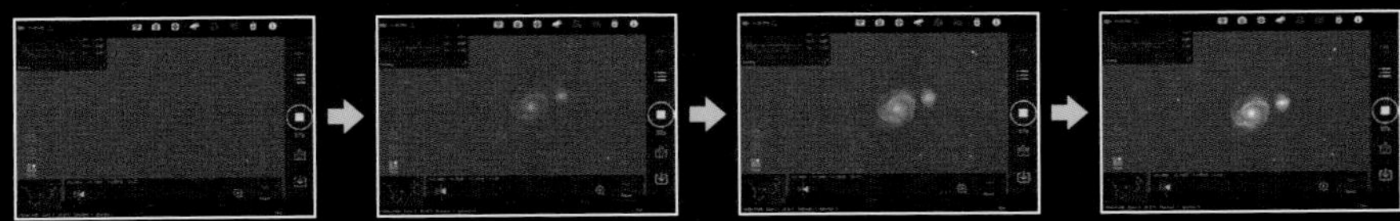

Livestackの画像がよくない場合は、後で、不良画像（右の場合、BとD）を取り除いた上で、Stack処理をすれば問題ない天体写真に仕上がる。

一方、Autorunは、設定した露光時間で、設定した枚数、自動撮影だけをしてくれるもの。つまり、その場では、明るく美しい天体映像を楽しむことはできない。よって、特別な事情がない限り、Autorunで撮影するメリットはあまりない。

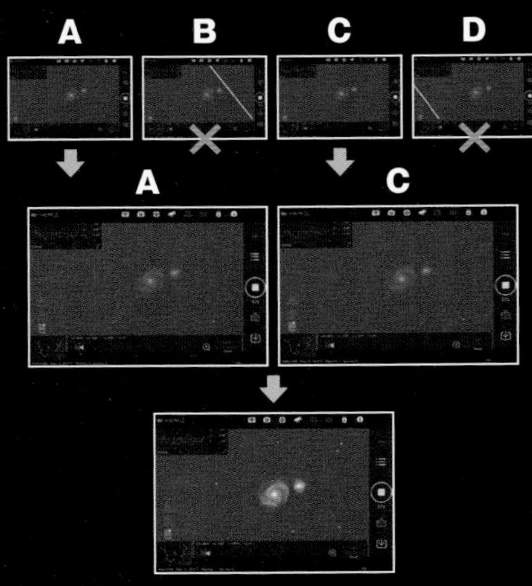

撮影方法　その1　Livestack

①「Preview」をタップ後、表示されるメニューリストの中から「Live」をタップして選択

②「Live」直下の「三本線」をタップ

③上部「Light」タブが選択されていることを確認の上、「EXP」をタップし、1枚あたりの露光時間を設定（撮影場所の暗さや天体の明るさなどを考慮し決定）。「Save Every Frame when Stacking」のチェックボックスにチェックを入れる。最後に「Save」をタップし、この設定情報を保存

④画面上部にある「カメラアイコン」をタップし、Gainの値を設定。明るい天体の場合は低い数値に、暗い天体の場合は高い数値に設定

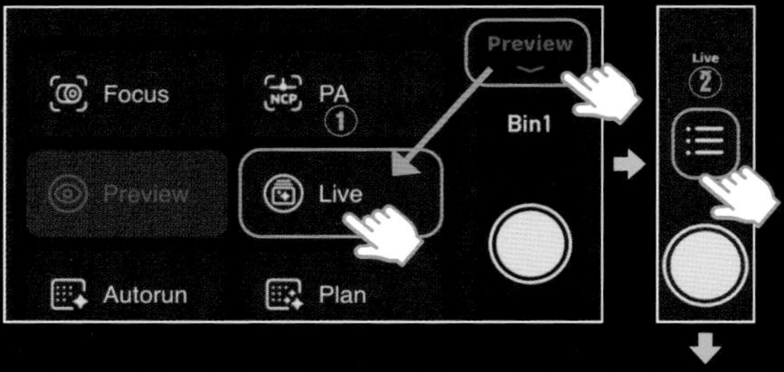

Preview
Focus
PA
①
Bin1
Preview
Live
Autorun
Plan
Live
②

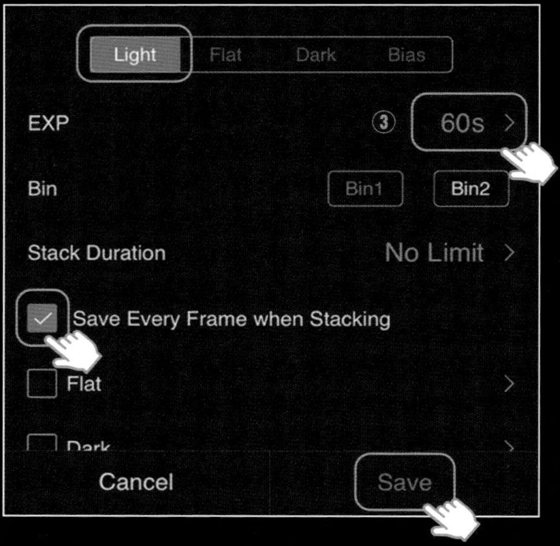

Light
Flat
Dark
Bias
EXP
③
60s
Bin
Bin1
Bin2
Stack Duration
No Limit
Save Every Frame when Stacking
Flat
Dark
Cancel
Save

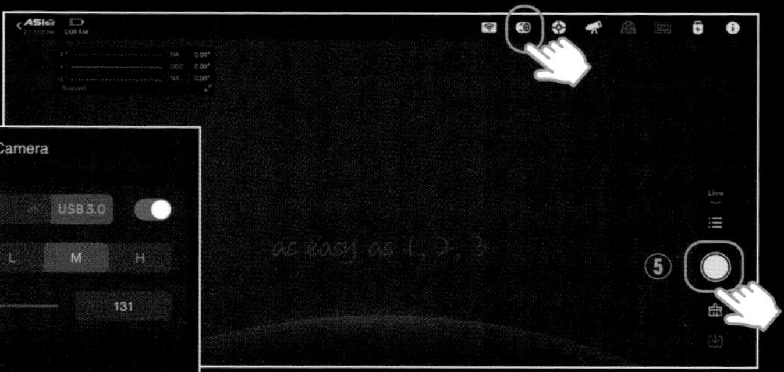

ASIair
Live
⑤

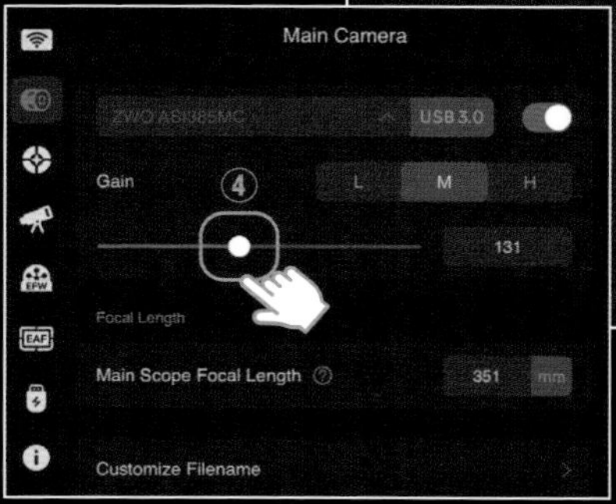

Main Camera
USB 3.0
Gain
④
L
M
H
131
Focal Length
Main Scope Focal Length
351
mm
Customize Filename

⑤画面右側の丸い撮影ボタンをタップ。これで撮影が始まる

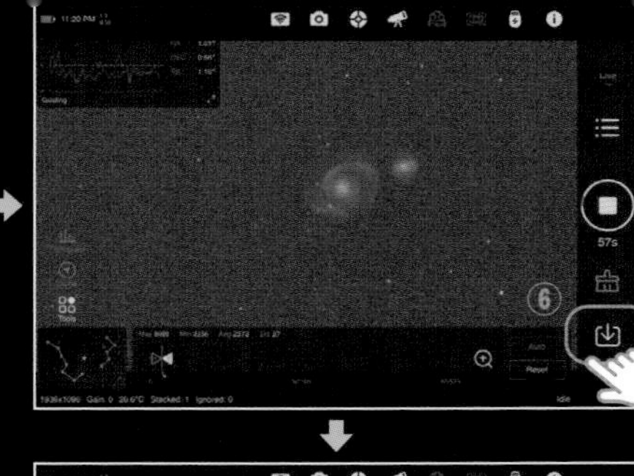

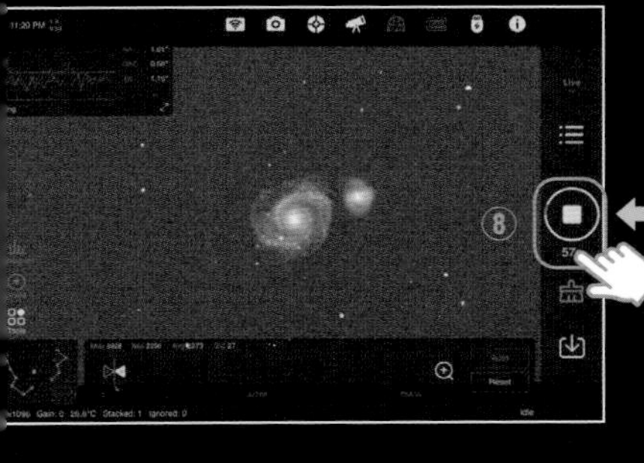

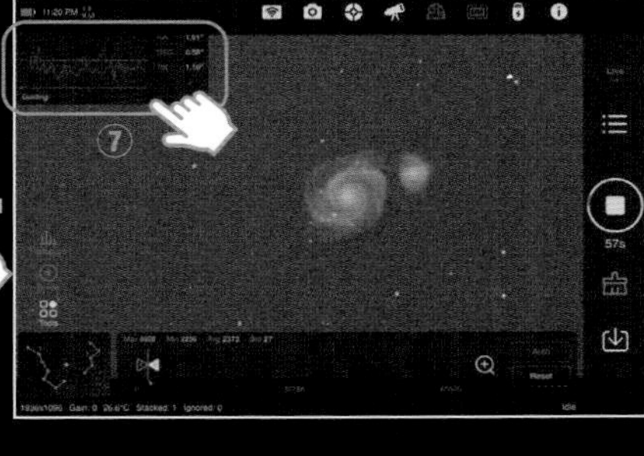

⑥撮影がはじまると、設定された時間の間、露光されつづけ、その後、画像が内部的に自動保存される。始めに撮影された画像は２枚目以降の画像とリアルタイムで重ね合わされ、その結果がモニターに設定した時間ごとに映し出される（念の為、その度に画面右下の「保存」アイコンをタップし保存する。保存ボタンを押さない限り、Livestack画像は保存されないので注意）

⑦撮影中は画面左上のグラフを常に監視しつづける。このグラフは見た目をカッコよく見せるためのみせかけのグラフではない（笑）。天体マニアはこのグラフの動きに一喜一憂する。ちなみに、青い線はRa赤経（東西方向）での追尾ズレの幅と、その後の補正幅の動きを表し、赤い線はDec赤緯（南北方向）での追尾ズレの幅と、その後の補正幅の動きを表す。このグラフが平坦なほど、天体を安定して追尾できていることを意味し、逆にグラフの起伏が激しい場合は天体の追尾が不安定になっていることを意味する。また、追尾できなくなった時は、グラフの線が、このグラフから消え、天体写真の撮影を中止せざるを得なくなる（この時はLivestackを中止する）

⑧天体の映像はどんどん明るく、ノイズはどんどん薄くなっていくが、ある程度進むと、変化が見えなくなってくるので（もうこれ以上は画像が綺麗にはならないと思った段階で）、画面右側中央にある「停止ボタン」をタップし、Livestackを中止する（逆に言えば、「停止ボタン」をタップしない限り、Livestackは継続しつづける）

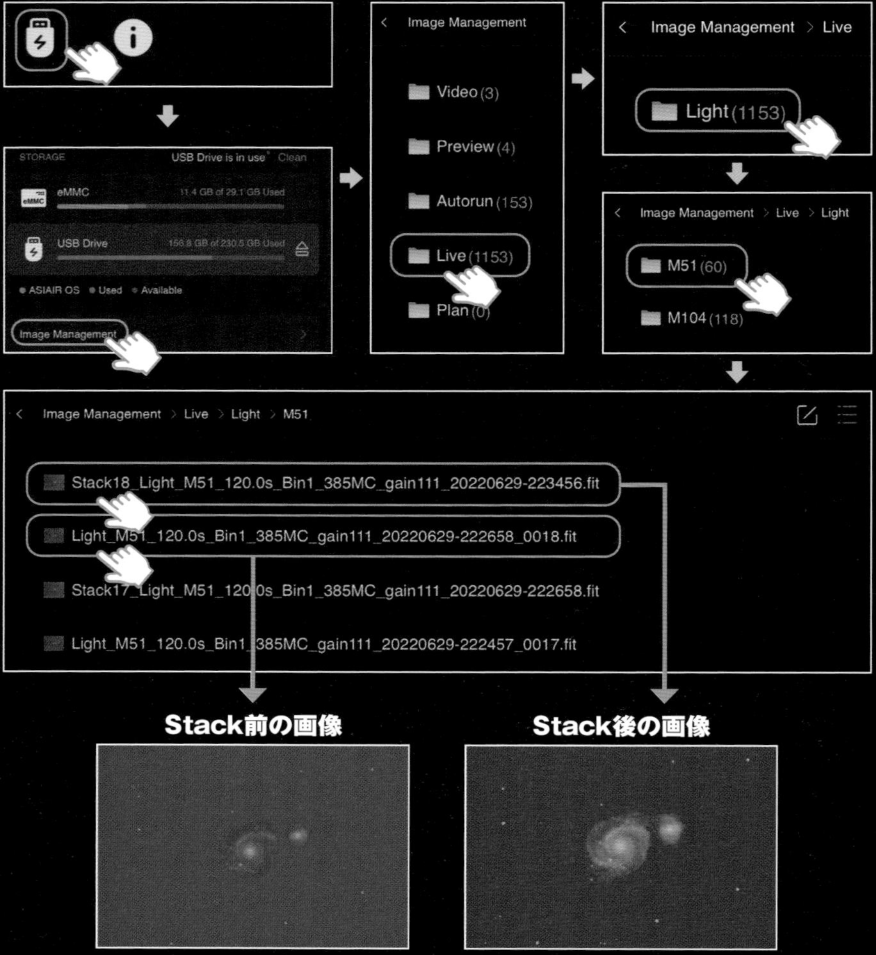

Stack前の画像　　Stack後の画像

⑨「LiveStack」で撮影された天体画像をチェックするには、画面右上の「USBメモリー」アイコン➡「Image Management」➡「Live」フォルダー➡「Light」フォルダー➡「チェックしたい天体番号」のフォルダーという順番にタップしていく。すると、ライブスタックで撮影された天体画像のファイル一覧が表示される。このうち、「Stack」の文字で始まるファイル名をタップすると、ライブスタック中に「保存」ボタンをタップし、保存された画像が表示される。「Light」の文字で始まるファイル名をタップすると、スタック（重ね合わせ）される前の各々の撮影画像が表示される（この「Light」の文字で始まる複数の画像を帰宅後、iPadやパソコンで手動Stack処理することにより、よりクオリティーの高い天体画像に仕上げることができる）

Livestackがうまくいかない場合のチェックリスト

動作がおかしな場合

	天体望遠鏡のキャップ、ガイドスコープのキャップを取っているか？ 初歩的なミスだが、皆、よくやる
	天体望遠鏡のピント、ガイドスコープのピントは合っているか？ ピントは時間経過で（主に温度変化とともに）、変化することもある。今一度、ピントをチェックし、合っていなければ、ピントを合わせ直す
	入力されている焦点距離は正しい数値か？ 正しい数値が入力されていないとプレートソルビングがうまく機能せず、オートガイドも機能しなくなる
	入力されているGainは適正な数値に設定されているか？ 明るすぎても暗すぎてもダメ。明るすぎる場合は画面が真っ白になり、暗すぎる場合は画面が真っ黒になり、プレートソルビングもオートガイドも機能しなくなる
	全ての配線はキチンと接続されているか？ プラグはハズレやすい。１つでもプラグがハズれると全てがうまく機能しなくなる。プラグがハズれそうになっていないか？　プラグ全チェック!　著者が遠征した際、AZ-GTiが全く動かなくなった。バッテリーがダメになったのだろうと思い込んで諦めて帰宅。帰宅後、調べてみると、AZ-GTiにささっている電源供給プラグがぐらついていただけだった。プラグがキチンと差し込まれていないだけで（それに気づけなかったことが原因で）、遠路はるばるの遠征自体をフイにした経験アリ。この経験後著者はプラグがかんたんにハズれないように、全プラグ部分を木工用ボンドで固めた ※木工用ボンドは乾くと、その気になれば、ペラッ!　とかんたんに剥がすことが可能
	全てのネジはキチンと締めつけられているか？ ネジが緩んで天体機材がぐらついていないか？　全ネジの締め具合チェック!

ウエイトは適正な位置にセットされているか？

極軸は本当に合っているか？

再度、極軸合わせしてみる。著者が初期の頃、なかなかオートガイドがうまくいかなかった原因は、極軸合わせの重要性を認識せず、スマホの方位磁石アプリでテキトーに天体機材を北向きに合わせていたからだった（この時、青線も赤線も表示すらされなかった）。達人曰く「**オートガイドは1に極軸合わせ、2に極軸合わせ、3、4がなくて、5に極軸合わせ**」。AISAIRの極軸合わせ支援機能を使い、キチンと極軸合わせをするようになってからは、100発100中でオートガイドが長時間機能するようになった

グラフが安定しない場合は「RA Aggr」「Dec Aggr」の数値を上下させてみる

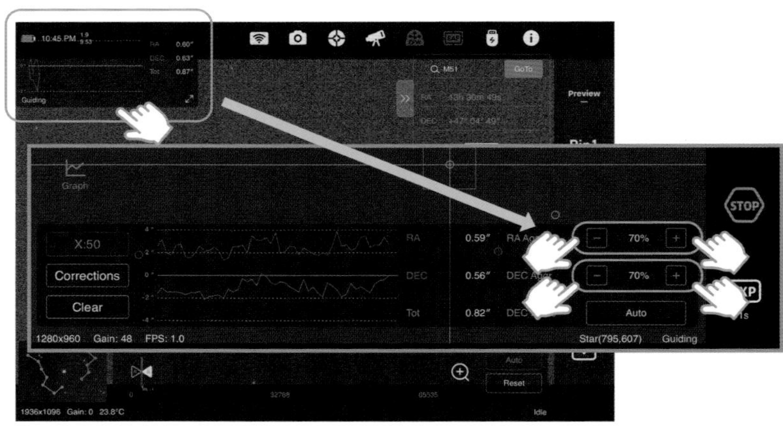

「Preview」モードで画面右上のグラフ部分をタップ。
青いグラフが暴れる場合は「RA Aggr」の数値を上下させてみる。
赤いグラフが暴れる場合は「Dec Aggr」の数値を上下させてみる

微動雲台の水平器は水平を示しているか？

風が強くないか？

風が強い場合は、風が止むのを待つか、風のない場所へ移動

撮影方法　その２　Autorun

①「Preview」をタップ後、表示されるメニューリストの中から「Autorun」をタップして選択
②「Live」直下の「三本線」をタップ
③「+」ボタンをタップ

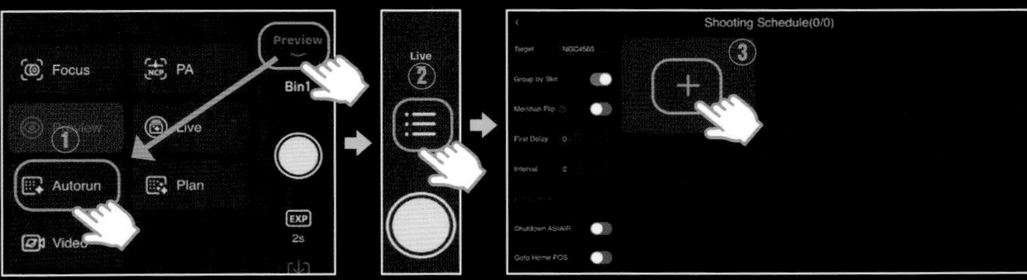

④表示されたウィンドウの「Exp(s)」欄には1枚あたり何秒露光するか、その秒数を入力、「Repeat」欄にはトータルで何枚撮影するか、その枚数を入力する。入力後、「OK」をタップし、その後、画面左上の「<」をタップし、元の画面に戻る

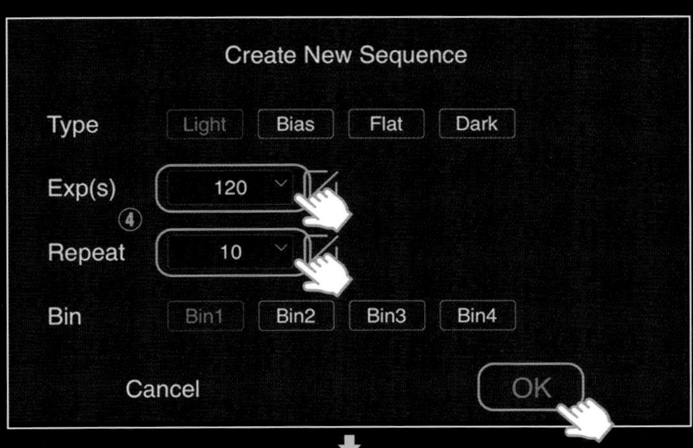

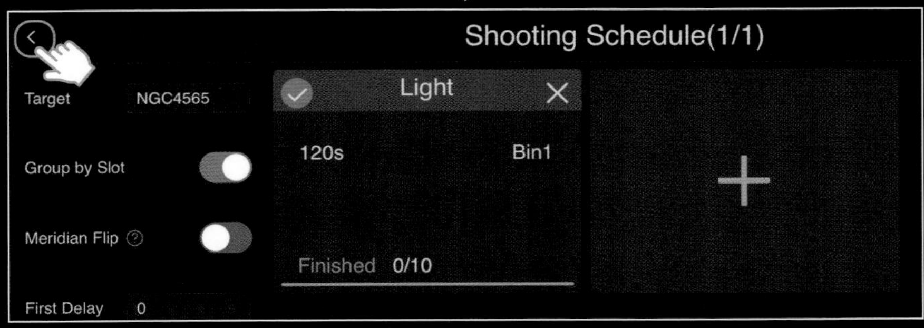

⑤画面上部にある「カメラアイコン」をタップし、Gainの値を設定。明るい天体の場合は低い数値に、暗い天体の場合は高い数値に設定する

⑥「Autorun」画面に戻り、画面右端中央の丸い「撮影ボタン」をタップすると指定した露光時間での撮影が始まり、指定した枚数撮影し終わったら、自動的に撮影を終了する

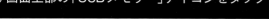

⑦「Autorun」で撮影された複数枚の天体画像をスタック処理するには

(1) 画面上部の「USBメモリー」アイコンをタップし

(2) 表示された画面下部にある「DSO Stacking」部分をタップ。表示された画面の左側「Lights」をタップした上で、画面右上の「+」ボタンをタップ

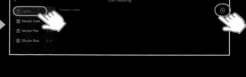

(3) 表示された画面の左側「Autorun」をタップ

※この時、「Live」をタップするとライブスタック撮影時に自動保存されたライト画像をスタックすることができる

「Autorun」の下に天体番号のリストが表示されるので、スタックしたい天体の天体番号をタップ。すると、その右側に撮影したその天体のライト画像一覧が表示される。ここで画像の「サムネイル」をタップするとその画像の写り具合をチェックできる。「ファイル名」をタップすると、その画像がスタック対象として選択される。選択し終わったら、画面右上の「Done」ボタンをタップ

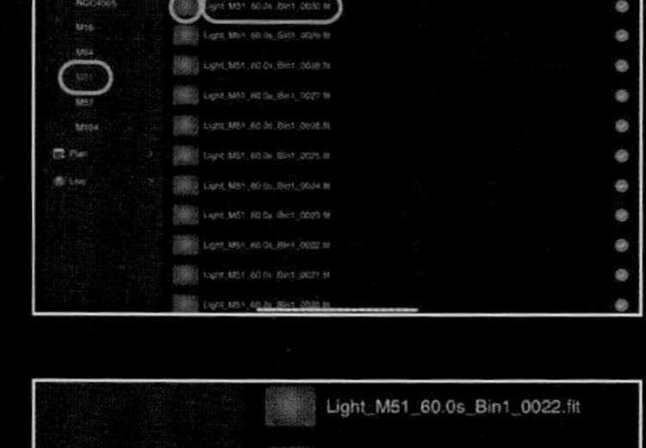

(4)「Done」ボタンタップ後、選択したファイルリストが表示されるので、確認の上、画面左下の「Stack」ボタンをタップ

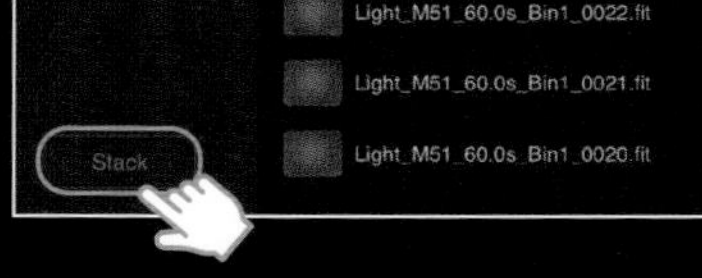

(5) スタック処理が始まり、処理が終了すると「Stack Finished」が表示され、スタック画像が自動保存される。スタック処理終了後表示される小さなウィンドウの「OK」をタップすると、スタックモードが終了となる。「Check」をタップするとスタック処理された画像を、その場でチェックすることができる

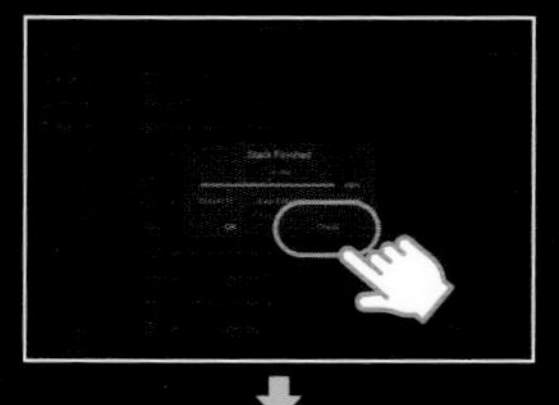
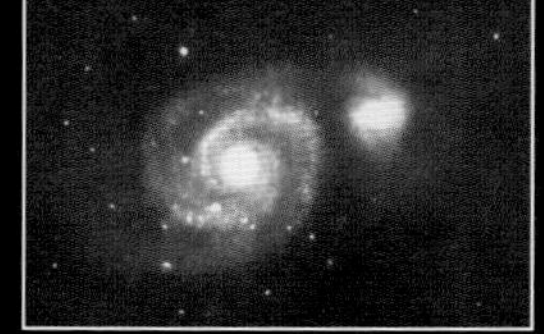

⑧スタックした画像を後から閲覧したり、画像処理したい場合は、(1) 画面上部「USBメモリーアイコン」➡(2)「Image Management」➡(3)「Stacked」➡(4)「DSO」➡(5)「Processed」➡(6) 目的のファイル名とタップしていく

⑩撮影終了処理

①撮影後、上部メニューの「架台」アイコンをタップ。
②最下部にあるGo Home右側の「Start」ボタンをタップ。するとAZ-GTiが動作し、自動的に天体望遠鏡をホームポジションに戻してくれる。
③最後にバッテリーのスイッチをOFFにし、天体機材を片付ける

王道コース　エコノミー（機材費15万円〜）

ここまで、「王道コース スタンダード」の銀河星雲撮影方法を具体的に詳しく解説してきた。しかし、スタンダードの場合、最低でも25万円の機材出費が必要となってくる。では、機材に25万円をかけないと、銀河星雲は映像化できないかというと、実はそうでもない。実は機材費15万円でも銀河星雲を映像化して楽しむことはできる。ではなぜ、真っ先に15万円のエコノミーを紹介しなかったかというと、25万円のスタンダードに比べ、銀河星雲映像化の難易度が高いからだ。

よって、天体素人には、このエコノミーのメソッドをあまりオススメはしない。オススメはしないが「難易度が高くてもいい！　まずは安く始めたい！」という人のために、このメソッドについて、これから解説していく。

一通り読んで、これなら自分でもできそうだ！　と思った人は、このエコノミーメソッドにチャレンジすればよいし、自分には難しそうだと感じた人は、スタンダードメソッドでやった方がよいと思う。なお、エコノミーの方法で、うまくいかなかったとしても、何も損するものはない。なぜなら、エコノミーで使用する機材に「ASIAIR」「ガイドスコープ」「ガイドカメラ」「微動雲台」の4つの主な機材を買い足せば、スタンダードに化けるからだ。逆に言うと、スタンダードとエコノミーの主な違いは、この4つの機材を使うかどうかの差だと言ってよい（使わない分、エコノミーはスタンダードに比べ10万円安くなる＝その分、難易度は上がる）。

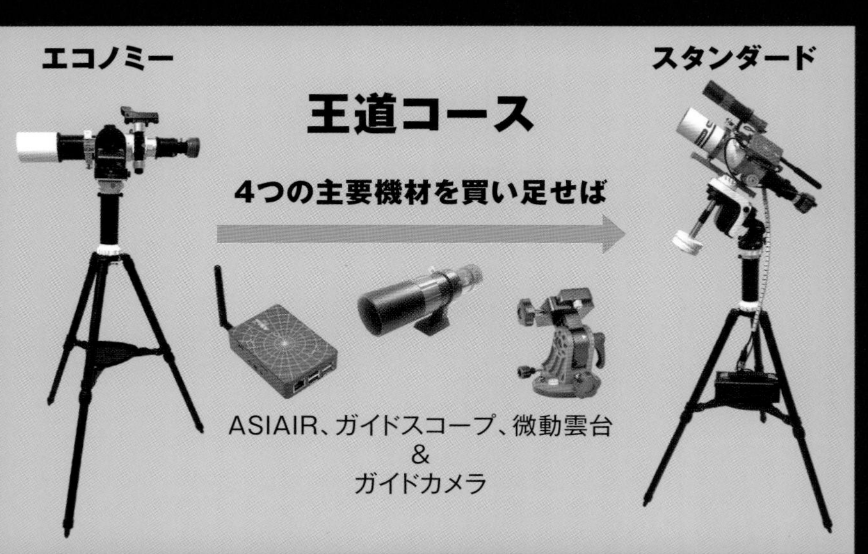

では、この4つの機材を利用しないと、どんな風に難易度が上がるかと言うと……

- 「ASIAIR」を使わないことにより、毎回、初期設定として1、2個の星を自力で写野に導入（アライメント）する必要がある（アライメント後であれば他の天体は自動で導入してくれる。スタンダードの場合、自力での初期導入操作は不要　※ただし極軸合わせという別の作業が必要になるが、これは難かしくない）
- 「ASIAIR」を使わないことにより、スマホ、タブレットでの様々な操作（画像付天体リストからの天体指定、撮影構図の確認ほか諸々）ができなくなり、ノートパソコンを使う必要がでてくる（ノートパソコンを持っていない場合は機材費として、その分、費用が加算される）
- 「ASIAIR」を使わないことにより、Wi-Fiを使っての遠隔操作ができなくなる＝常に屋外に置いた天体望遠鏡につきっきりになる必要が出てくる（冬は凍死しそうになり、夏は暑く、蚊に悩まされる）
- 「ガイドスコープ」「ガイドカメラ」を使わないことにより、映像化したい銀河星雲の完全なる自動追尾（オートガイド）ができなくなるため（天体の自動追尾はするが、写野が回転するため）、短い露光を多数回重ねる必要がでてくる

以上を踏まえた上で、エコノミーの場合、「どんな機材が必要になり」、「機材をどう組立て」、「銀河星雲映像化」をどうやるのか、説明していく。

スタンダードの場合の
「画像付天体リスト」

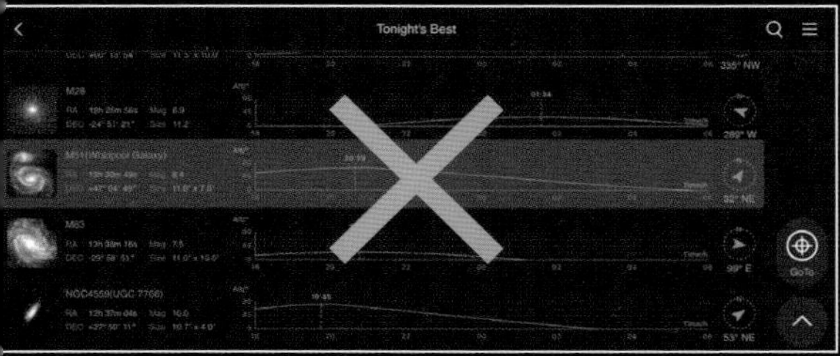

エコノミーの場合の
「文字だけ天体リスト」

スタンダードの場合、
Wi-Fi を使った
遠隔操作が可能

エコノミーの場合、
カメラとノートパソコンを
USB コードでつなぎ
つづける必要有

天体望遠鏡 ▶P91~P93を参考に選ぶ

(ドットポイント)ファインダー

初期設定で写野に星を手動で導入する際に使うファインダー
オススメは「ビクセンセレストロン オプションパーツ スターポインター」
天体望遠鏡に付属している場合は購入の必要なし

撮影用カメラ ▶P94~P97を参考に選ぶ

赤道儀化可能な経緯台 AZ-GTi (売切注意)

天体を自動導入、自動追尾可能にしてくれるモーターで、ここまで安く、
ここまで軽いものは他にない。一択

約38,000円

ポータブル電源

AZ-GTiを動かすための電源。国内線機内持ち込み可のバッテリー

約15,000円

AZ-GTi用三脚 (売切注意)

AZ-GTi用に作られた格安の三脚

約10,000円

AZ-GTi用エクステンションピラー (売切注意)

AZ-GTi用三脚の上に接続するAZ-GTi用に作られた格安の延長ポール

約4,000円

ノートパソコン

カメラのコントロールに使うノートパソコン。既に所有している場合は購入不要

※機材のリンクは
https://t.maniaxs.com/k/#eco
に掲載中。

アプリのインストール＆設定

SynScan Pro

iPad、iPhone版

アンドロイド版

ASIStudio

Mac版

Windows版

Star Walk2

iPad、iPhone版

アンドロイド版

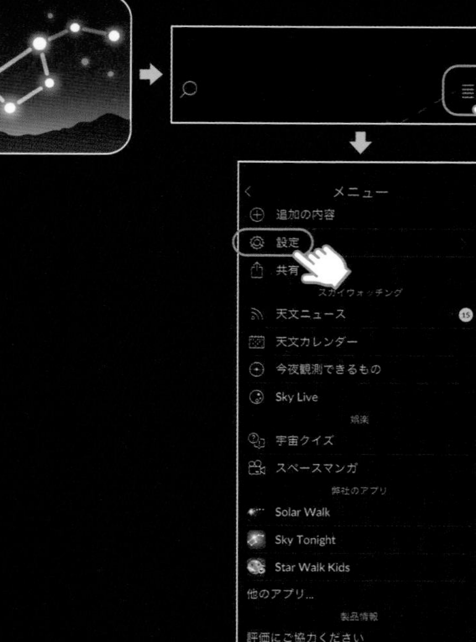

AZ-GTiの赤道儀化の要不要チェック

❶購入した天体望遠鏡を後ろから見て、左上にファインダー台座がある場合は、AZ-GTiの赤道儀化が必要。そうでない場合は不要

❷赤道儀化の必要がある場合はP112からのページを参考に、赤道儀化を済ませる。赤道儀化をしなくても、銀河星雲の撮影ができないわけではないが、ファインダーが位置的に使いづらくなり、ストレスがたまる

この場合、ファインダー台座が後ろから見て左上に付いているため、赤道儀化が必要。

機材組立

【天体望遠鏡】

❶天体望遠鏡の「ファインダー台座」に「ファインダー」を取り付け、ネジで固定する

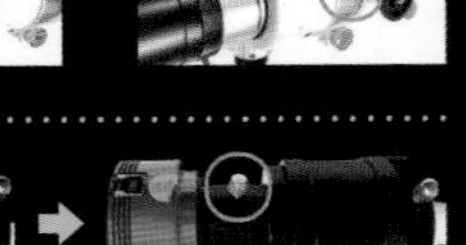

❷接眼部に「カメラ」を差し込み、ネジで固定する

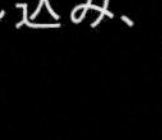
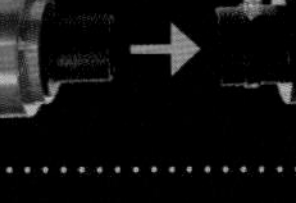

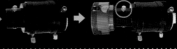

【三脚】

❸「三脚」を開き、「固定板」を押し込んだ上で右回転させ、固定する

【延長ピラー】

❹「エクステンションピラー」に付いているネジ3つを緩め、フタを外す。そのフタの裏側に付いている大きなネジを「AZ-GTi」の裏側のネジ穴に差し込み、ハンドルを右回しで締め、止める。しっかりと止まったら、AZ-GTiごと元の筒に戻し、3つのネジを締め固定する

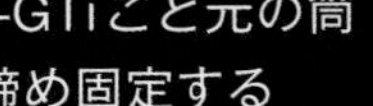
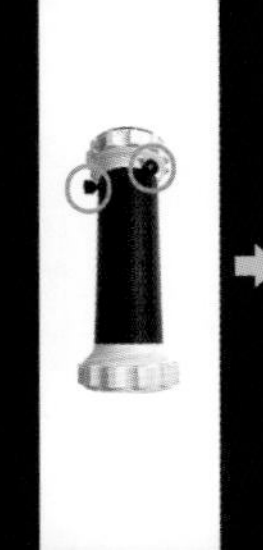
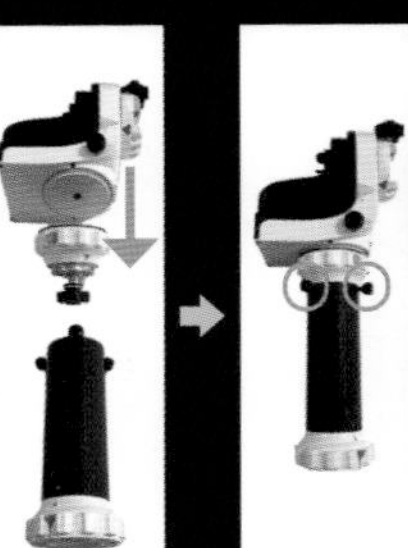

[合体]

❺「三脚」に「エクステンションピラー」を乗せ、裏側のネジを回して固定する

❻「AZ-GTi」のアリミゾに天体望遠鏡のアリガタを前から後方へ差し込み、大きなネジで固定する。この時、黒く大きなツマミを上にし、「赤道儀化していない望遠鏡の場合」は後方から見て左側に、「赤道儀化した望遠鏡の場合」は後方から見て右側に取り付け、黒く大きなツマミを回し固定

赤道儀化していない場合

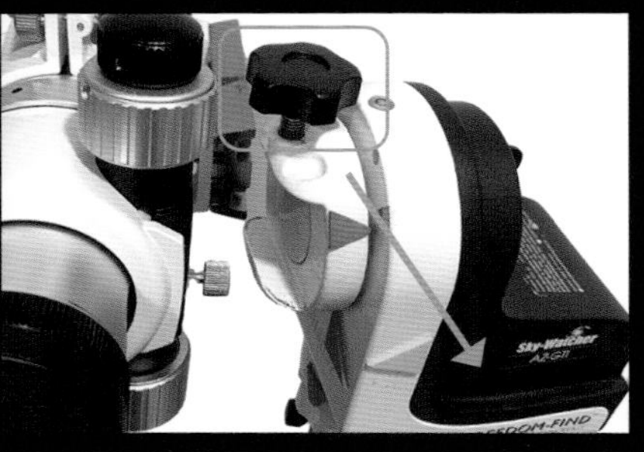

赤道儀化済の場合

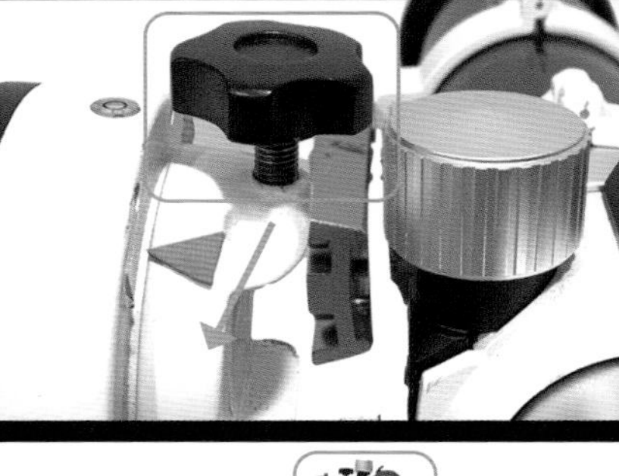

[配線]

❼ポータブル電源のDC OUTと、AZ-GTiの「POWER」をDCケーブルでつなぐ

❽「カメラ」と「ノートパソコン」をUSBケーブルでつなぐ

ファインダーとカメラのシンクロ作業

[昼間、ベランダなどに機材を置き]

❶モバイル電源と、AZ-GTiのスイッチを入れる

❷スマホアプリ「SynScan Pro」を立ち上げる　※パスワードは「12345678」

❸スマホのWi-Fi設定で「SynScan■■■」を選択

❹「synscan pro」に戻り、「接続ボタン」→「経緯台モード」選択（赤道儀化していても経緯台モード）

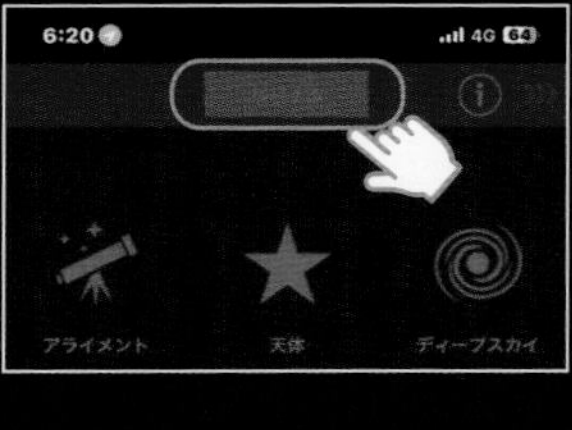

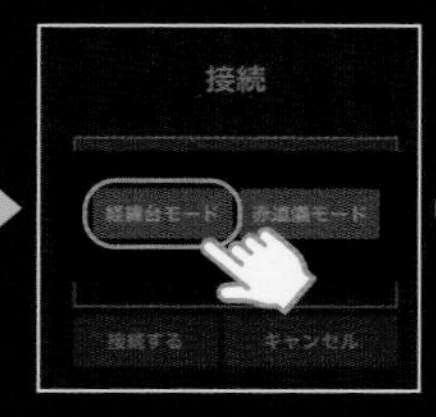

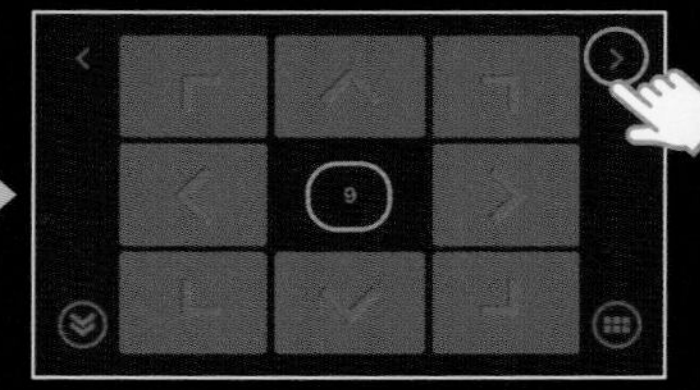

❺画面下の方向キー、右上の「>」を数回タップし、方向キー中央の移動スピードの数字を「9」に設定する

❻ファインダーのスイッチをオンにし、ファインダーの中に赤い点が見えることを確認

❼周囲を見渡し、遠方にある目立つ対象物（鉄塔や、アンテナなど）を探す。見つかったら、ファインダーをのぞきながら、その対象物の先端がど真ん中に入るようにSynScan Proの上下左右矢印キーを押す

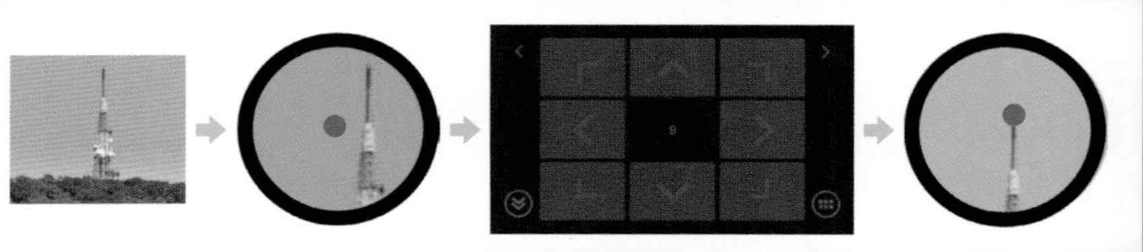

❽パソコンソフト「ASIStudio」を起動▶「ASICap」をクリック▶画面が真っ白の場合は「コントロール」部分の「オート」や「自動」のチェックをハズし、「ゲイン」の数値を変える

❾画面に風景らしきものが映ったら、天体望遠鏡のピントダイヤルを回し、ピントを合わせる

❿画面表示部右端にカーソルを移動させ「十字線」マークをクリックし、十字線を表示させる

⓫対象物の先端が十字のど真ん中に入るように、SynScan Proの上下左右矢印を押す

⓬再度ファインダーをのぞき、再度対象物先端がど真ん中に入るように（望遠鏡自体は動かさず）ファインダーの2つの位置調整ツマミを回す（ファインダーの2つの位置調整ツマミの場所は製品によって異なる）。ファインダーのど真ん中に対象物先端が入ったら、これでガイドスコープのど真ん中に入れた対象物がカメラでも、ど真ん中に入るようになる

※この作業はファインダーの位置がズレない限り再度する必要はない

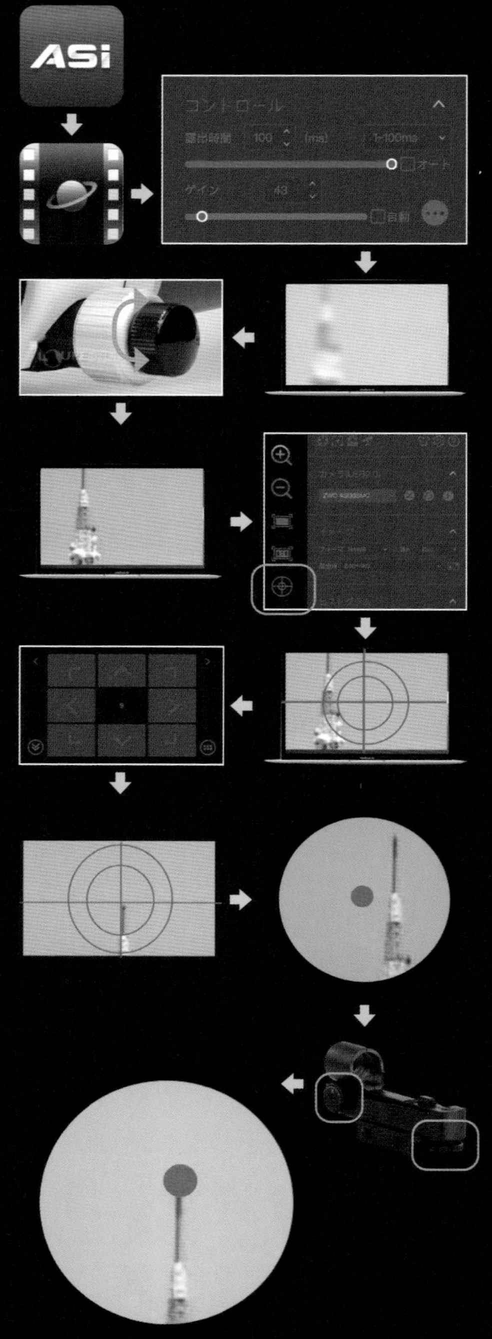

❶夜、上空に雲がないことを確認した上で、機材を北向きに設置

❷「モバイル電源」をONにした後、「AZ-GTi」のスイッチを入れる

❸AZ-GTi上部に付いている水準器を見ながら水平になるように（気泡がど真ん中に入るように）三脚の足の長さを調整する

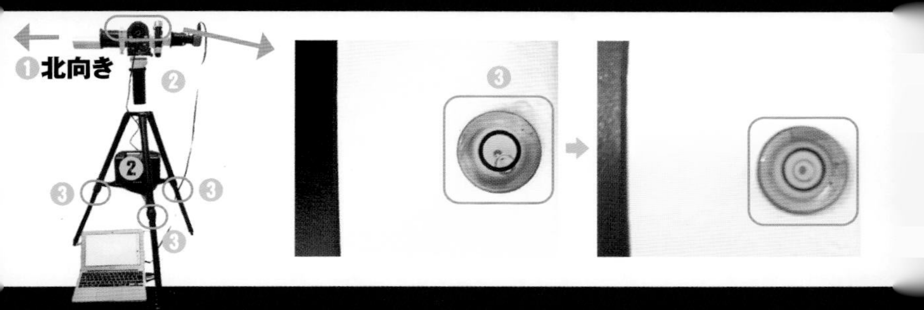

❹スマホのWi-Fi設定で「SynScan■■■」を選択

❺スマホアプリ「SynScan Pro」を起動し、「接続ボタン」▶「経緯台モード」を選択し、画面下の方向キー、右上の「>」を数回タップし、方向キー中央の移動スピードの数字を「9」にする

設定 Wi-Fi 編集
Wi-Fi
SynScan_c179
セキュリティ保護されていないネットワーク

PRO

6:20
アライメント 天体 ディープスカイ

接続
経緯台モード 赤道儀モード
接続する キャンセル

9

❻「設定」→「観測地」→「位置情報を使用する」をONにし、戻る

❼画面右上の「>>>」をタップ→「恒星時」をタップし、チェックを入れ、戻る

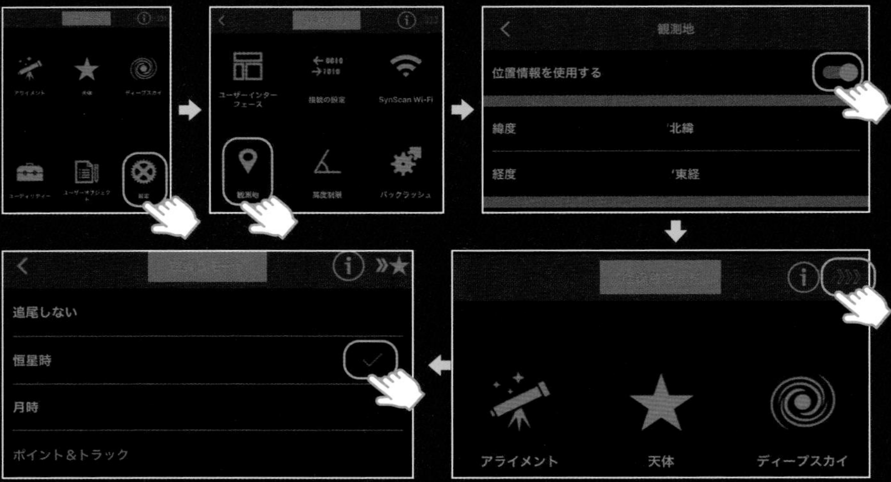

❽パソコンアプリ「ASIStudio」を起動→「ASICap」右の「Open」をクリックし起動。画面が暗いままの場合は再生ボタン「▶」をクリックする

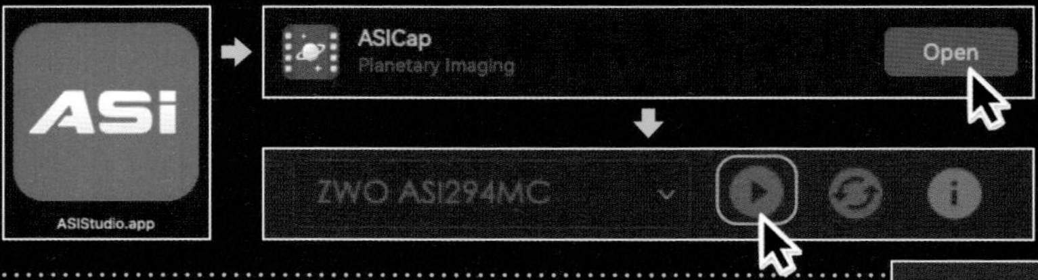

❾露出時間の右の「1～2000S」を選択した上で露出時間「1」sを選択

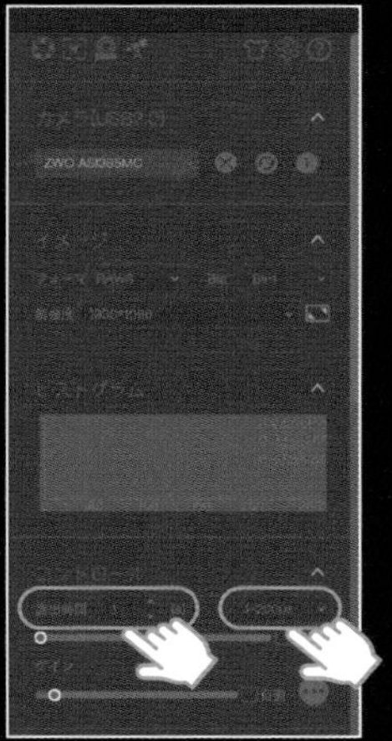

❿スマホアプリ「StarWalk2」起動し、画面左上「コンパスマーク」をタップ

⑪夜空を見上げ、最も明るく輝く目立つ星にスマホを向け、その星の名前を特定。同様に、可能なら2番目に明るく目立つ星の名前も同様にして特定

⑫スマホアプリ「SynScan Pro」トップ画面、左上の「アライメント」アイコンをタップし、特定できた星が1つの場合は「1スターアライメント」、2つの場合は「2スターアライメント」をタップ

⑬表示された画面の中に特定できた星の名前があれば、その名前をタップし、最後に「アライメントをはじめる」ボタンをタップ。AZ-GTiが指定した星に向かって動き出す

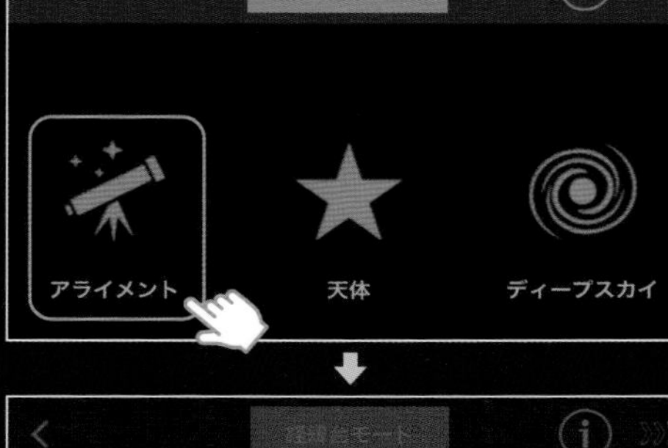

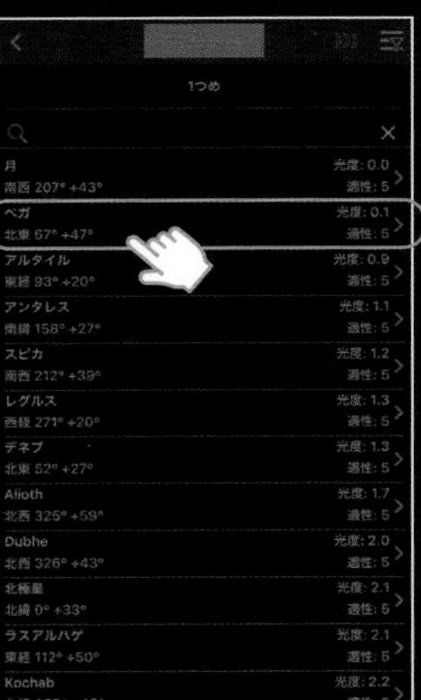

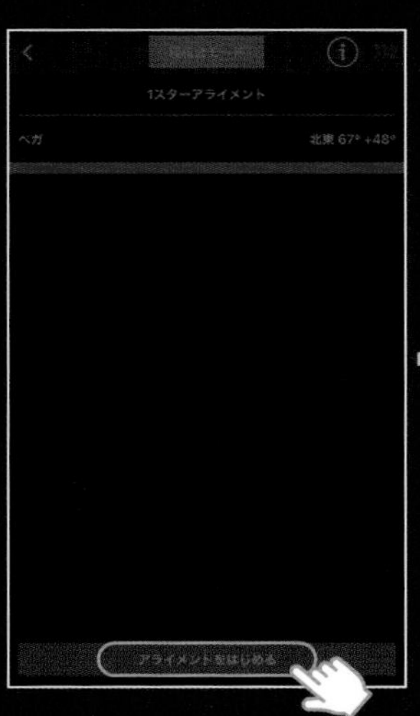

⑭AZ-GTiの動作が止まったところで、ノートパソコンの画面を見ながら、星が最も小さく映るように天体望遠鏡のピントツマミを回す（ピントを合わせる）

⑮ピントが合ったら、ノートパソコンの画面のどこかに、特定した星が表示されているかチェック。もし、表示されている場合は画面のど真ん中に表示されるように「SynScan Pro」の上下左右矢印キーをタップする。ど真ん中に表示されたら、（もし上下左右矢印キーのどれかが赤く光っていたら、そのキーを軽くタップした上で）、決定キー（★印）をタップ。もし、画面内のどこにも特定した星が表示されていない場合はファインダーをのぞきながら、「SynScan Pro」の上下左右矢印キーを押し、ファインダーのど真ん中に入れる。ど真ん中に入ったら、上記と同様の操作をし、ディスプレイのど真ん中に表示されたら、（もし上下左右矢印キーのどれかが赤く光っていたら、そのキーを軽くタップした上で）、決定キー（★印）をタップする

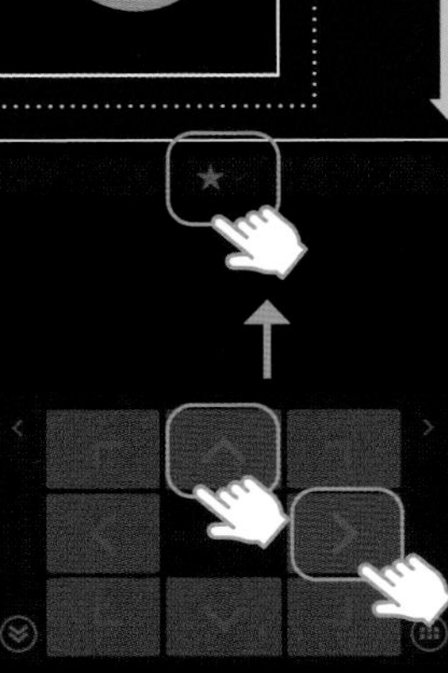

⑯アライメント処理が終わったら、ファインダーのスイッチをオフにする（よく忘れる）

撮影

❶スマホアプリ「SynScan Pro」の「ディープスカイ」アイコンをタップ▶「名前がつけられた天体」の中から映像化したい銀河星雲を選び、タップ▶すると、AZ-GTiが動き出し、指定した銀河星雲を写野のど真ん中に入れてくれるハズ（天体望遠鏡が正確に北向き、水平に設置され、キチンとアライメント処理がされていれば）

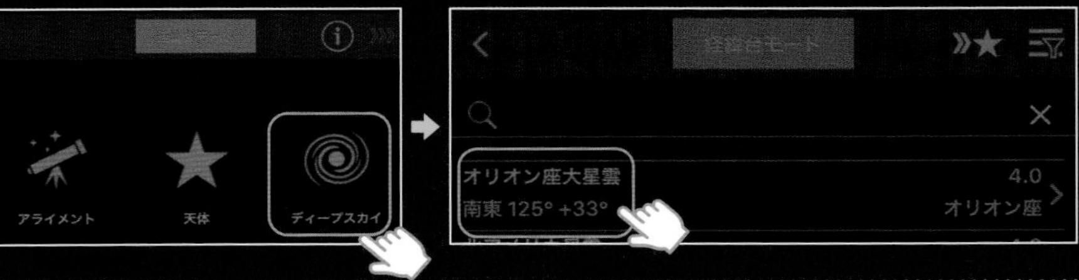

❷パソコンの「ASILive」をクリックして起動し、画面上部の小さな再生ボタン「▶」をクリック

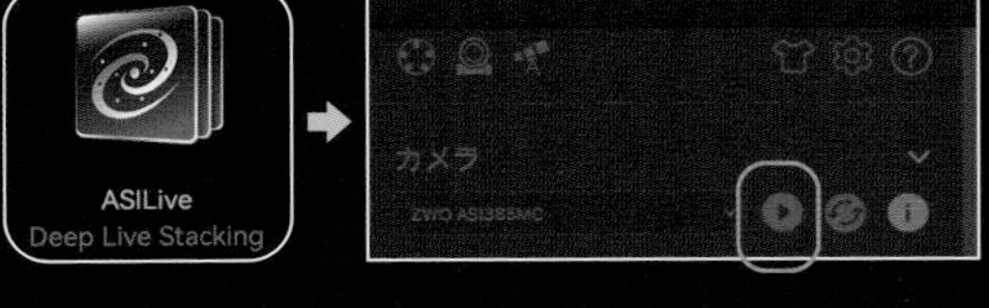

❸「撮影時間」は「2」を設定

❹画面が真っ黒だったり、真っ白だったりする場合は「ゲイン」や、画像処理の「ブライトネス」「コントラスト」「彩度」のスライダーを左右に動かし調整する

❺画面右中央の大きな再生ボタン「▶」をクリックすると、そこからライブスタックが始まり、画面に表示される銀河星雲が2秒おきに（撮影時間を2秒に設定した場合）、徐々に明るく、綺麗になっていく

❻いい感じに銀河星雲の画像が仕上がってきたら、画面右中央の大きな停止ボタン「■」をクリック

❼銀河星雲の画像が表示されているエリアの右端にカーソルを合わせフロッピーディスクのアイコンをクリックし、画像を保存（保存した画像を見るには、画面右端中央の右側にあるフォルダーマークをクリックし、作成日を参考にファイルをダブルクリック）

❽他の銀河星雲を撮影するには、ほうきアイコンをクリックし、ライブスタック画像を消去した上で、新たに❶から始める

❾撮影が終了したら、「SynScan Pro」トップ画面の「ユーティリティー」▶「ハイバネート」▶「ホームポジション」とタップする（これにより、AZ-GT が動作し、天体望遠鏡の位置を初期状態に戻してくれる）

STEP 9 遠征計画作成

都会の場合、多くの街明かりによって上空まで照らされるため（銀河星雲マニアにとって、夜空は映画館のスクリーンに近い）、ただでさえ微弱な光しか発していない銀河星雲は照明の光に負けて見えづらくなったり、完全に見えなくなる。

そこで都会に住む銀河星雲マニアは遠征と称し、人里離れた暗い場所、暗い場所へと銀河星雲撮影の旅に出る（インドア気質の人間が、この時ばかりはアウトドア人間に豹変）。この遠征は銀河撮影マニアにとっての最高の楽しみと同時に真剣勝負のイベント。しかし単純に暗い場所に移動して撮影すればよい、というわけでもない。事前に綿密な調査をし、しっかりとした計画を立てた上でなければ、遠征は成功しない。そこで、この章では「どこに」「どんな手段を使い」「いつ」遠征すればよいのかを企画する遠征計画の立て方について解説する。

❶遠征地探し

まず、主だった定番の銀河星雲撮影スポットは「日本光害マップ」▶P46～P53で紹介しているので、まずは、そのうちのいずれかに遠征するとよいだろう。しかし、まだ誰もが未開拓の銀河星雲撮影スポットというものも存在しており、そのようなスポットを自力で発見し、遠征することも銀河星雲マニアの大きな楽しみ、面白みの1つ。

では、銀河星雲マニアにとって理想の遠征地とは、どのような場所かと言うと……

●暗い場所（周囲に街明かりがなく、上空が暗い場所）※必須　●見晴らしのよい場所（いくら暗い場所でも遮蔽物で囲まれた場所では意味がない）※必須　●強風地帯ではない場所（岬など年中強風が吹く場所は避ける）※必須　●アスファルトの敷かれた場所（湿地や沼地など地面が不安定な場所は撮影に向かない）　●綺麗なトイレがある場所　●自宅からできるだけ近い場所（遠くなればなるほど疲労が増す）　●道中や付近に観光スポットのある場所（昼は観光、夜は撮影と、1日をフルに楽しめる）

遠征計画の第一歩は、このような条件を満たす場所探しから始める。まずは暗いエリア探しから。

[暗いエリア探し]

暗い場所を探すのに最高のツール、それが「Light pollution map（光害マップ）」

iPad、iPhone版

アンドロイド版

Web版

まずは、このアプリでエリアのアタリを付ける
※注意：必ず「World Atlas 2015」を選択！

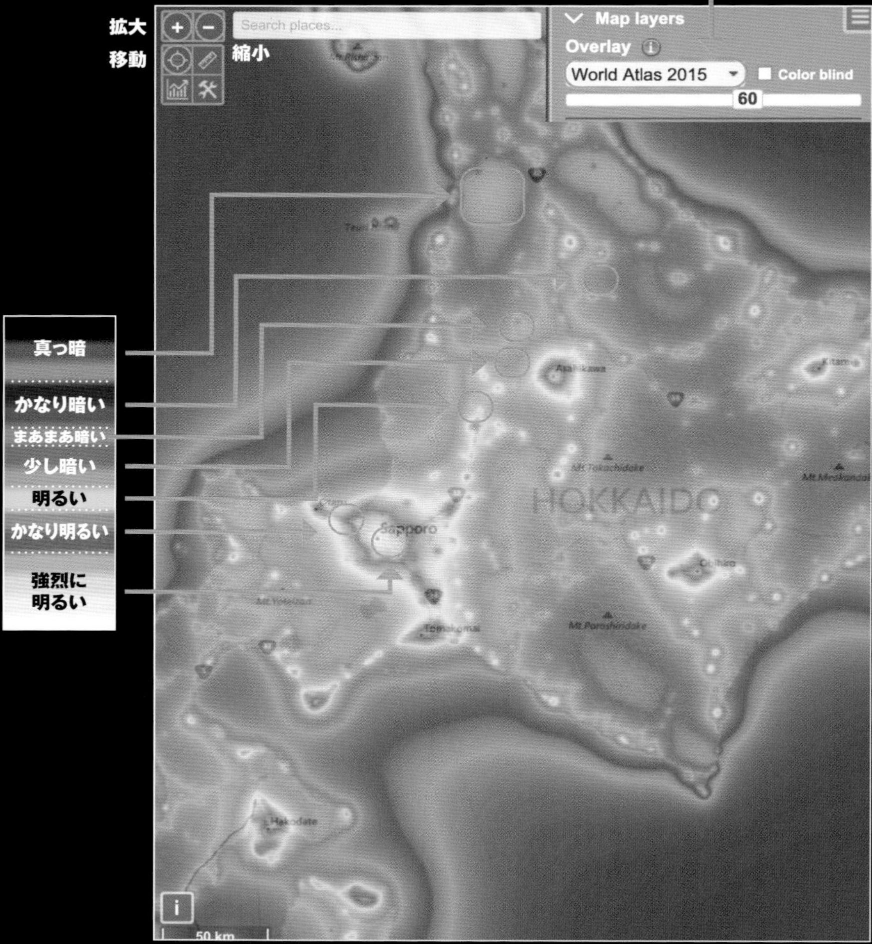

拡大
縮小
移動
Search places...
Map layers
Overlay
World Atlas 2015
Color blind
60

真っ暗
かなり暗い
まあまあ暗い
少し暗い
明るい
かなり明るい
強烈に明るい

Asahikawa
Mt.Tokachidake
HOKKAIDO
Sapporo
Obihiro
Mt.Yoteizan
Tomakomai
Mt.Poroshiridake
Hakodate
50 km

[暗い場所探し]

行きたいと思った暗いエリアの目星をつけたら、次に、そのエリア内で撮影場所としての条件を満たす具体的なスポットを探す。満たすべき条件とは先に書いたとおり、暗い場所でかつ……

- 見晴らしのよい場所(いくら暗い場所でも遮蔽物で囲まれた場所では意味がない)※必須
- 強風地帯ではない場所(岬など年中強風が吹く場所は避ける)※必須
- アスファルトの敷かれた場所(湿地や沼地など地面が不安定な場所は撮影に向かない)
- 綺麗なトイレがある場所
- できるだけ近い場所(遠くなればなるほど疲労が増す)
- 道中や付近に観光スポットのある場所(昼は観光、夜は撮影と、1日をフルに楽しめる)

では、これらの条件を満たすポイントを、どうやって探すかと言うと、まずは……

①**Google検索**(主要撮影スポットは本書▶P46～P53に掲載)

先人やランキングサイトが天体撮影にうってつけの撮影場所を紹介してくれていることもある。もし、そのような情報を見つけることができれば、効率よく撮影ポイントの候補を入手できる。

よって、まずは
「(都道府県名or地名 or エリア名など)+天体(スポット)」や
「(都道府県名or地名 or エリア名など)+天体+撮影+ブログ」などの複合語で検索する。

すると……

「～の星のきれいなスポット」
「～のおすすめ星空スポットランキング」
「～で～を撮影」

などの検索結果が表示されるので、紹介されている場所を「Light pollution map」と照らし合わせ、充分暗い場所であれば、候補の1つに入れる。

[Googleマップ検索]

Googleマップで行きたいエリアの全体を表示させた上で、以下のような言葉で検索してみる

「Google検索結果で判明した候補地の名称」

「駐車場」………………駐車場は平坦でアスファルトが敷かれている場所。撮影に最適。トイレが併設され、自動販売機が置かれていることも多い。人里離れた駐車場は夜になると他に誰もいなくなる

「ダム管理事務所」……ダムの管理事務所には誰でも利用できる駐車場、綺麗な公衆トイレ、自動販売機など快適に撮影できる環境が整っていることが多い

「会館」…………………公共の施設の場合、誰でも利用できる駐車場が併設されている場合アリ

「展望台」………………見晴らしの悪い展望台はない。撮影には最適な場所。ただし、徒歩でしかたどり着けない展望台も多く、また、駐車場が併設されていないことも多いので、よく調べる必要アリ

「公園」…………………駐車場が併設されていることもあり、撮影に適していることがある

【写真とレビューをチェック】

検索結果1つ1つをタップし、写真とレビューをチェックしていく

[Google画像検索]

施設名などで画像検索し、実際の様子をチェックする。その際、「時間」➡「1年以内」とタップし、最近の画像をチェック

[YouTube検索]

施設名などでYouTube動画検索し、さらに実際の様子や雰囲気をチェックする。その際「フィルター」➡「アップロード日」➡「今年」とタップし検索する

動画の場合、全体像、細部、雰囲気等を一瞬にして掴むことができる

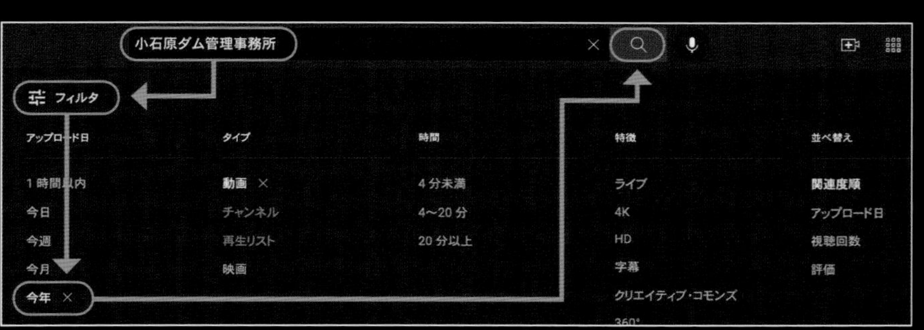

小石原川ダム 歩いてみた - 前編 管理事務所～放流設備方面

18 回視聴・1 か月前

rhykw

福岡県朝倉市の小石原川ダムを歩いてみました。小石原川ダムは、筑後川水系小石原川の上流の福岡県朝倉市及び東峰村に建設 ...

4K 字幕

小石原川ダム 歩いてみた - 前編 管理事務所～放流設備方面

[Twitter検索]

施設名などでTwitter検索。その際「話題のツイート」「最新」両方でチェックする

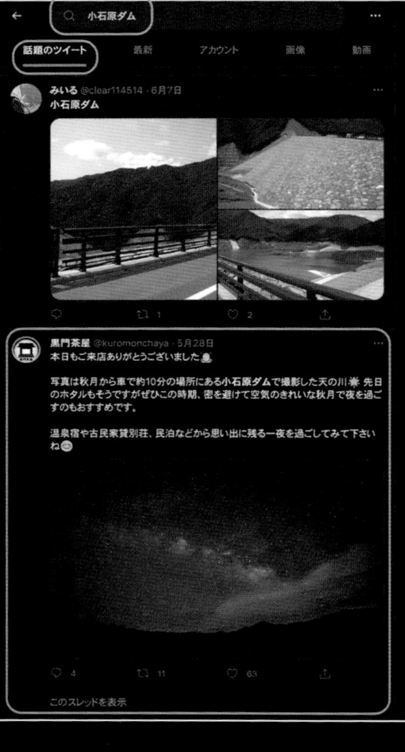

[Googleストリートビューで最終チェック]

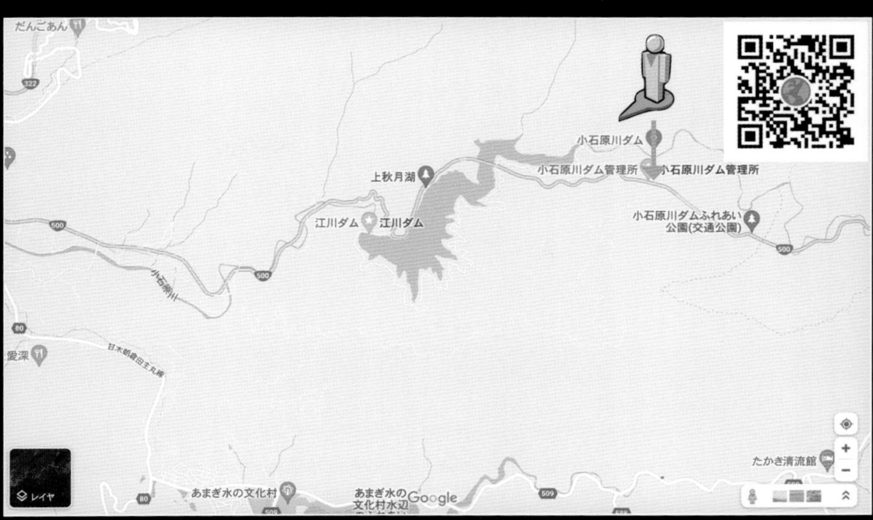

写真、レビュー、YouTube動画、Twitter、Googleストリートビューの情報を元に、

- 見晴らしはよいか？
- アスファルトの敷かれた場所はあるか？
- 綺麗なトイレがあるか？

などの観点から、よければ候補に入れる。全ての候補に対して、この作業を繰り返す。最後に、残った候補を比較検討し、遠征地を決定する。

「Light pollution map」でエリア決定

↓

「Google」検索でエリア内の有望な撮影スポット（地名・場所名）を集める

↓

「Googleマップ」検索で候補作成

↓

Googleマップでエリアを表示させた上で「有望な地名・場所名」「駐車場」「ダム管理事務所」「会館」「展望台」「公園」などのキーワードで

Google マップを検索する

↓

候補1	候補2	候補3	候補4	候補5
レビュー	レビュー	レビュー	レビュー	レビュー
画像	画像	画像	画像	画像
YouTube	YouTube	YouTube	YouTube	YouTube
twitter	twitter	twitter	twitter	twitter
StreetView	StreetView	StreetView	StreetView	StreetView

↓

▶見晴らし▶アスファルト▶清潔なトイレ▶風の強さ▶自宅との距離▶昼間の観光などの要素で比較検討

遠征地決定！

❷交通手段の決定

遠征では人里離れた暗い場所に行く関係上、その交通手段は限られてくる。

①バイク
②自動車
③旅客機 ＋ 自動車

[①バイクで遠征は可能？]

バイクは以下の点でかなりの難がある（自転車は論外）。

- 天体撮影機材は重量があり、かさばるため、全てをバイクに積むのは困難（例外：Seestar S50、Vespera）
- 春、秋はいいとして、冬は寒さで凍死しそうになり、夏は暑さに加え虫に悩まされる
- 場所によっては熊などの動物から危害を受ける可能性があり、撮影どころではなくなる

[②自動車で快適天体撮影]

自動車の場合……

- 天体撮影機材の量は問題ではなくなる
- ASIAIRを使えばWi-Fiを使って天体機器を操作できるため、エアコン装備の車なら、夏は涼しく、冬は暖かく快適に車内からの銀河星雲の撮影が可能（ASIAIR登場前は天体機材をパソコンで操作するしかなく、パソコンと天体機材は有線接続なので、車内で快適撮影とはいかなかった）
- 危険な動物から身を守ることができる

海外や離島、遠方へ遠征する場合は旅客機を使うことになるが、撮影場所までは自動車を使わざるを得なくなるため、「**③旅客機＋自動車**」という組み合わせになる。

どちらにせよ、遠征には自動車を使う必要が出てくるが、自動車を運転できない場合は、運転できる人を調達する必要がでてくる。自動車を持っていない場合はレンタカーを借りる必要がでてくる。なお、レンタカーを借りたい場合、フツーに1日1万円以上の出費になるが、ここで頼りになるのが「ガッツレンタカー」。

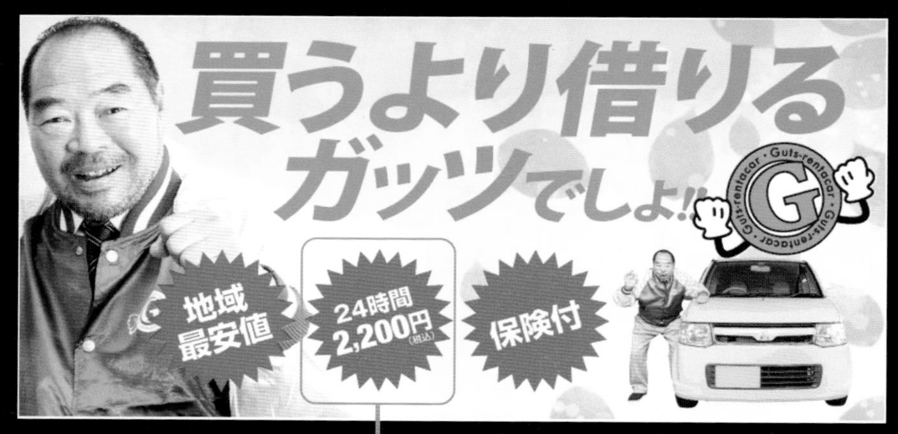

なんと、24時間2,200円という信じられない価格で自動車をレンタルできる！ 2023年1月現在、全国に約300店舗あり、分布状況は以下のとおりとなっている。

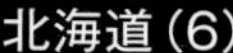

北海道（6）
宮城県（3）・福島県（3）
群馬県（2）・栃木県（2）・茨城県（4）・山梨県（2）
埼玉県（15）・千葉県（14）・東京都（13）・神奈川県（13）
長野県（4）・新潟県（3）・富山県（2）・石川県（1）・福井県（1）
静岡県（9）・愛知県（30）・岐阜県（4）・三重県（3）・滋賀県（4）
京都府（3）・大阪府（20）・兵庫県（11）・奈良県（2）・和歌山県（3）
岡山県（2）・広島県（4）・山口県（2）
香川県（1）・徳島県（2）・愛媛県（1）・高知県（2）
福岡県（13）・大分県（3）・佐賀県（2）・長崎県（4）
熊本県（2）・宮崎県（2）・鹿児島県（4）
沖縄県（3）

天体機材購入のために少しでも出費を抑えたい時、離島や遠方への遠征時に、格安のガッツレンタカーの利用はオススメ。

[③旅客機 ＋ 自動車]

海外旅行のついでに銀河星雲撮影したいと思った時や、沖縄などの離島や遠方への遠征時には、旅客機を使うことになる。その際の注意点を2つ。

●コンパクトで軽量な機材（特に主鏡、赤道儀、三脚）にすること

各航空会社とも「手荷物」「預け入れ荷物」それぞれに重量制限、寸法制限を設けている。

よって旅行前に、この制限にひっかからないかどうか、利用する航空会社のホームページで事前にチェックしておく必要がある。荷造りの際、「機内持ち込み用のスーツケース」には壊れては困る天体望遠鏡やカメラ、AZ-GTi、バッテリー、タブレットなどを入れ、「預け入れスーツケース」には少々手荒く扱われても壊れたりはしない三脚やウエイトなどの機材を入れる。中でも三脚は場所をとるため耐荷重が10kg以上ありながらコンパクトなものを用意する必要がある。オススメ品は「SWFOTO T1A20」。

最大耐荷重が25kgもありながら、畳むとたったの30cmの長さになる（このようなスペックの三脚を他に知らない）。

SWFOTO T1A20

2つ目の注意点は……

●バッテリーは機内持ち込み可能なものを持っていく

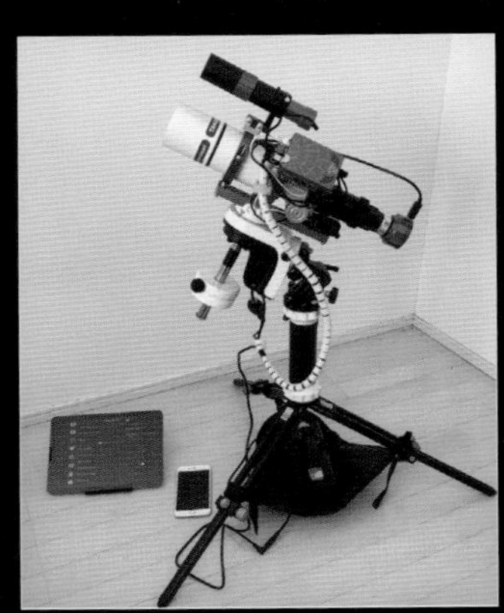

まず、バッテリーに関しては規則により、預け入れ荷物にはできず、機内持ち込み用のスーツケースに入れる必要がある。そして、この持ち込み可能なバッテリーには以下の制限が設けられている（国内線の場合）。

■ワット時定格量が160Wh以下
■バッテリー容量が43,243mAh以下

また、ワット時定格量（Wh）の記載がないバッテリーは機内持ち込み、預け入れも共に不可。よって、バッテリーを購入するなら、最初からこの条件を満たしているものにした方がよい。

FlashFish ポータブル電源
40,800mAh/151Wh

❸遠征日の決定

「遠征場所」「移動手段」の次に「遠征日」を決める。実はこれが一番難しい。なぜなら「雲の状態」「PM2.5濃度」「風の強さ」など、運の要素が多分に絡んでくるからだ。唯一「月の状態」だけは確定しているので、まずは「月の状態」を調べるところから始める。

❶月の状態を調べる

月の状況は「満月カレンダー」でチェック。新月の日を中心にして前4日、後4日、合計9日間を遠征可能期間と考える。

❷雲、風、PM2.5の具合は前日にチェック

雲、風、PM2.5の具合は直前にならないと実際のところはわからないため、前日にチェックし、遠征を決行するかどうかを決める。よって、2日以上先の遠征に関しては、ほぼ博打になる。

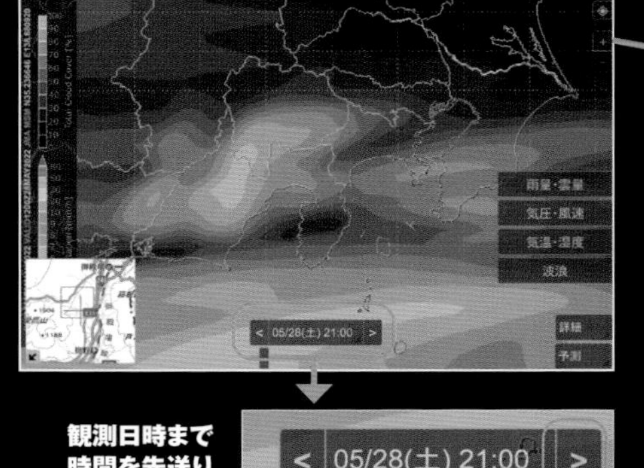

観測日時まで時間を先送り

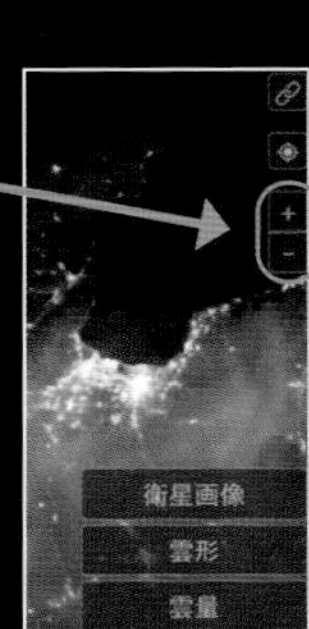

予測を選択

雲予報（SCW - 天気予報）

PM2.5濃度予測

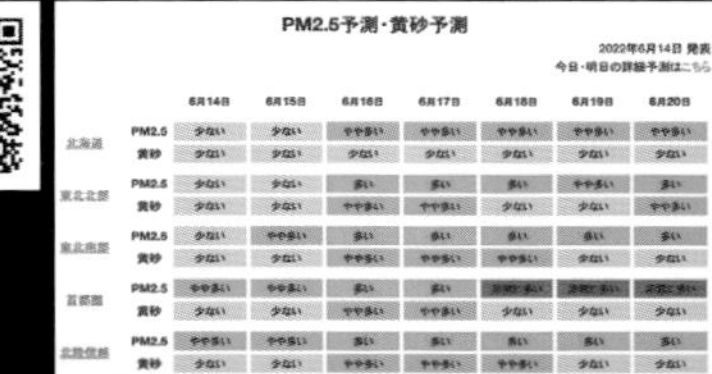

PM2.5予測・黄砂予測

2022年6月14日 発表
今日・明日の詳細予測はこちら

		6月14日	6月15日	6月16日	6月17日	6月18日	6月19日	6月20日
北海道	PM2.5	少ない	少ない	やや多い	やや多い	やや多い	やや多い	やや多い
	黄砂	少ない	少ない	少ない	少ない	少ない	少ない	少ない
東北北部	PM2.5	少ない	少ない	多い	多い	多い	やや多い	多い
	黄砂	少ない	少ない	やや多い	やや多い	少ない	少ない	やや多い
東北南部	PM2.5	少ない	やや多い	多い	多い	多い	多い	多い
	黄砂	少ない	少ない	やや多い	やや多い	やや多い	少ない	少ない
首都圏	PM2.5	やや多い	やや多い	多い	多い	非常に多い	非常に多い	非常に多い
	黄砂	少ない	少ない	やや多い	やや多い	少ない	少ない	少ない
北陸信越	PM2.5	やや多い	やや多い	多い	多い	多い	多い	多い
	黄砂	少ない	少ない	やや多い	やや多い	やや多い	少ない	少ない

風予報

風予報

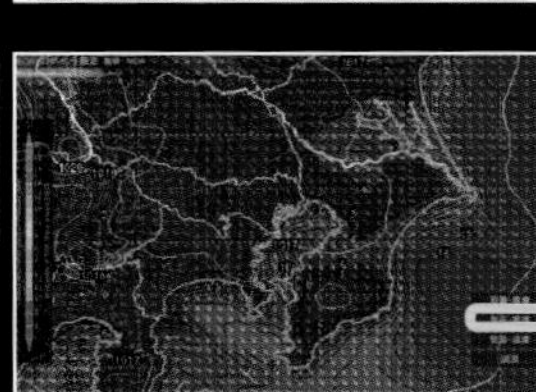

❹遠征計画詳細作成

「遠征地」「交通手段」「遠征日」が決まったところで、遠征計画の詳細を詰める。

❶観光スポット探し

遠征地へ行って帰ってくるだけではもったいない。その道中（昼間）も楽しめれば、楽しさ倍増。

①Googleマップで、遠征地の周囲30km～40kmを表示させる。
②その上で、以下のようなキーワードで検索をかけ、めぼしいスポットを表示させる。
春の場合：「花見」「いちご狩り」「高原」「牧場」
夏の場合：「ビーチ」「滝」「渓谷」「川下り」「かき氷」
秋の場合：「紅葉」「渓谷」「湖」「ブドウ狩り」「美術館」
冬の場合：「温泉」「スケート場」「スキー場」
③レビューで評価の高いものを比較し、最終決定したものをGoogleマップのピンで登録。

❷レストラン探し

おいしい昼食も遠征時の楽しみ。
①Googleマップで、遠征地の周囲30km～40kmを表示させる。
②「レストラン」で検索をかけ、高評価のものを比較し決定したものをGoogleマップのピンで登録。

❸夕飯＆飲み物の調達

遠征地には日没前（午後4時～午後6時）には到着し準備を始めたい。したがって夕食は遠征地で取ることになる。しかし遠征地は人里離れた場所にあるため、付近にレストランなどがない場合が多い。結果、弁当にならざるを得ず、道中で弁当と飲み物を購入した上で現地に到着する必要あり。
①Googleマップで、遠征地の周囲30km～40kmを表示させる
②「テイクアウト」や「弁当」で検索をかけ、決定したものをGoogleマップのピンで登録。

❹ルート決定

Yahoo!カーナビ（車載カーナビやGoogleマップのナビよりも優秀）に登録したポイントを経由地にしてルートを設定。

iOS版

アンドロイド版

❺遠征前日にすること

❶雲予報、PM2.5濃度、風予報の最新情報をチェックし、遠征の可否を判断する。近場のレンタカーを利用する場合はレンターカーの予約を入れる。

❷機材の確認

タブレット、スマホ、バッテリーは全て満充電になっているか？　全てのネジはキチンと締められているか？　グラついている箇所はないか？　撮影機材は全て揃っているか？　確認する。

※理想は2台態勢。1台態勢の場合、撮影地で、その1台が不具合を起こした時、遠征自体が失敗に終わる。2台態勢なら撮影続行可能

❸ASIAIRに撮影場所の座標事前入力

※撮影予定地が僻地でネットやGPSが利用できない可能性がある場合のみ必要

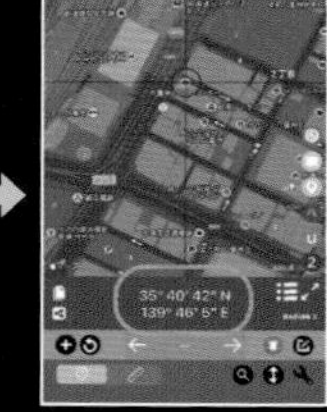

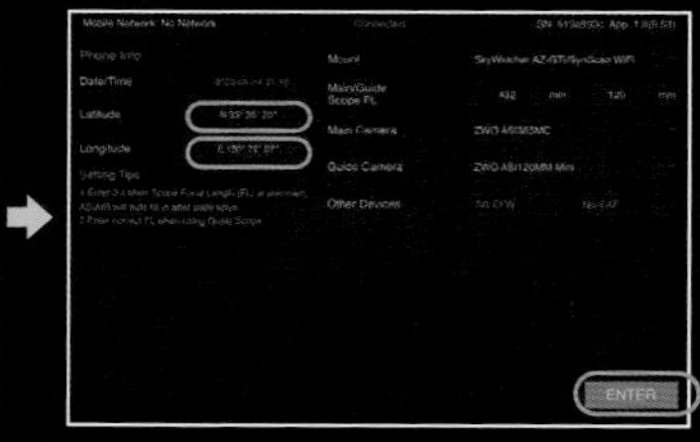

❹荷造り

カートに機材を全て積み込めるか？確認。旅客機を使う場合は「機内持ち込み用のスーツケース」に壊れては困る天体望遠鏡やカメラ、AZ-GTi、バッテリー、タブレットなどを全て詰め込めるか？　「預け入れスーツケース」には少々手荒く扱われても壊れたりはしない三脚やウエイトなどの機材を全て詰め込めるか？確認する。また、「機内持ち込み用のスーツケース」「預け入れスーツケース」それぞれに機材を詰め込んだ上で、それぞれ体重計で重量を計り、利用する航空機の規定重量内（航空会社のホームページで確認）に収まっているかそれぞれ最終確認をする。

❺嫁さん対策

嫁さんを遠征に連れて行く場合は、撮影中、車内で退屈しないように、タブレットに映画やドラマ、ゲームなどを仕込んでおく（じゃないと破局に近づく）。理想は天体撮影機材をもう1セット購入し、嫁さんも銀河星雲撮影マニアに仕立て上げること。嫁さんを遠征に連れて行かない場合は、「いつも一人だけ楽しんで！」となり、これも破局原因になるので要注意。

STEP 10 遠征地での撮影

❶天体機材設置

遠征地での撮影はベランダで撮影と基本的にやることに変わりがない。が若干異なる部分もあり「ベランダでの撮影」とかなり重複部分はあるが、遠征地での参照用に手順を以下解説。

❶「LEDヘッドライト」を頭に付け、方位磁石アプリを立ち上げたスマホを片手に持つ

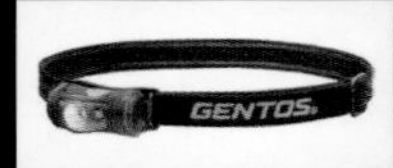

❷遠征地敷地内をぐるっと一周しながら、どの場所が最も視界が開けているか、どの場所なら周囲の照明の影響を受けないか、どの場所が地面が水平なアスファルトになっているか、どの場所なら北極星が問題なく見えるか、方位磁石アプリをチェックしながら天体機材の設置場所を決める。

❸設置場所に三脚を置き、三角形の固定板を取り付け、三脚の上に延長ポールを取り付け、その延長ポールの上に微動雲台を取り付ける。

❹「三脚」「延長ポール」「微動雲台」のセットが北向きになるように、スマホの「コンパスアプリ」を見ながら向きを変更。

❺微動雲台が水平になるように微動雲台の「水平器」を見ながら三脚の脚の長さを調整

❻微動雲台の上に天体望遠鏡を設置する

❼全てのコードをつなぐ

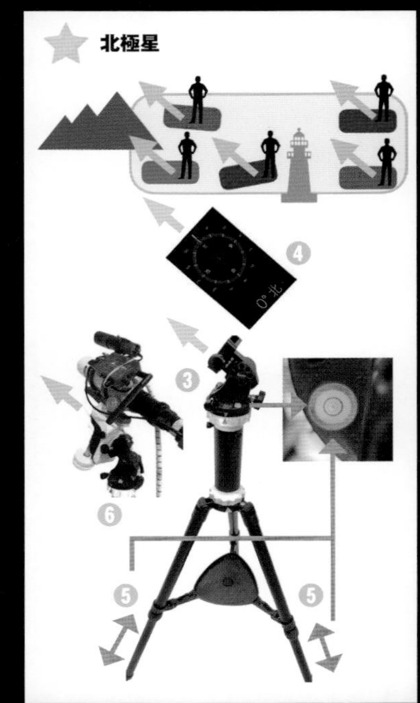

❷撮影準備

❶全ての電源ON

バッテリーの電源ON、ASIAIRの電源ON、AZ-GTiの電源ON

バッテリーのスイッチ

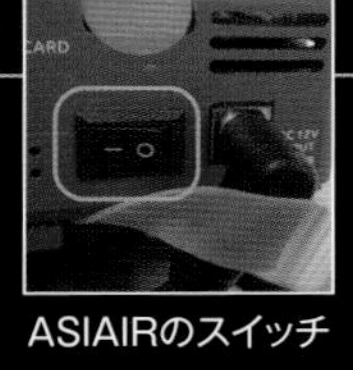
ASIAIRのスイッチ

AZ-GTiのスイッチ

❷Wi-Fi接続

タブレット（スマホ）のWi-Fi設定画面で「ASIAIR」を選択

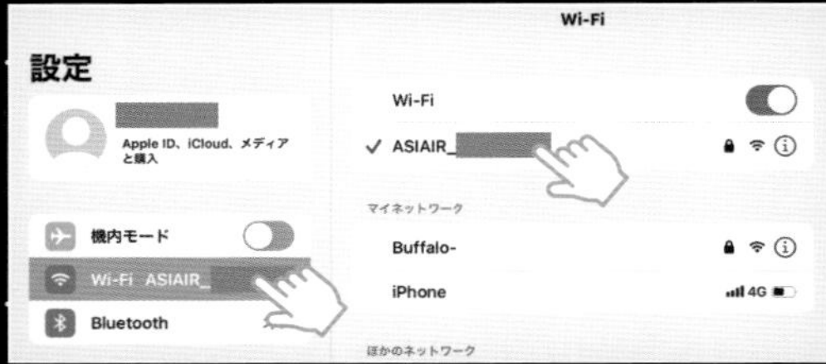

❸アプリ「ASIAIR」起動

❹設定画面確認

「Latitude（緯度）」、「Longitude（経度）」、「Mount」、「Main/Guide Scope FL」、「MainCamera」「GuideCamera」、各々に適切な数値、名称が設定されているか確認した上で、最後に画面右下「ENTER」ボタンをタップ

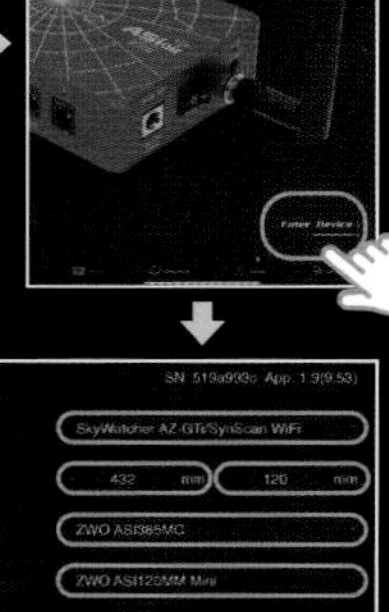

❺撮影用カメラのピント確認＆ピント合わせ

※普段の撮影でピントが合っているなら、遠征地でもピントはそのままで合っているハズ

①画面上部「撮影カメラアイコン」をタップ。Gain欄にある「M」ボタンをタップし、数値を「131」に設定し、元の画面に戻る

②「Preview」モードになっていることを確認した上で、「EXP」を「1s」に設定

③画面右端中央の「撮影ボタン」をタップ

④画面にピントが合った状態の星が表示されている場合は、以下⑤～⑧の作業はスキップ。もし画面に何も表示されていなかったり、ボケた星が映っている場合は、ピント固定ネジを緩めた上で、固定。星がクッキリ映るように（最小サイズになるように）天体望遠鏡のピント微動調整ノブを少しずつ回し、ピントを合わせる

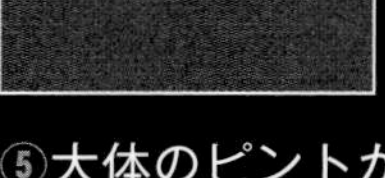
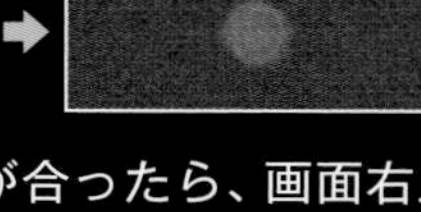

⑤大体のピントが合ったら、画面右上「Preview」タップ後表示されるメニュー一覧の中から「Focus」をタップ

⑥四角い緑枠の中心に星が映るように、四角い枠を指でドラッグ

⑦画面左中央の「虫眼鏡」アイコンをタップ

⑧すると、左半分に星の拡大星像が表示され、右半分上部には、その星の大きさの変化グラフ、右半分下部にはその星の明るさグラフが表示される。星の大きさが最小になるように、ピント微動調整ノブを少しずつ回し、最小になったところで、ピント固定ネジを締め固定する

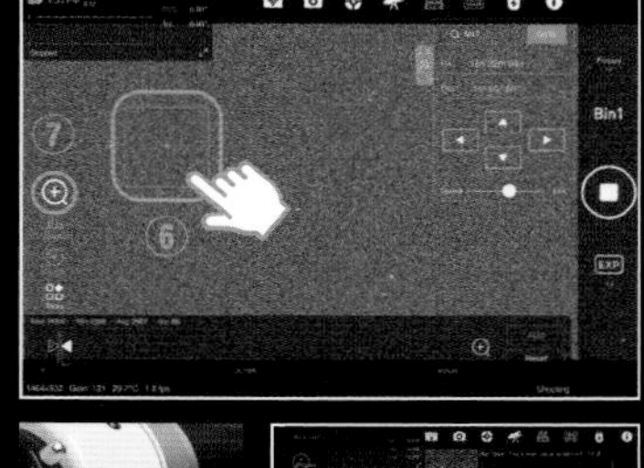

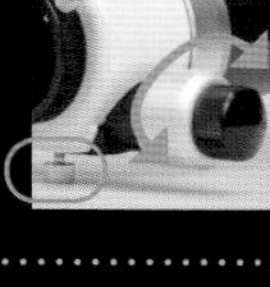
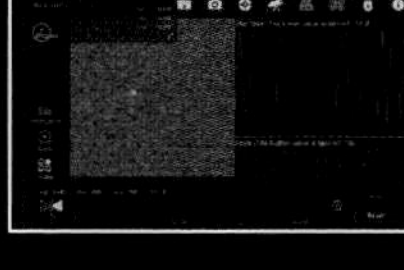

---

❻ガイドカメラのピント確認

①画面上部の「ガイドカメラアイコン」をタップ

②Gain欄の「M」ボタンをタップし、数値を「28」に設定し、元の画面に戻る

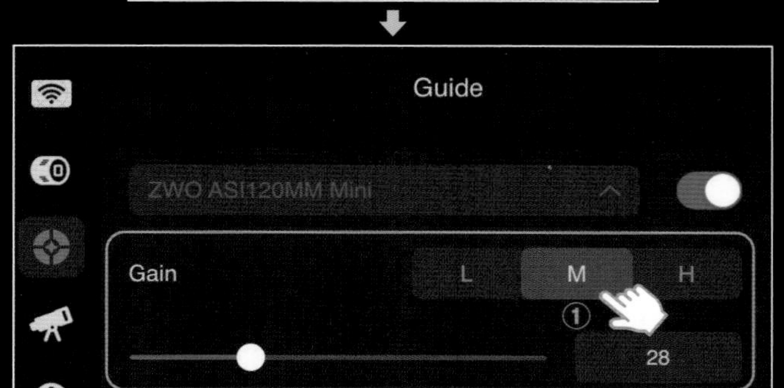

③左上のグラフ部分をタップ
④タップ後、表示された画面右上の「リロード」アイコンをタップ
⑤画面右下にある「EXP」ボタンをタップし「1s」に設定
⑥ピントが合った状態の星が表示されることを確認。もし、ピントが合っていない場合はピント調整筒を回し、ピントを合わせ、最後にピント固定ダイヤルを回して固定。その後、元の画面に戻る

※星が明るすぎる時は、「Gain」を下げたり、「EXP」を下げ調整
※星が暗すぎる時は、「Gain」を上げたり、「EXP」を上げ調整

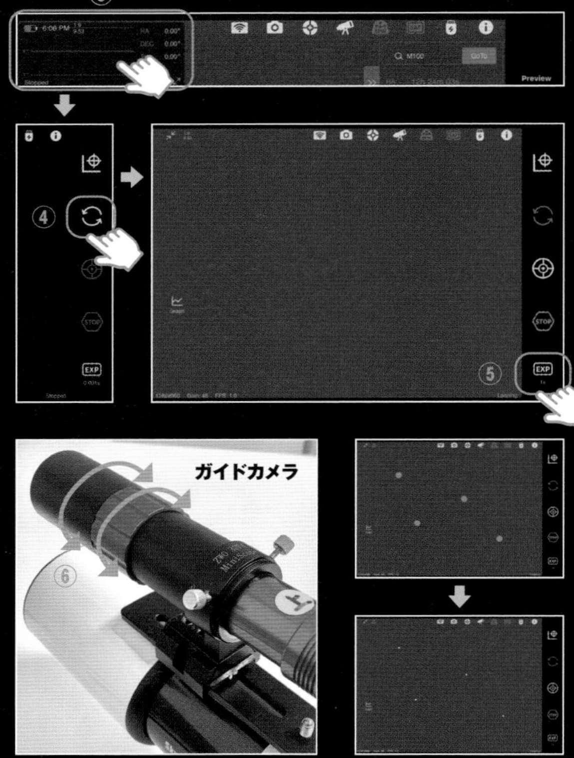

❼天体画像の保存場所の確認

画面上部の「メモリー」アイコンをタップした後、「USB Drive」が指定されているか確認

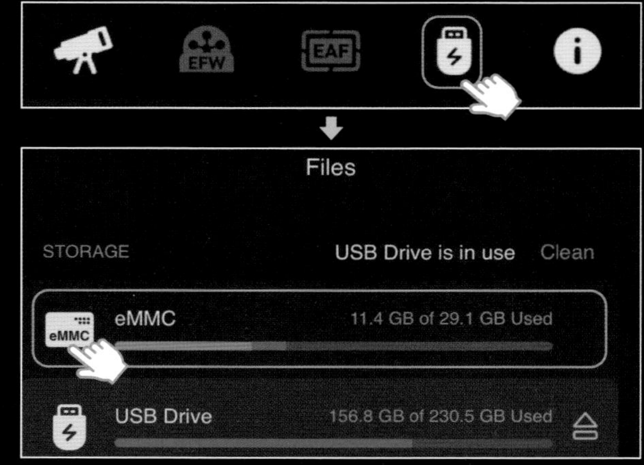

❸極軸合わせ

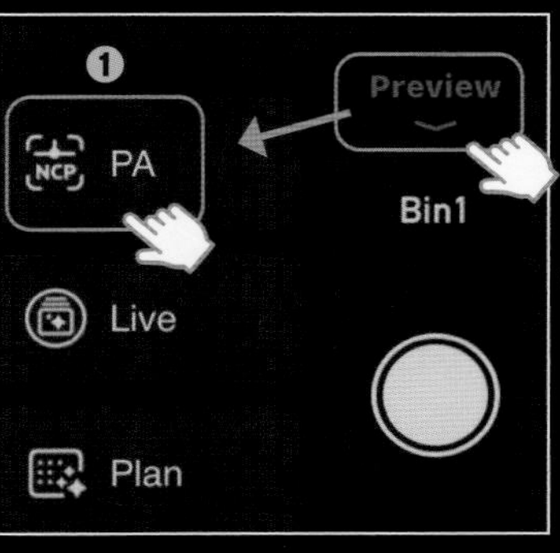

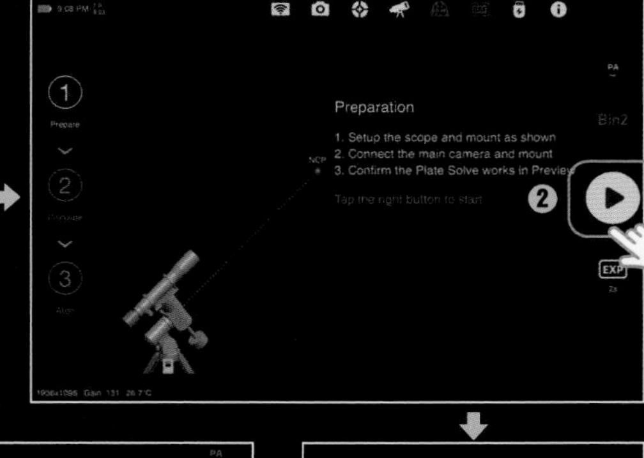

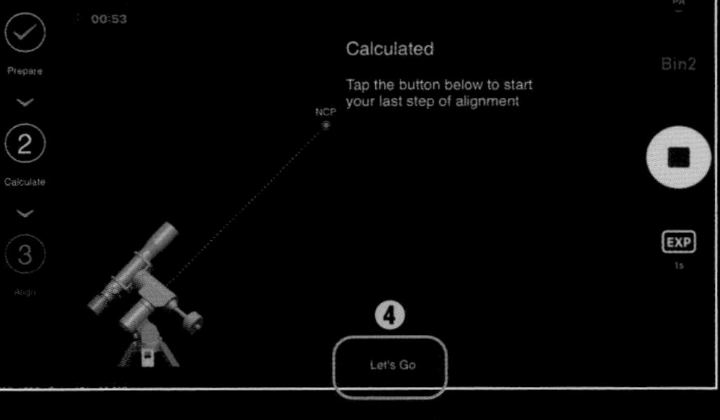

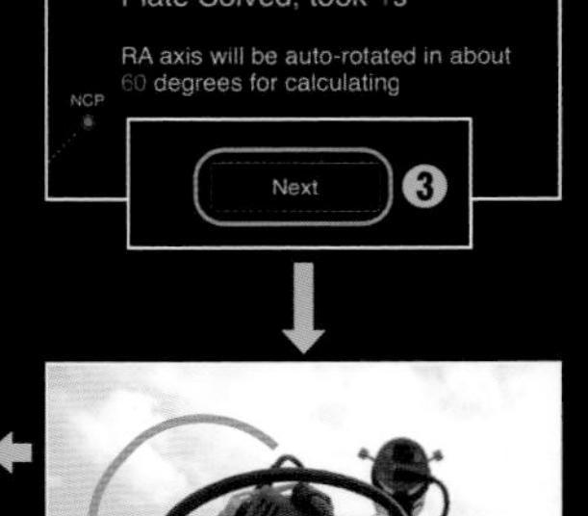

❶画面右端「Preview」の文字をタップ。するとその左側にメニュー一覧が表示されるので、その中の「PA」をタップして選択

❷「EXP」をタップして「2s」に設定した上で、右端中央の三角「再生」ボタンをタップ。すると、プレートソルビング（今、望遠鏡がどこを向いているのかの計算）が始まる

❸プレートソルビングが終了すると、画面下に「Next」が表示されるので、これをタップ。タップすると、AZ-GTiが自動で60度回転しはじめる

❹60度回転が終了すると、「Let's Go」ボタンが表示されるので、これをタップ

PA
01° 10′ 12″
00° 25′ 37″
Bin2
Total Error
01° 13′ 24″
EXP
1s
Refresh
Auto
要暗記重要操作
上に向けたい時は左に回す
下に向けたい時は右に回す
レバー
右に向けたい時は右のネジを締める
（同時に左のネジを緩める）
左に向けたい時は左のネジを締める
（同時に右のネジを緩める）

❺画面右下の「Auto」のチェックボックスをタップし、チェックを入れる

❻「Auto」の左にある「Refresh」ボタンをタップ。これにより、2秒ごとの自動撮影が始まる

❼画面右側に緑の矢印が表示されるので、その方向へ天体望遠鏡が動くように、微動雲台のダイヤルやネジを回す。具体的には……

- 緑の矢印が上向きの場合は、鏡筒をもっと上に向けろ！　ということなので、微動雲台の大きなダイヤルを左に回す
- 下向きの矢印の場合は大きなダイヤルを右に回す
- 緑の矢印が左向きの場合は、微動雲台の左のネジを締めると同時に右のネジを緩める
- 右向きの場合は、右のネジを締めると同時に左のネジを緩める

どの程度ダイヤルやネジを締めるとよいかは、実際にやってみて、どの程度鏡筒が動くか身をもって確かめ、その感覚を試行錯誤しながら身につけていくしかない。

8 天体望遠鏡の向きが北極星の方角に近づくと、外側の円の数値は

30° ➡ 1° ➡ 2'

と変化していく。内側の円の数値は

1° ➡ 2' ➡ 4" と変化していく。

ちなみに、「°」は度、「'」は分、「"」は秒と読む。
顔のマークは最後には笑顔に変わる。

度° 分' 秒"

1° = 60'

1' = 60"

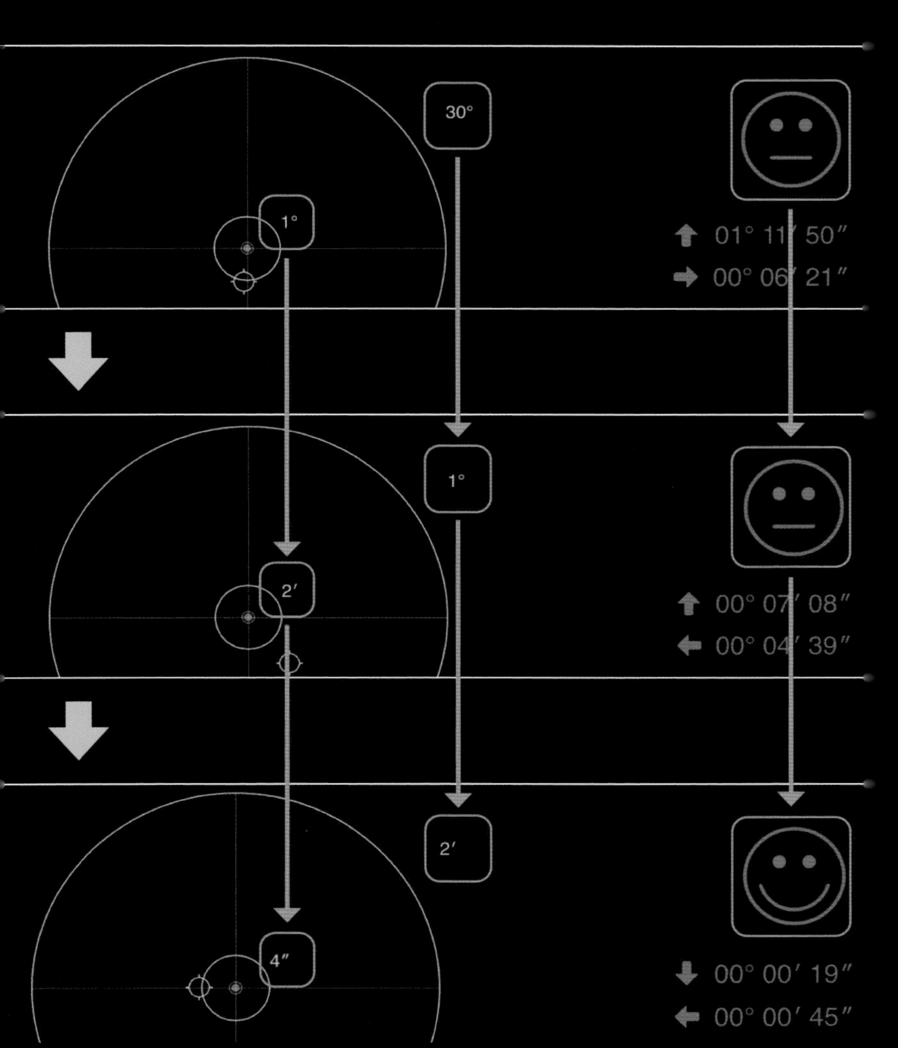

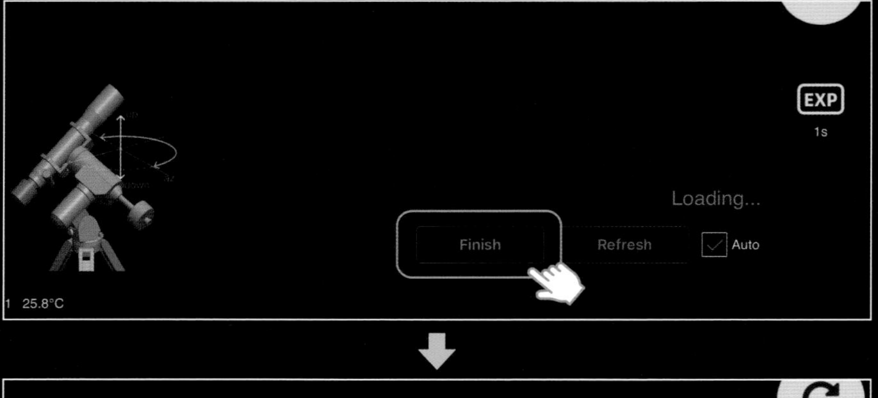

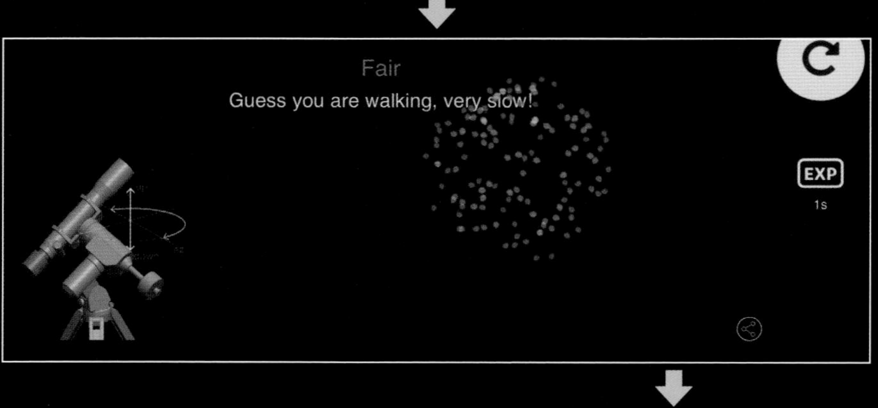

❾右上の顔マークが笑顔になった段階で、極軸合わせは終了してよい。それ以上、深追いする（ターゲットマークをど真ん中に入れる）必要ナシ。深追いすると、逆にどんどん極軸からズレていく。最後に「Finish」ボタンをタップして、極軸合わせを終了させる。この時、極軸合わせに要した時間により、メッセージが表示される（短時間で済んだ時は花火が打ち上げられる）

❿右上の「PA」をタップ後、表示されるメニューの中から「Preview」を

❹撮影天体指定

指定法1:「登録メニュー」から指定(M51:子持ち銀河の場合)

①「Preview」画面の右上「虫眼鏡」マークをタップ

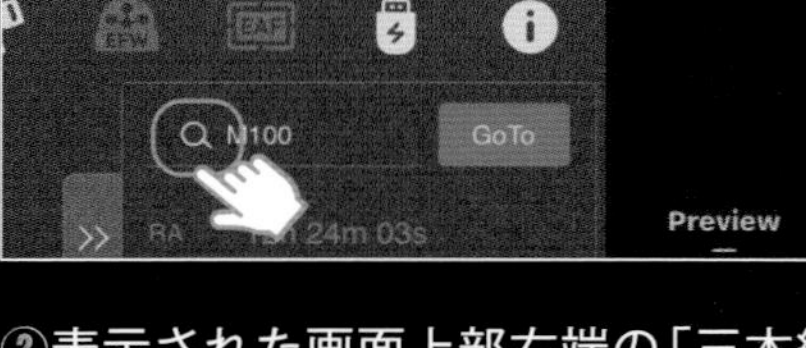

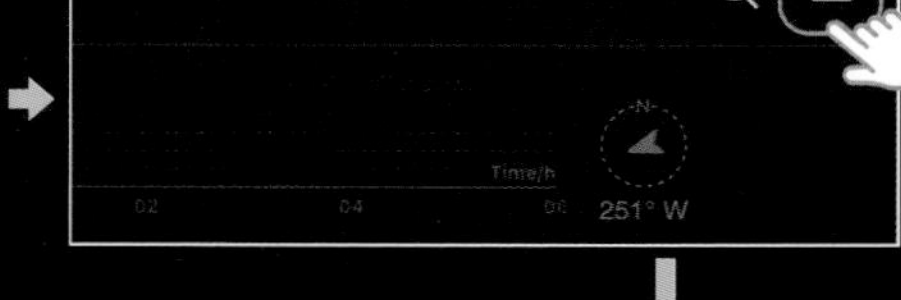

②表示された画面上部右端の「三本線」マークをタップ

③突き出てきたリストの中から「春」をタップ

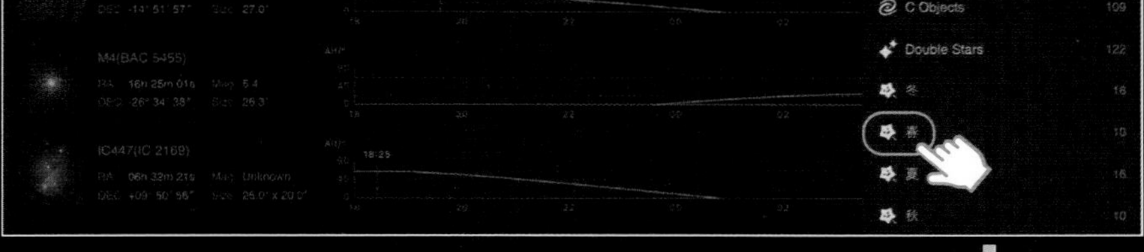

④表示された画面の中から「M51」をタップして選択し
「ターゲットマーク(GoTo)」をタップ

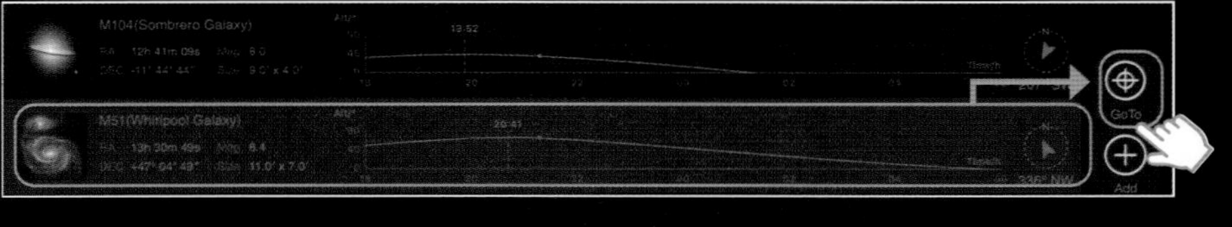

Mag:明るさの等級
(数字が小さい方が明るい)

Size:視直径(見た目の大きさ)
度°分′秒′′×度°分′秒′′

⑤AZ-GTiが動き、M51を画面ど真ん中に導入してくれる。明るい天体の場合は中央に薄っすらと、その天体の姿が映し出される。多くの天体は暗いので、この時点では何も映し出されない（しかし中央に天体は導入されているので心配無用）

Goto M51
Target: 13h 30m 49s / +47° 04′ 49″
Current: 13h 26m 16s / +29° 21′ 38″
Mount slews to target position
Stop

Goto M51
Target: 13h 30m 49s / +47° 04′ 49″
Current: 13h 30m 49s / +47° 04′ 49″
Mount slews to target position
Validate centered or not
Target is centered 1s
Confirm(1s)

10:45 PM
RA 0.60″
DEC 0.63″
Tot 0.87″
Guiding
M51 GoTo
RA 13h 30m 49s
DEC +47° 04′ 49″
Speed 64X
Preview
Bin1
EXP 1s
Plate Solve
Tools
Max 8096 Min 2224 Avg 2331 Std 23
Auto
Reset
0 32768 65535
1936x1096 Gain: 0
Idle

構図確認

1:02 AM

M 51

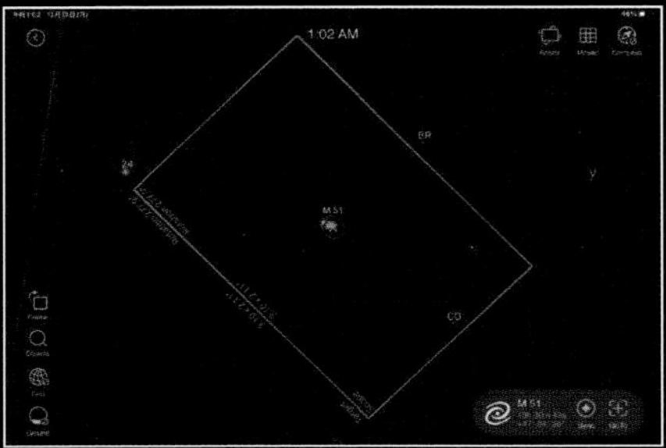

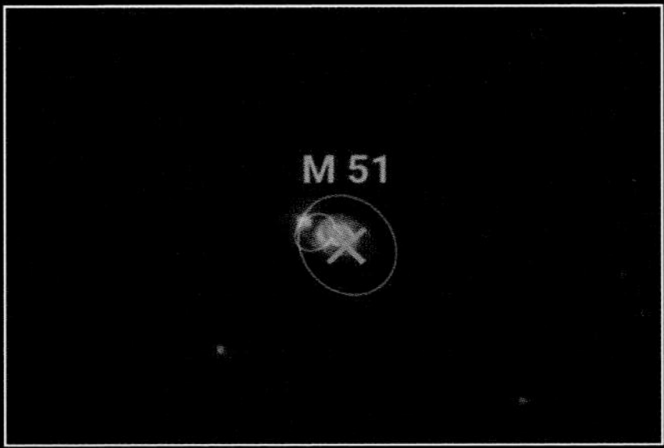

指定法2：「今日、見頃の天体」から指定（M51：子持ち銀河の場合）

①「Preview」画面の右上「虫眼鏡」マークをタップ

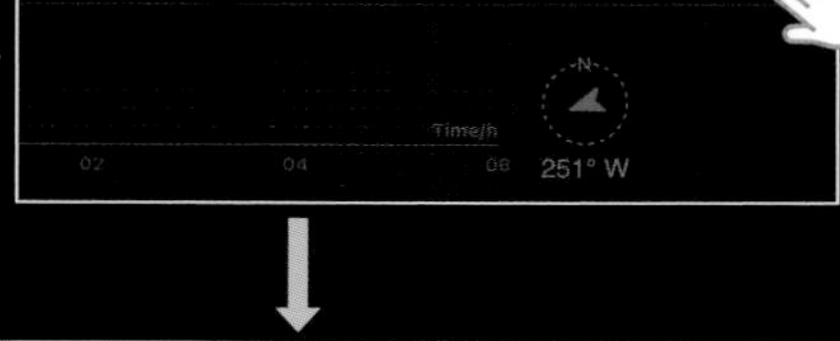

②表示された画面上部右端の「三本線」マークをタップ

③突き出てきたリストの中から「Tonight's Best（今夜見頃の天体）」をタップ

④表示された画面の中から「M51」をタップして選択し「ターゲットマーク（GoTo）」をタップ

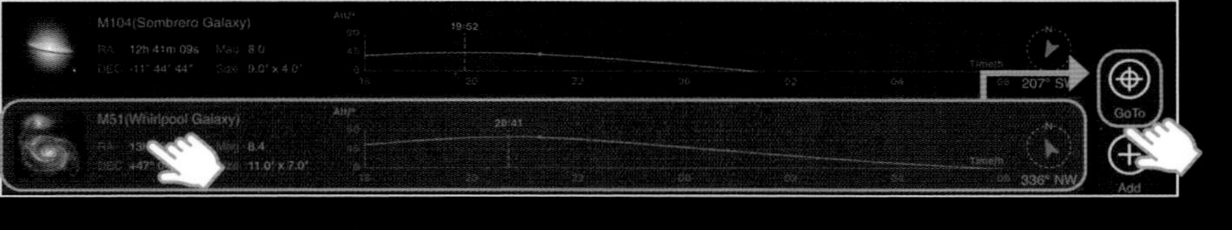

後は、「指定法1」と同様、AZ-GTiが動き、M51を画面ど真ん中に導入してくれる。

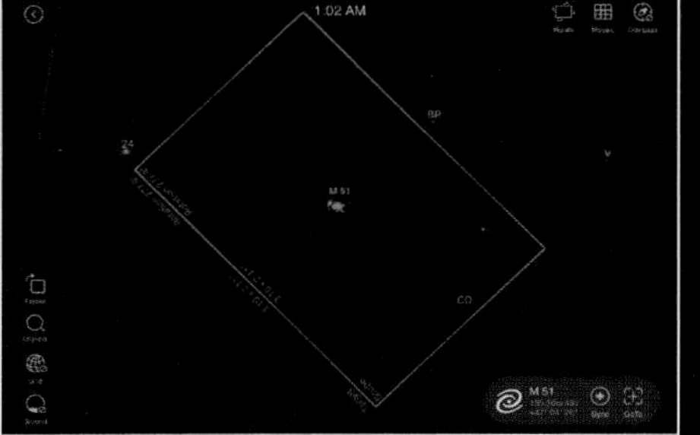

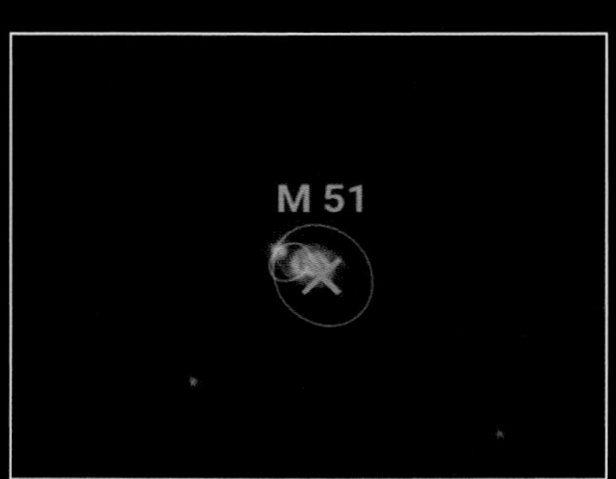

指定法3：「天体番号」で指定（M51：子持ち銀河の場合）

①「Preview」画面の右上「虫眼鏡」マークをタップ
②表示された画面上部右の「虫眼鏡」マークをタップ
③表示された画面の検索窓に「M51」と入力
④すると、その下に検索結果として「M51」が表示されるので、それをタップ

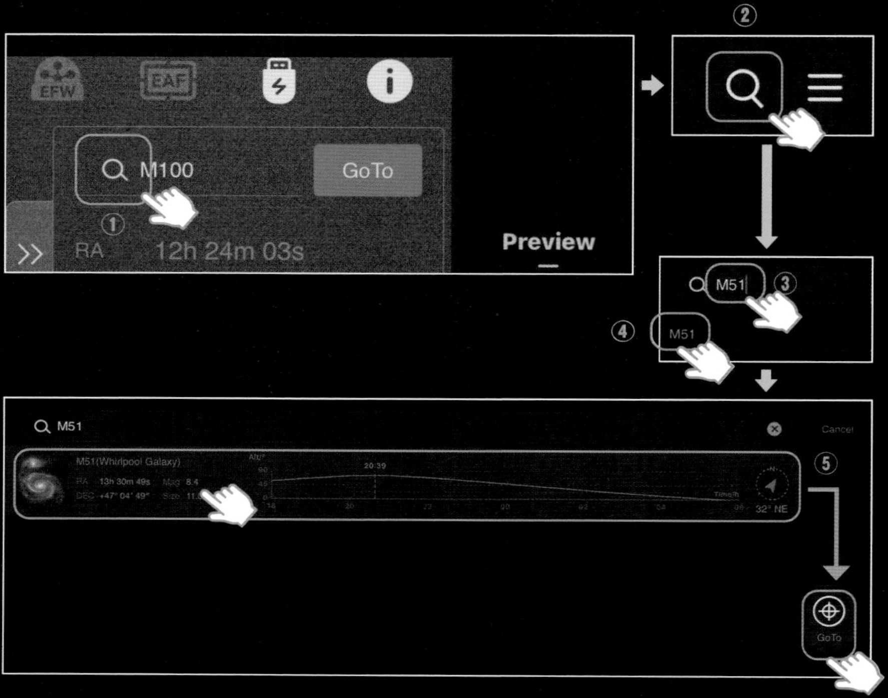

⑤表示された「M51」をタップして選択し「ターゲットマーク（GoTo）」をタップ後は、「指定法1」と同様、AZ-GTiが動き、M51を画面ど真ん中に導入してくれる

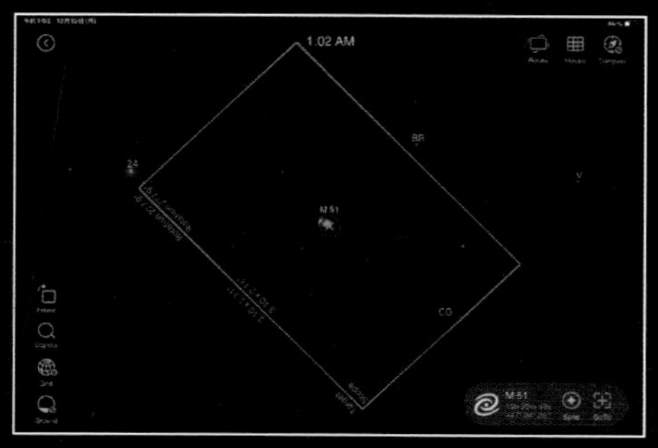

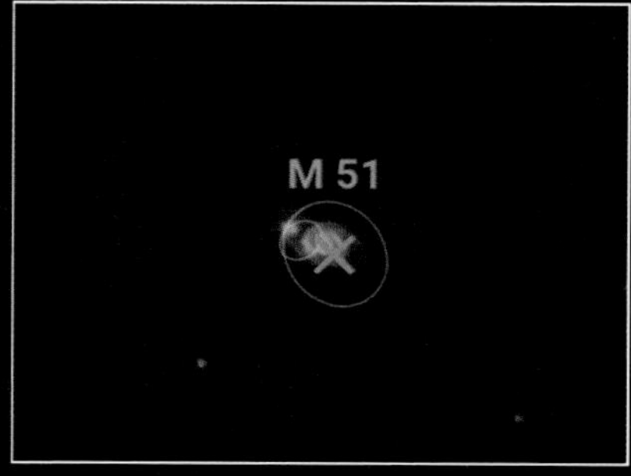

5 2回目以降のキャリブレーション

既に以前、キャリブレーションを実行し、そのデータが保存されている場合は、以下の手順でキャリブレーションを行う。はじめてキャリブレーションを行う場合は、▶P150の「はじめてのキャリブレーション」の手順でキャリブレーションを行う。

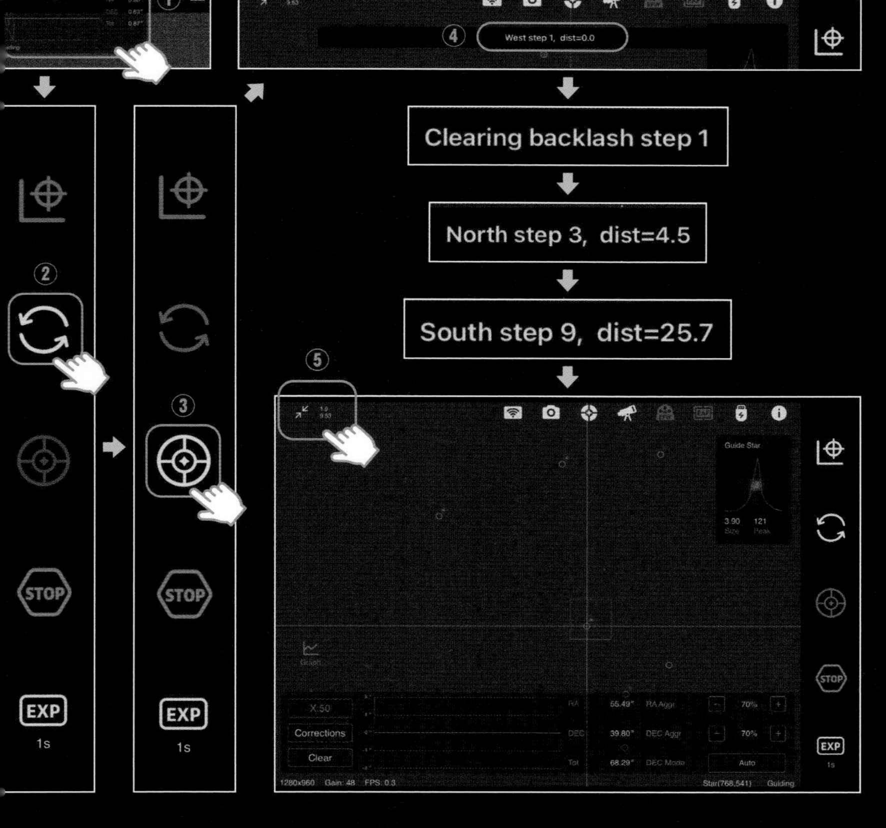

①「Preview」モードで画面左上にある「グラフ部分」をタップ
②表示された画面の右端にある「再読み込み」印をタップ
③「ターゲット」印をタップ
④特定の星の動きをASIAIRが追尾しながらAZ-GTiとの間の信号動作調整作業が行われる
⑤キャリブレーションが終了したら、黄色の十字線が緑色の十字線に切り替わるので、画面左上の「閉じる矢印」マークをタップ

❻撮影

撮影方法　その1　Livestack

①「Preview」をタップ後、表示されるメニューリストの中から「Live」をタップして選択
②「Live」直下の「三本線」をタップ
③上部「Light」タブが選択されていることを確認の上、「EXP」をタップし、1枚あたりの露光時間を設定（撮影場所の暗さや天体の明るさなどを考慮し決定）。「Save Every Frame when Stacking」のチェックボックスにチェックを入れる。最後に「Save」をタップし、この設定情報を保存
④画面上部にある「カメラアイコン」をタップし、Gainの値を設定。明るい天体の場合は低い数値に、暗い天体の場合は高い数値に設定

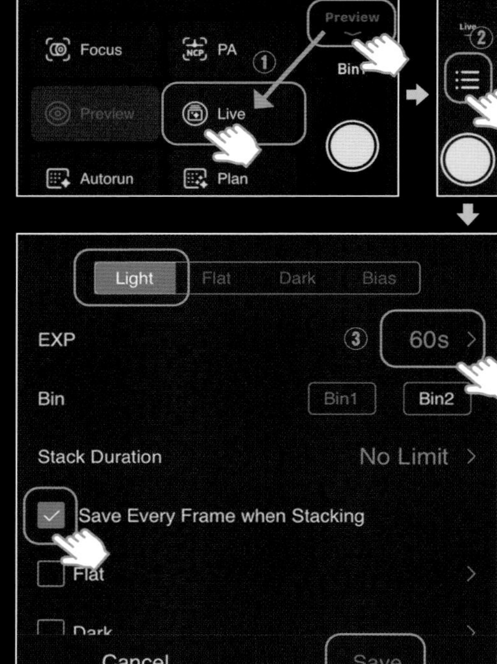

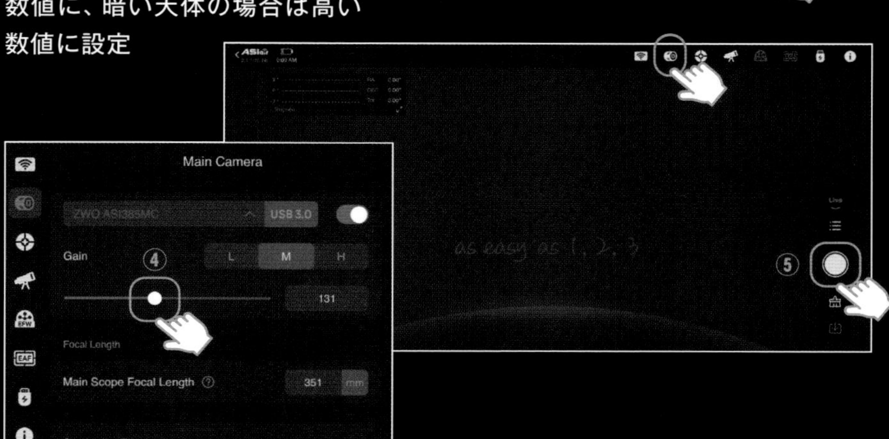

⑤画面右側の丸い「撮影」ボタンをタップ。これで撮影が始まる

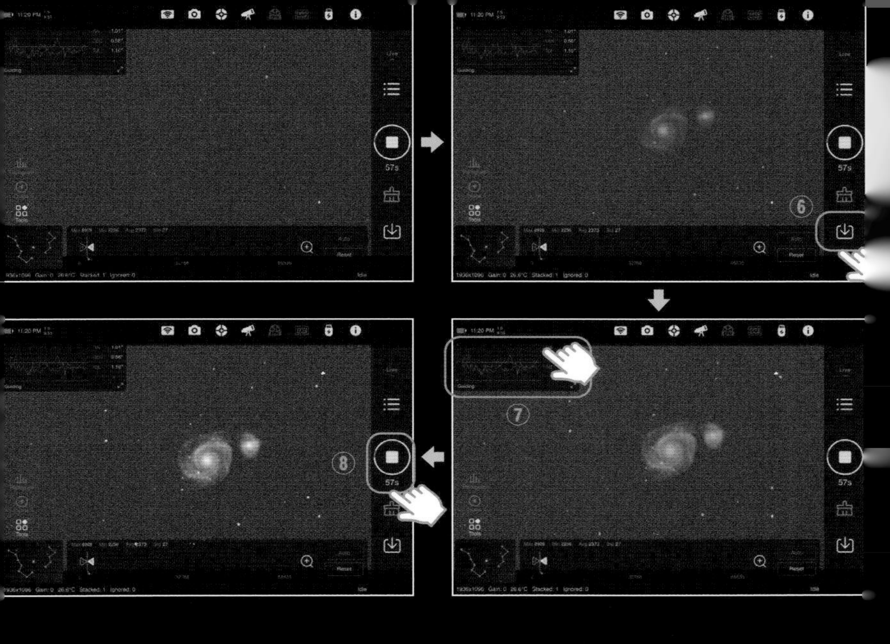

⑥撮影がはじまると、設定された時間の間、露光されつづけ、その後、画像が
内部的に自動保存される。始めに撮影された画像は２枚目以降の画像とリア
ルタイムで重ね合わされ、その結果が設定した時間ごとにモニターに映し出
される（念の為、その度に画面右下の「保存」アイコンをタップし保存する

※保存ボタンを押さない限り、Livestack画像は保存されないので注意

⑦撮影中は画面左上のグラフを常に監視しつづける。このグラフは見た目を
カッコよく見せるためのみせかけのグラフではない（笑）。天体マニアはこ
のグラフの動きに一喜一憂する。ちなみに、青い線はRa赤経（東西方向）で
の追尾ズレの幅と、その後の補正幅の動きを表し、赤い線はDec赤緯（南北
方向）での追尾ズレの幅と、その後の補正幅の動きを表す。このグラフが平
坦なほど、天体を安定して追尾できていることを意味し、逆にグラフの起伏
が激しい場合は天体の追尾が不安定になっていることを意味する。また、追
尾できなくなった時は、グラフの線が、このグラフから消え、天体写真の撮
影を中止せざるを得なくなる（この時はライブスタックを中止する）

⑧天体の映像はどんどん明るく、ノイズはどんどん薄くなっていくが、ある程度
進むと、変化が見えなくなってくるので（もうこれ以上は画像が綺麗にはならな
いと思った段階で）、画面右側中央にある「停止ボタン」をタップし、ライブス
タックを中止する（逆に言えば、「停止ボタン」をタップしない限り、Livestack
は継続しつづける）　※Livestack、オートガイドがうまくいかない時はP155、P156参照

撮影方法　その2　Autorun

①「Preview」をタップ後、表示されるメニューリストの中から「Autorun」をタップして選択
②「Live」直下の「三本線」をタップ
③「+」ボタンをタップ

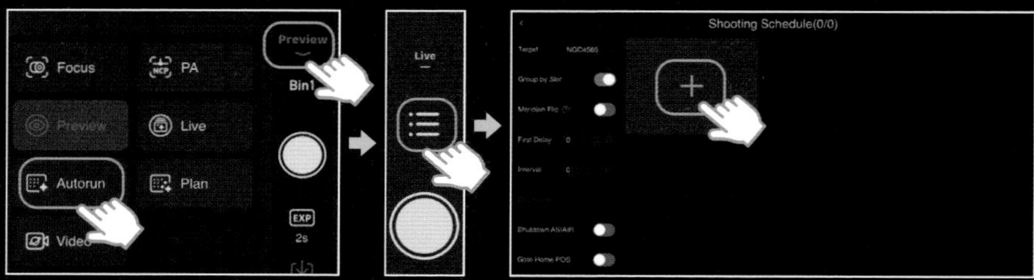

④表示されたウィンドウの「Exp(s)」欄には1枚あたり何秒露光するか、その秒数を入力、「Repeat」欄にはトータルで何枚撮影するか、その枚数を入力する。入力後、「OK」をタップし、その後、画面左上の「<」をタップし、元の画面に戻る

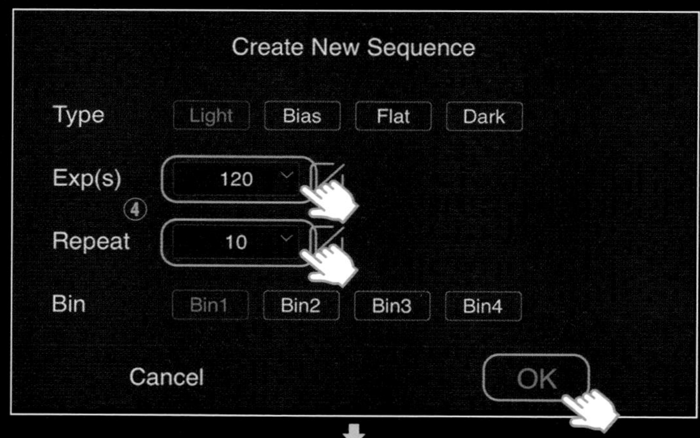

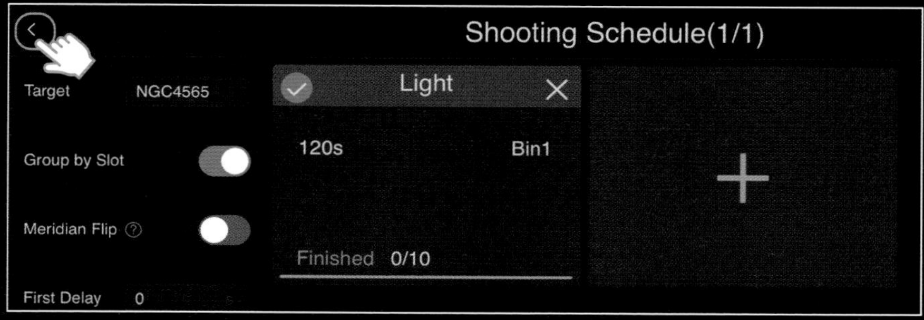

⑤画面上部にある「カメラアイコン」をタップし、Gainの値を設定。明るい天体の場合は低い数値に、暗い天体の場合は高い数値に設定する。

⑥「Autorun」画面に戻り、画面右端中央の丸い「撮影ボタン」をタップすると指定した露光時間での撮影が始まり、指定した枚数撮影し終わったら、自動的に撮影を終了する

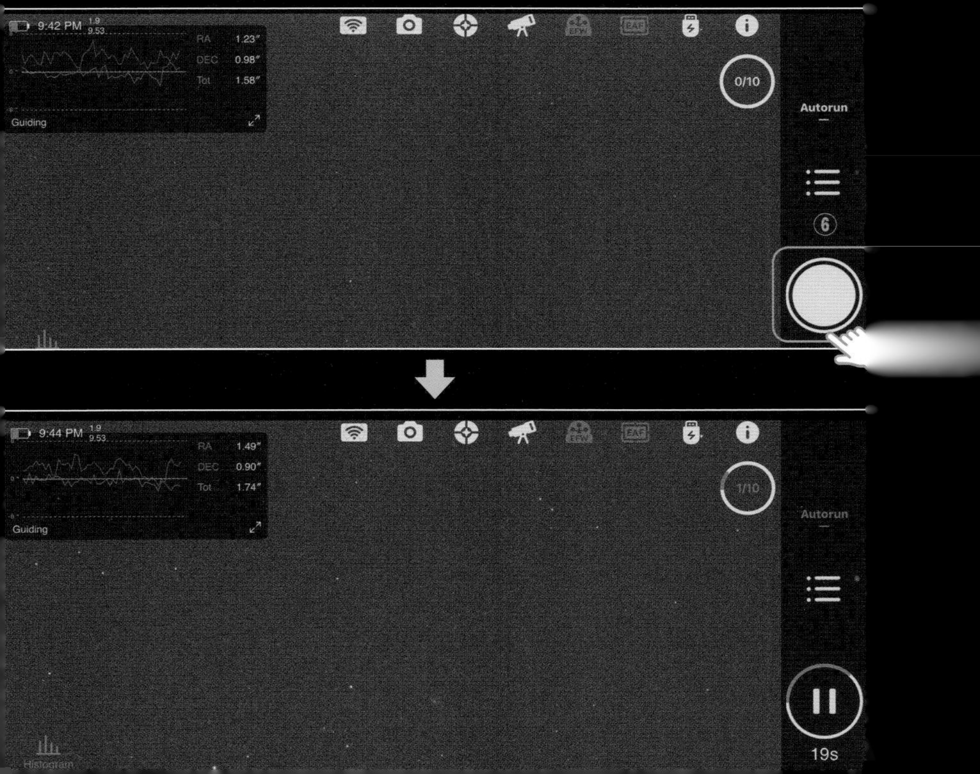

⑦「Autorun」で撮影された複数枚の天体画像をスタック処理するには

(1) 画面上部の「USBメモリー」アイコンをタップし

(2) 表示された画面下部にある「DSO Stacking」部分をタップ。表示された画面の左側「Lights」をタップした上で、画面右上の「+」ボタンをタップ

(3) 表示された画面の左側「Autorun」をタップ

※この時、「Live」をタップするとライブスタック撮影時に自動保存されたライト画像をスタックすることができる

「Autorun」の下に天体番号のリストが表示されるので、スタックしたい天体の天体番号をタップ。すると、その右側に撮影したその天体のライト画像一覧が表示される。ここで画像の「サムネイル」をタップするとその画像の写り具合をチェックできる。「ファイル名」をタップすると、その画像がスタック対象として選択される。選択し終わったら、画面右上の「Done」ボタンをタップ

(4)「Done」ボタンタップ後、選択したファイルリストが表示されるので、確認の上、画面左下の「Stack」ボタンをタップ

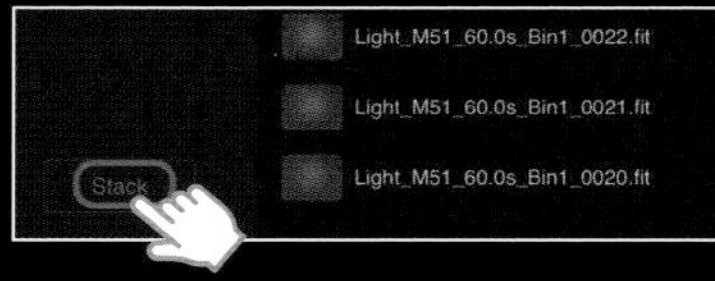

(5) スタック処理が始まり、処理が終了すると「Stack Finished」が表示され、スタック画像が自動保存される。スタック処理終了後表示される小さなウィンドウの「OK」をタップすると、スタックモードが終了となる。「Check」をタップするとスタック処理された画像を、その場でチェックすることができる

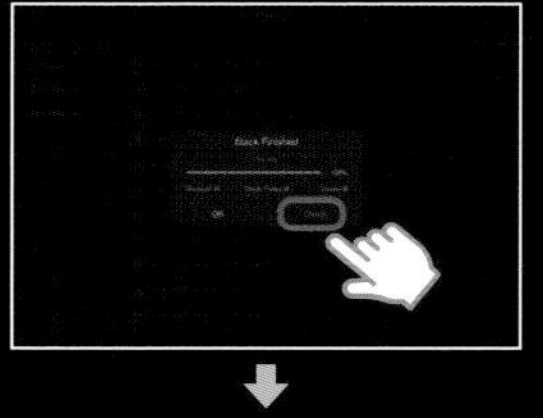

⑧スタックした画像を後から閲覧したり、画像処理したい場合は、(1) 画面上部「USBメモリー」アイコン ➡ (2)「Image Management」➡ (3)「Stacked」➡ (4)「DSO」➡ (5)「Processed」➡ (6) 目的のファイル名とタップしていく

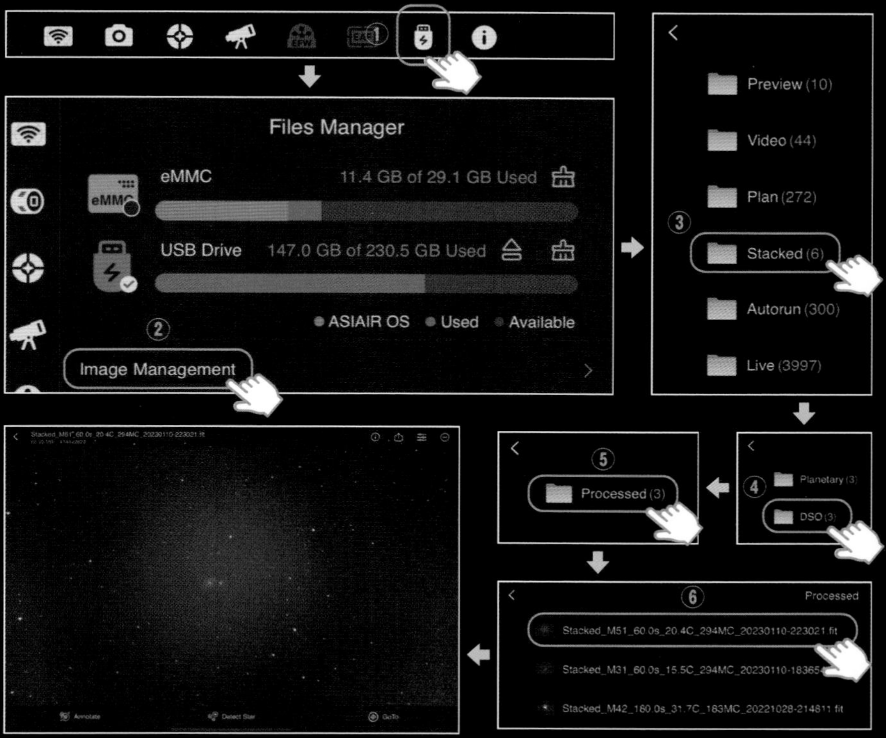

❼撮影終了処理

①撮影後、上部メニューの「架台」アイコンをタップ
②Go Home横の「Start」ボタンをタップ。するとAZ-GTiが動作し、自動的に天体望遠鏡をホームポジションに戻してくれる
③最後にバッテリーのスイッチをOFFにし、天体機材を片付ける

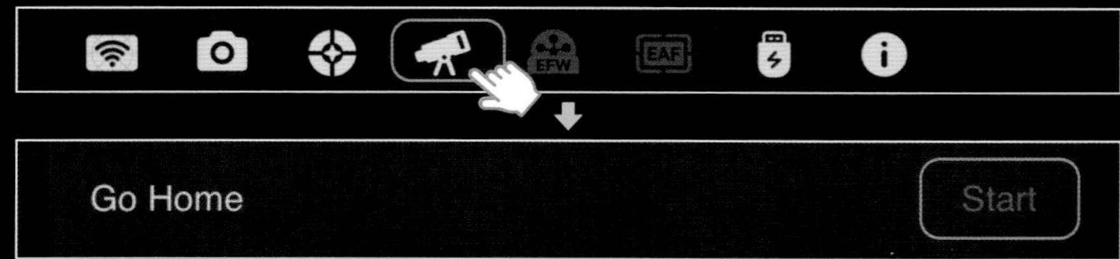

STEP 11 画像処理

「画像処理」とは撮影した銀河星雲の美しさを引き出す画像調整作業のこと
列えば本書表紙掲載のアンドロメダ銀河の撮影直後（無調整）の画像は下の
「撮って出し画像」ような薄暗いものだった。この画像を著者なりに画像処理
した結果、下の「画像処理後の画像」ような見栄えに変化させることができた
※ただし、これでも、まだまだ天体初心者レベルの画像処理（ほぼiPadのみでの処理）にすぎない。

天体写真の達人達は皆、パソコンの天体写真専用の画像処理ソフト（PixInsightなど）を使いハッブル宇宙望遠鏡撮影の天体写真に迫る美しい画像に仕上げる。

撮って出し画像（画像処理前の画像）

画像処理後の画像

画像処理を行う理由

天体初心者は、うまく撮影できれば、それで綺麗な天体写真が出来上がるもんなんだろうと思い込んでいる。天体写真の良し悪しは100%、撮影で決まるもんだと思っている（著者自身、そう思っていた）。

しかし天体写真の美しさのうち「撮影の上手下手」が占める割合は50%ぐらいのもの。残りの50%は撮影した後の「画像処理」によって決まる現実がある。

なぜかというと、銀河や星雲は、そもそも肉眼では見えないほど暗く、色も薄い。よって撮影した天体写真も、そのままでは必然的に暗く色も薄く（撮影直後の画像は、見た目、真っ黒で何も見えないことも多い）楽しみようがない。これが画像処理をする根本理由。

撮影（ライブスタック）直後の画像

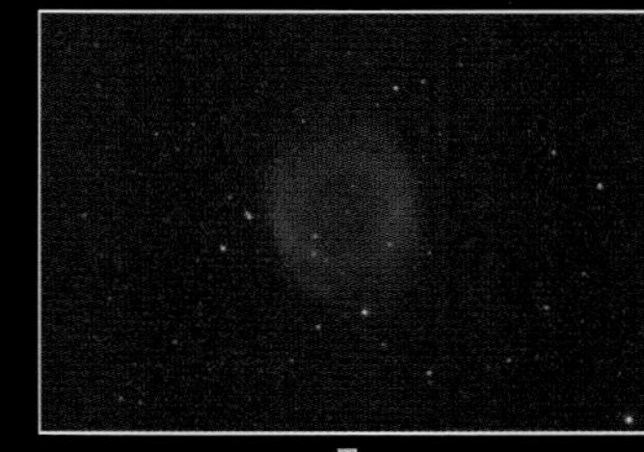

画像処理後の画像

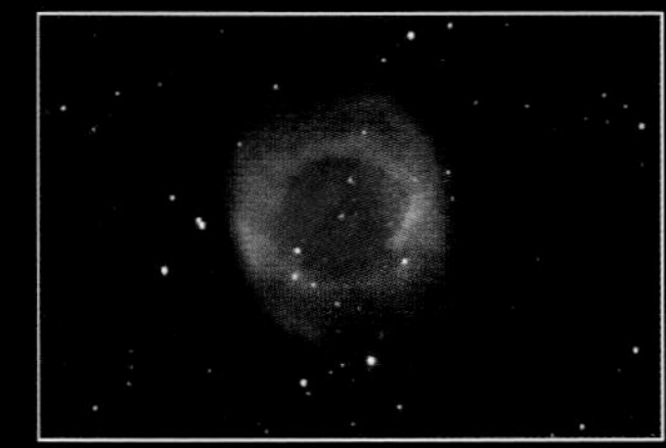

画像処理の目的

その上で「画像処理」の目的は何かと言うと、撮影した銀河星雲画像を美しい！　と感じるように画像を調整すること。具体的には天体写真に必ずつきまとう光学的な汚れを落とし、ノイズを減らし、銀河や星雲の形をくっきりとさせ、自然で鮮やかな色合いに画像を調整すること。とは言え、銀河星雲撮影はそもそも完全なる趣味の世界。よって、どんな風に画像調整しようが（逆に全く画像調整しなかろうが）100%自分の自由。そこに決まりなど一切ない。さらに言えば天体初心者は、明るめの銀河星雲の場合、自分の天体機材で銀河や星雲を撮影できただけで感動し、その細部は、それほど気にならない。初めのうちは。

しかし、様々な銀河や星雲を撮影しているうちに、また、達人達の息を飲むような銀河や星雲の写真を見るうちに、だんだん目が肥えてきて、自分ももっと綺麗な画像に仕上げたい！　と思うようになる。そこで、最初は面倒に感じていた画像処理に手を出すようになる。しかし、達人並みに綺麗な画像に仕上げるためには、天体の知識、光の知識、難解な画像処理ソフトの知識が必要となり、これがハードルとなって、ドラクエのモンスターのように目の前に立ちはだかってくる。

銀河星雲趣味での画像処理に伴う数々の困難

達人並みの天体写真を仕上げることができるようになるには……

- 銀河や星雲の光学的な特性を理解する必要がある
- 画像処理ソフトの多数ある機能を覚える必要がある
- その機能を使いこなすための多数の操作ボタンの場所を覚える必要がある
- さらに難解な操作方法、操作手順を覚える必要がある（従来のパソコンソフトの操作文法を完全に無視したものが無数にある＝かなりのストレスになる）
- しかも、30手間50手間と膨大な時間と手間を使って仕上げる必要がある

銀河星雲を楽しみたいと思っている天体初心者は、画像処理の必要性に遭遇した時、必ず戸惑う。著者も銀河星雲の画像処理という作業の必要性に遭遇した時、いきなり旅客機のコックピットの操縦席に着席させられ、無数の意味不明なボタンを操作して離陸せよと言われているような気がして大いに戸惑った。

無数の計器やボタンが並ぶ旅客機のコックピット

無数のコマンドが表示される画像処理ソフト

楽しみたいと思ってはじめた趣味なのに、苦痛を味あわなくてはならないとわかり、この趣味に対する情熱が少し薄れた。達人たちのような綺麗な天体写真に仕上げるためにはストレスに耐え理不尽な作業をこなさなければならないのか？　と憤った。しかし、綺麗な天体写真に仕上げたい一心で操作の一部を覚え、思い通りの画像処理ができた瞬間、逆に画像処理が強烈に面白く感じられた。その後、自分が過去撮影した銀河星雲の画像を片っ端から画像処理し直したところ、それまでとは全く違った輝きと色彩を放つようになった画像を目にし、さらに画像処理が強烈に面白くなった。しかし、そのような段階に行き着く前に、この趣味に嫌気がさす天体初心者も大勢いるような気がした。

書で紹介する画像処理の方法

本書は天体マニア向けではなく、史上初の天体素人向けの銀河星雲映像化門書だ。そこで、本書では銀河星雲の映像化に興味を持った天体素人が、いなり本格的な画像処理に足を踏み込み、この趣味が嫌いになることがないうに、以下のような画像処理の方法のみを紹介することにした。

パソコンを使わず、iPad(タブレット)のみでかんたんに画像処理できる方法
※ライブスタックでiPadに保存された画像を、その場でそのままiPadで画像処理する(遠征地でも、そのままiPadだけで画像処理をし、その場で美しい銀河星雲の映像を楽しむことができる！　自宅に帰ってからでしか美しい画像を楽しめないなんて我慢できない!)

画像処理のステップ数を5手間(ステップ)以内で紹介

少ない手間(ステップ)数で、それなりに見栄えのよい銀河星雲画像に仕上るのであれば、画像処理が嫌になるどころか、面白くなってくるハズだ。結 画像処理が面白くなり、iPad(タブレット)だけの画像処理では物足りななったら、ぜひ、パソコンの「Photoshop」や、天体写真専用画像処理ソフ「PixInsight」に手を出してみて欲しい。本書で紹介する画像処理は、そうった本格的な画像処理への橋渡し的役割をするもの。

ということで、次ページよりiPadアプリ「Affinity Photo 2」(有料)という感的に使える画像処理アプリの基本的な操作方法と、画像処理の具体例を載している。自分で撮影した銀河星雲に形状や色彩が似ている画像処理例参考に自分でも実際に画像処理にチャレンジして欲しい。
なお、いきなり「Affinity Photo 2」での画像処理に手を出す前に、スマホやブレットのデフォルトの写真加工アプリで、撮影した銀河星雲写真を軽くじってみて、画像処理の感覚をつかむのもオススメ。iPhoneやiPadのデォルトの画像加工アプリ「写真」の操作アイコンの意味と、その効果についは本書の▶P78～P80で紹介しているので参考にして欲しい。

Phone&iPadの「写真」アプリ

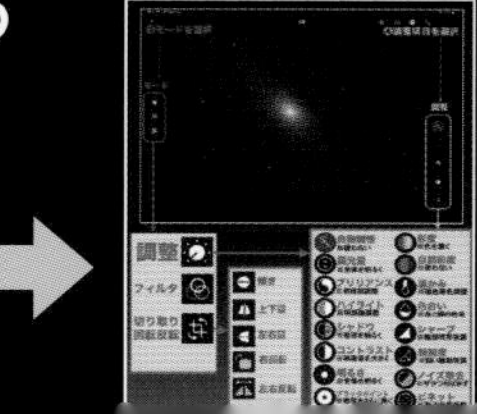

Affinity Photo2で画像処理したい天体写真を読み込むまで

❶購入

「Affinity Photo2」にはiPad版、Mac版、Windows版がある（iPhone版、アンドロイド版はない）。

iPad版

macOS	Windows	iPad
~~¥10,800~~	~~¥10,800~~	~~¥3,200~~
¥6,600	¥6,600	¥1,900
30日間のトライアル	30日間のトライアル	30日間のトライアル
今すぐ購入	今すぐ購入	今すぐ購入

※セールによる価格変動アリ

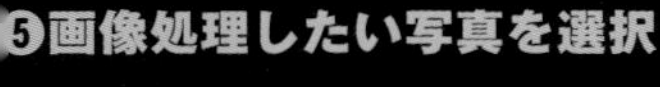

❷起動

❸開く▶Photosから読み込む

❹「最近の項目」を選択

❺画像処理したい写真を選択

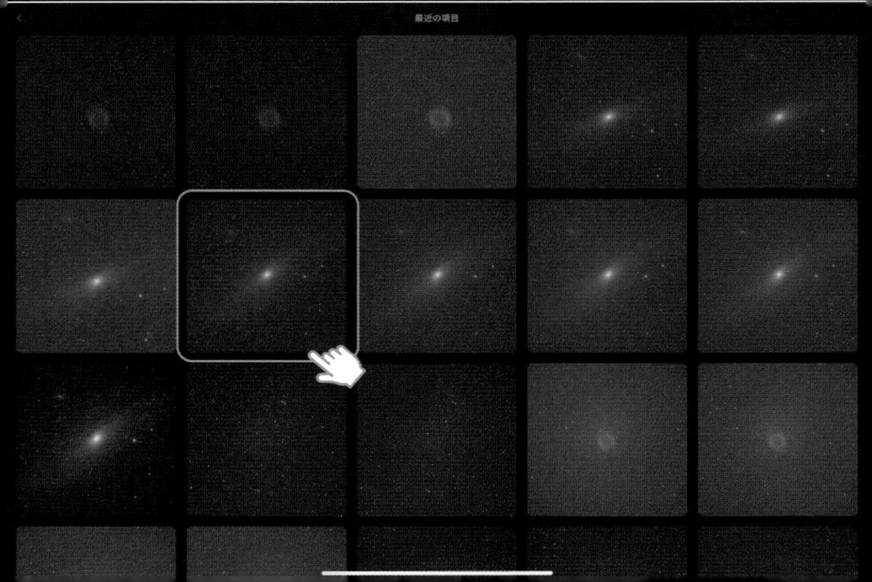

最近の項目

ライブスタック直後の画像

❶必要部分だけを切り抜く

全体のバランスを考え、銀河を中心にした部分だけを切り抜くために（同時こ、周辺減光部分を取り除くために）、「切り抜き」をタップし、使う部分だけを指で範囲指定した後、「適用」をタップし、確定させる

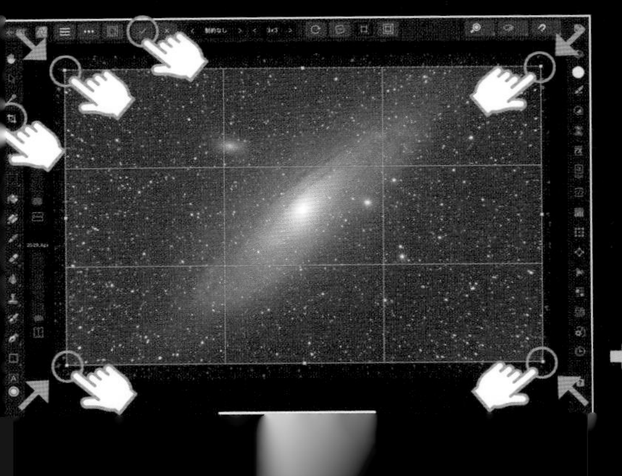

❷銀河の背景を暗くする

「調整」▶ カーブ とタップし、背景部分（星がない部分）に指（又はペン※以下同様）を当て、背景色がダークグレイになるまで少しずつ下にズラしていき、暗くする

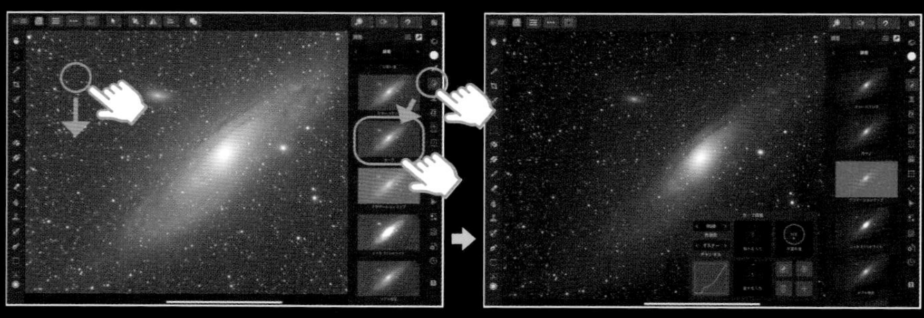

❸銀河の円盤を明るくする

今度は銀河の円盤部分に指を当て指を少しづずつ上にズラしていき銀河の円盤部分を明るくする

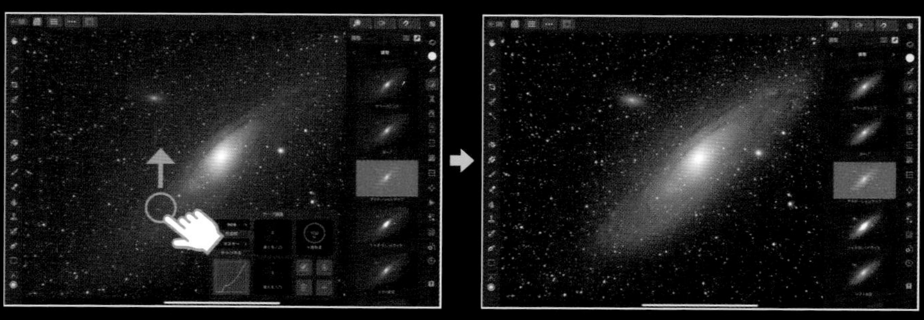

❹銀河中心部分の色を濃くする

「調整」▶ 明暗別色補正 とタップした後、ハイライトの右の 「彩度」ダイヤル部分に指を当て、その指を上にズラし中心部分の色を濃くしていく

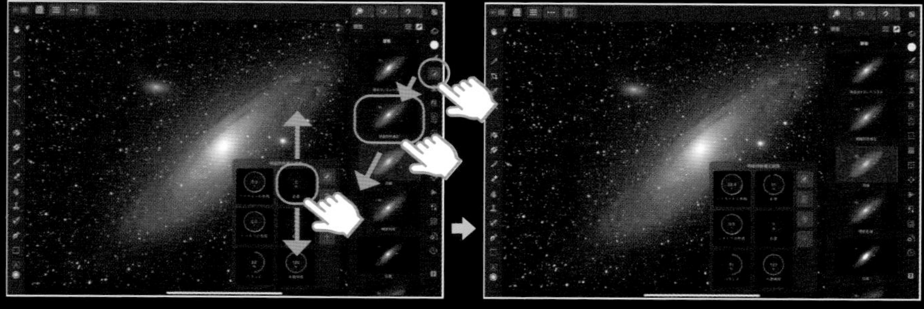

❺銀河の渦を濃くする

「調整」▶ 明るさ/コントラスト とタップした後、銀河の渦がほどよい具合に浮かび上がってくるようにコントラストの丸いスライダーに指を当て、上下に動かす

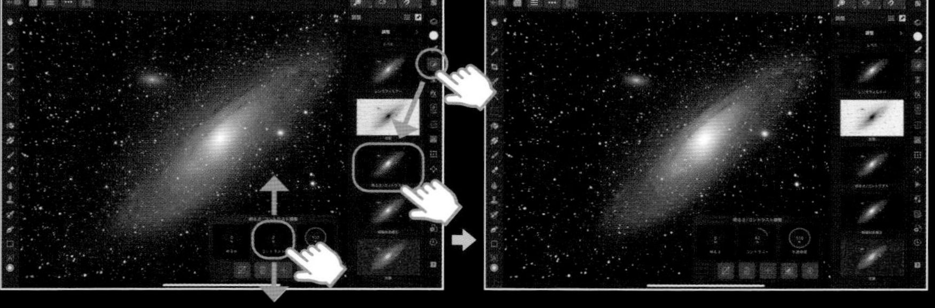

画像処理前

画像処理後

オリオン大星雲の画像処理例

ライブスタック直後の画像

❶向きを変える

鳥の頭が上を向くように ☰ 「ドキュメント」▶ 向き ▶ 右に回転 とタップ

➡

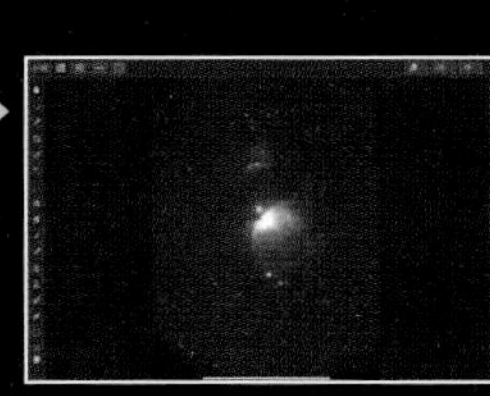

❾必要部分だけを切り抜く

星雲を中心にした部分だけを切り抜くために、「切り抜き」をタップし、使う部分だけを指で範囲指定した上で、「適用」をタップし、確定

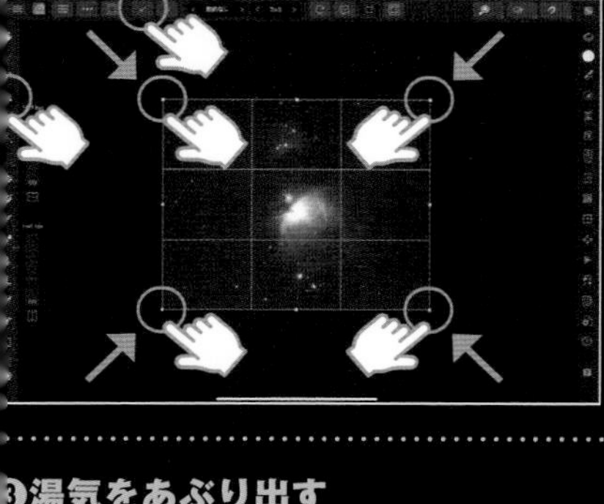

❿湯気をあぶり出す

オリオン大星雲周囲の淡い部分が湯気のようにあぶりだされるまで、「調整」▶ カーブ とタップし、星雲周囲の薄白い部分に指を当て、少しずつ指を上にズラしていく

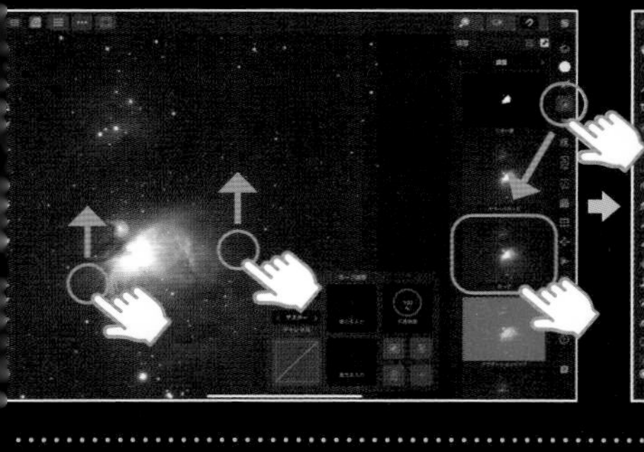

⓫湯気を強調するために、背景部分（星のない部分）に指を当て、少しずつ指を下にズラしていく

画像処理前

画像処理後

馬頭星雲の画像処理例

ライブスタック直後の画像

●必要部分だけを切り抜く

全体のバランスを考え、星雲を中心にした部分だけを切り抜くために（同時に、周辺減光部分を取り除くために）、「切り抜き」をタップし、使う部分だけを指で範囲指定した後、「適用」をタップし、確定させる

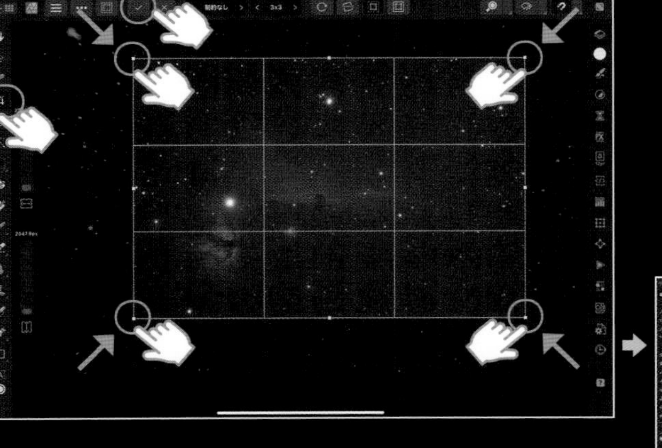

❷星雲を明るくする

「調整」▶ カーブ とタップし、星雲の薄暗く赤い部分に指を当て、その指を少しずつ上にズラしていき星雲の部分を明るくする

❸星雲の背景を暗くする

今度は背景部分（星がない部分）に指を当て、背景色がダークグレイになるまで少しずつ下にズラしていき、暗くする

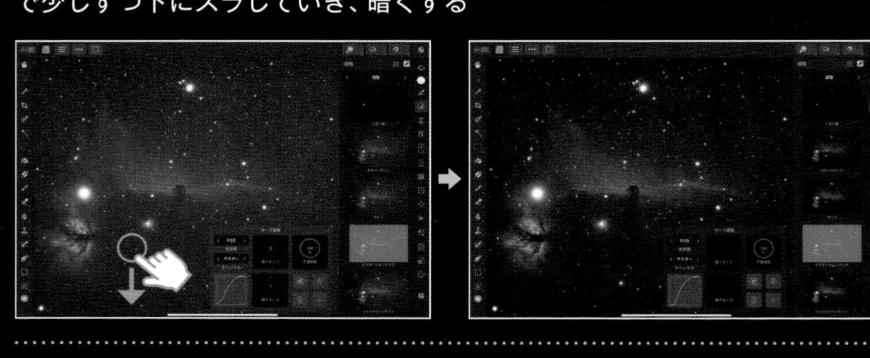

❹カラーノイズをなくす

（事前に右上の 「レイヤー」▶ 背景 を選択した上で） 「ペルソナ」▶ 現像 ▶ 「ディテール」とタップし、「ノイズ軽減」欄の「輝度」と「カラー」のスライドをノイズが気にならなくなるまで右にズラす

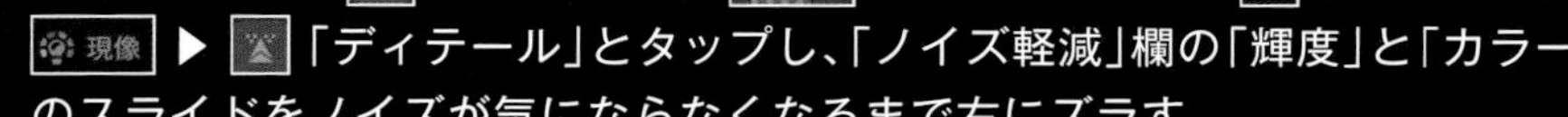

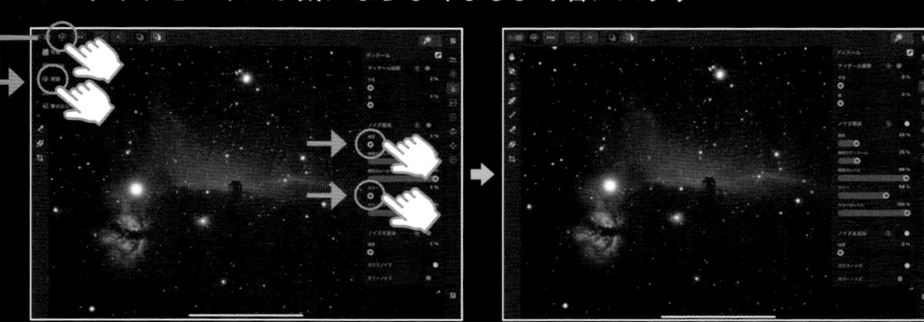

❺コントラストを上げる

星雲部分を際立たせるために 現像 ペルソナをタップ後 写真 を選び、「調整」▶ 明るさ/コントラスト とタップした後、「コントラスト」ダイヤルに指を当て、上にズラす

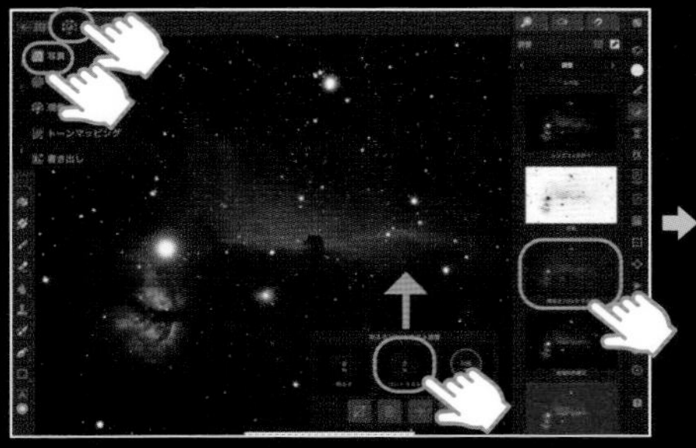

画像処理前

画像処理後

網状星雲の画像処理例

ライブスタック直後の画像

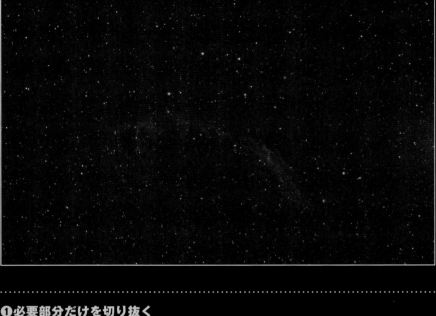

①必要部分だけを切り抜く

全体のバランスを考え、星雲を中心にした部分だけを切り抜くために(同時に右端のアンプノイズを取り除くために)、「切り抜き」をタップし、使う部分だけを指で範囲指定した後、「適用」をタップし、確定させる

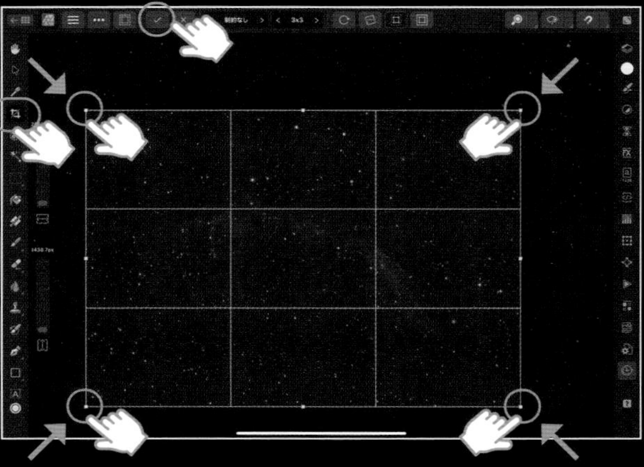

「調整」▶ カーブ とタップし、背景部分（星がない部分）に指を当て、背景色が
ダークグレイになるまで少しずつ下にズラしていき、暗くする

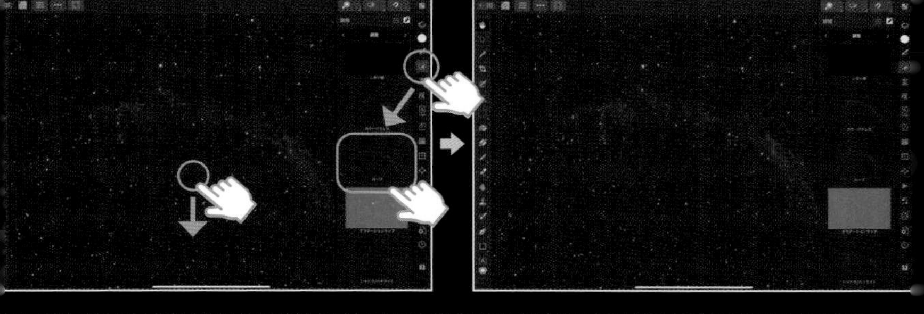

星雲の部分を明るくする

今度は星雲の部分（緑の部分、黄色の部分、オレンジ色の部分それぞれに指を当て指を
少しずつ上にズラしていき、画像が不自然に、荒れない程度に星雲部分を明るくする

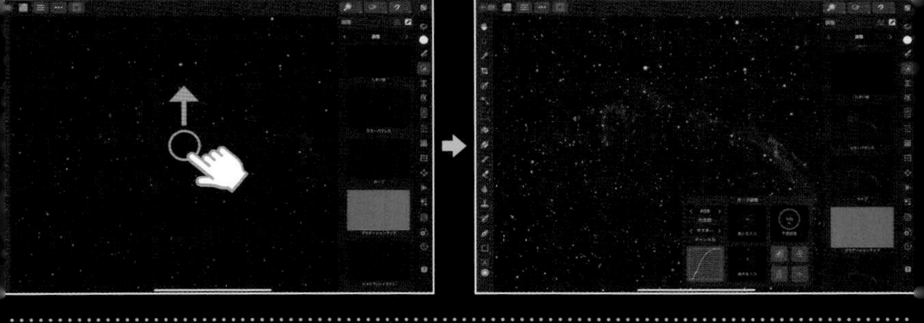

カラーノイズをなくす

（事前に右上の 「レイヤー」▶ 背景 を選択した上で） ペルソナ▶ 現像
▶ 「ディテール」とタップし、「ノイズ軽減」欄の「輝度」と「カラー」のスラ
イドをノイズが気にならなくなるまで右にズラす

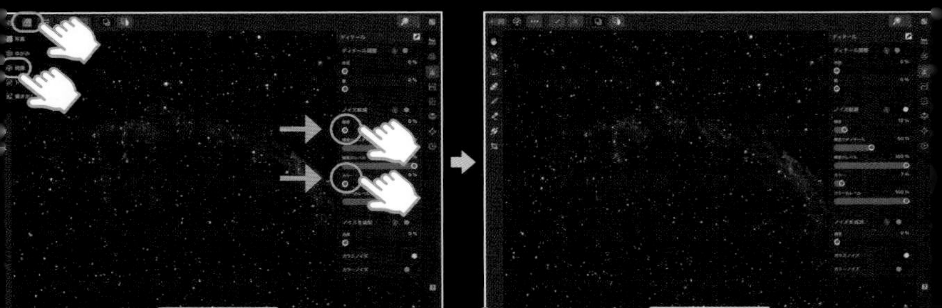

❺星雲を際立たせる

「調整」▶ 明るさ/コントラスト とタップした後、星雲がほどよい具合に浮かび上がってくるように「明るさ」「コントラスト」の丸いスライダーに指を当て、指を上下に動かす

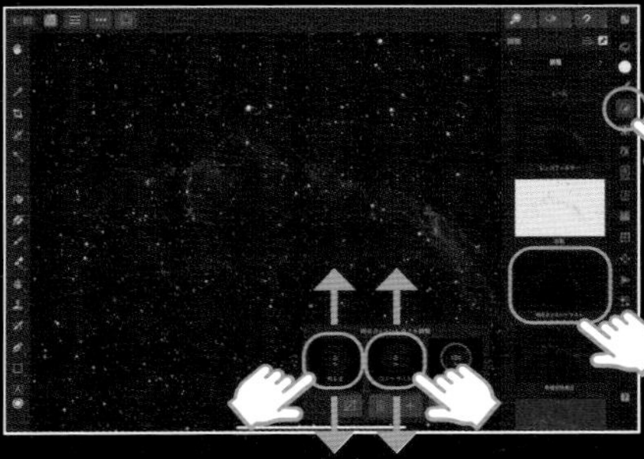

画像処理前

画像処理後

らせん星雲の画像処理例

ライブスタック直後の画像

❶必要部分だけを切り抜く

全体のバランスを考え、星雲を中心にした部分だけを切り抜くために（同時に、アンプグローを取り除くために）、「切り抜き」をタップし、使う部分だけを指で範囲指定した後、「適用」をタップし、確定させる

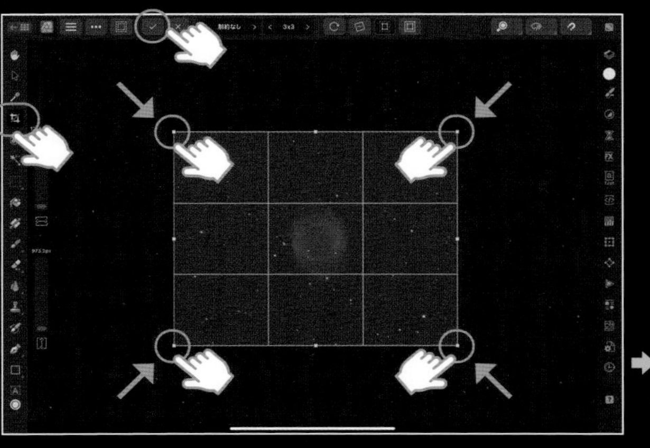

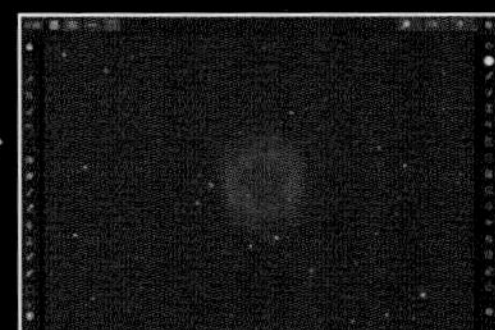

❷星雲の背景を暗くする

「調整」▶ カーブ とタップし、背景部分（星がない部分）に指を当て、背景色がダークグレイになるまで少しずつ下にズラしていき、暗くする

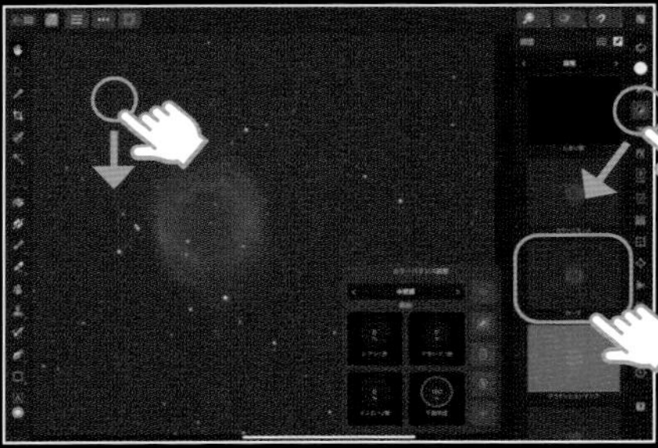

❸星雲を明るくする

今度は星雲の緑、黄、橙部分それぞれに指を当て、指を少しずつ上にズラしていき星雲を明るくする

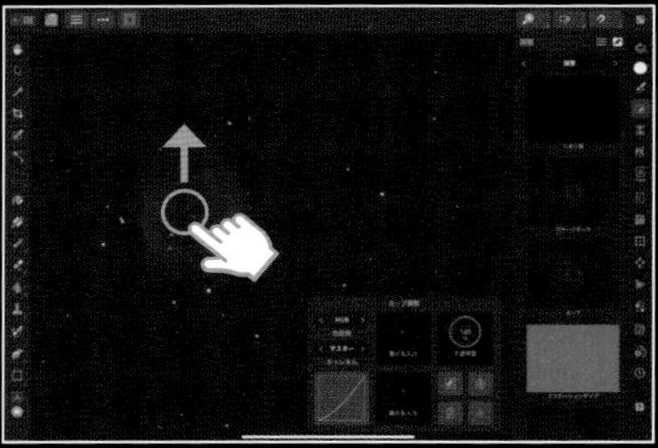

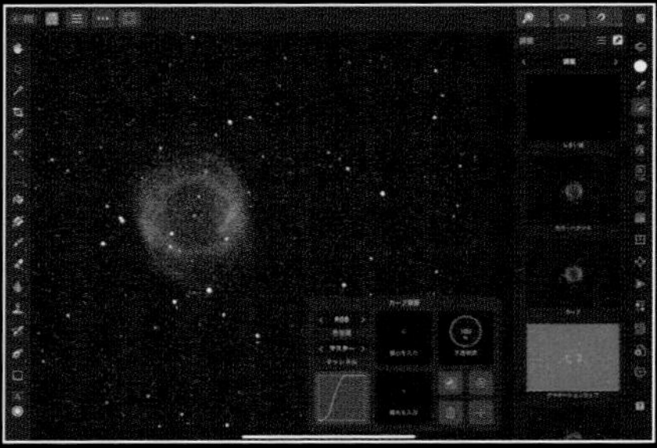

❹カラーノイズをなくす

（事前に右上の 「レイヤー」▶ 背景 を選択した上で） ペルソナ▶ 現像 ▶ 「ディテール」とタップし、「ノイズ軽減」欄の「輝度」と「カラー」のスライドをノイズが気にならなくなるまで右にズラす

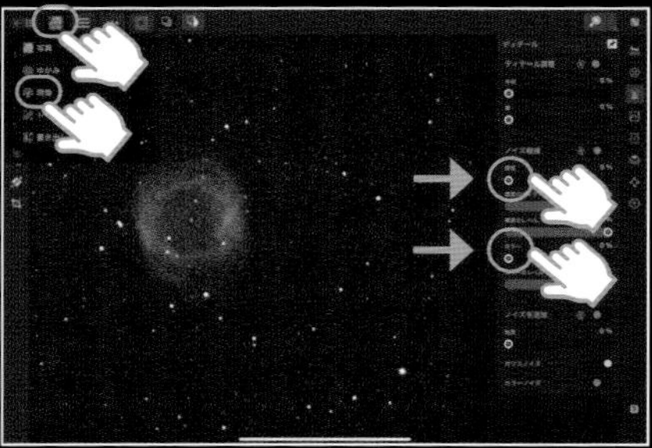

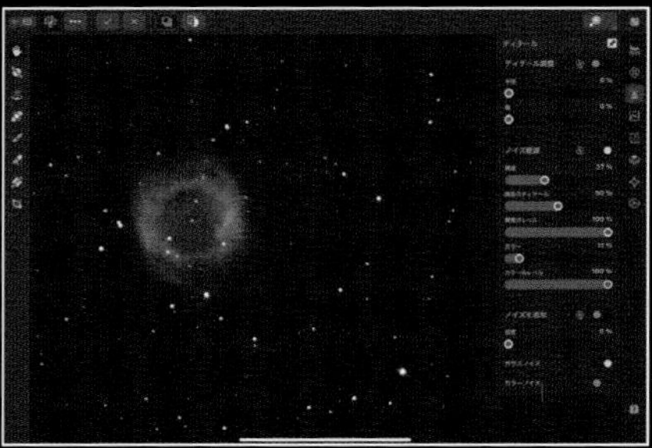

⑤星雲の色をさらに鮮やかにする

星雲部分を際立たせるために 現像 ペルソナをタップ後 写真 を選び、「調整」▶ 自然な彩度 とタップした後、「彩度」ダイヤルに指を当て、上にズラす

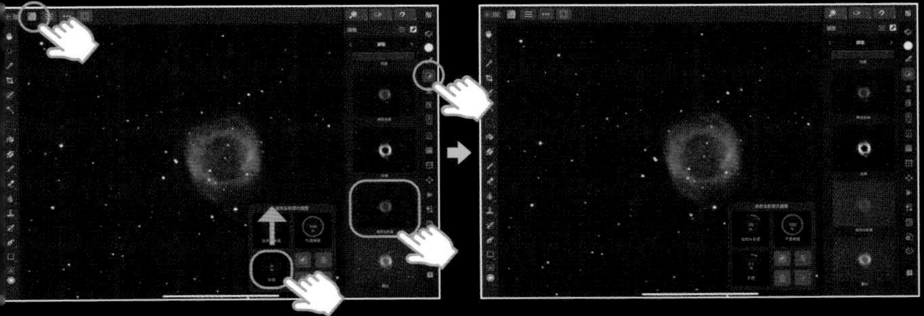

画像処理前

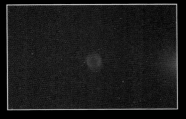

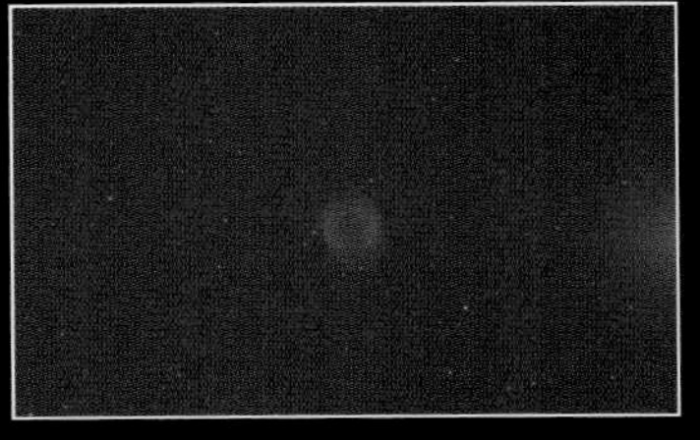

画像処理後

画像処理の暗黙のルール

天体写真は趣味の世界のものなので、どんな風に画像処理しようと100%自分の自由。そこにルールなどないと書いた。しかし、天体マニア間での暗黙のルールのようなものは存在しており（だからと言って従う必要はない）、その主だったものを以下、手順に沿って紹介。

❶天体写真から、街の明かり（光害）の影響、レンズの特性による光の減衰（周辺減光）、カメラセンサーが発するノイズなど（＝天体以外の発生源による光のよごれ）を取り除く。

撮影した天体写真は街の明かりが反映されたり、天体望遠鏡のレンズによる周辺減光の影響を受けたり、カメラセンサーが発生源のノイズが映り込んだりする。よって天体写真から、これら光学的、電気的な汚れをまず洗い落とす。汚れを落とした上で……

❷天体と背景のコントラストを上げる

❸天体の暗すぎる部分は明るく、明るすぎる部分は暗くする

❹薄い色を強調して濃くする（ただし、不自然に感じるようなドギツい色にはしない）

❺その上で全体を見た時に自然で美しく感じるように画像に処理を加える

※ただし、元々ないものを付け加えたり、あるものを削除したり、元々ない色を着色したりはしない

※背景は真っ黒ではなく、ダークグレーになるように色を調整する（赤や緑や青に偏っていない灰色にする）

四隅が暗くなる周辺減光

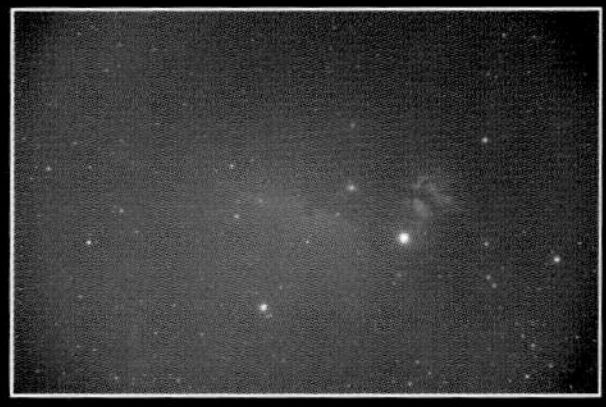

画像処理は、人間が見て美しいと感じるように（かつ不自然に感じないように）手を加える、という意味で女性の化粧に通じるところがある。そこで、天体写真独特の画像処理を、初心者にわかりやすいように、女性の化粧に例えて表現すると、こうなる。

- 汚れを落とした上で、不自然に感じないように（どぎつく感じない程度に）化粧をする
- 化粧を行う際の基準は美しく感じるか？　不自然に感じる色使いになってないか？　の2点
- ただし整形手術はしない（元々ある形や色を強調はする＝元々ないものを付け加えたり、元々ない色を着色したりはしない）
- バックには、真っ黒ではなく、ダークグレーの屏風を設置する

天体写真で使われる主な画像処理アプリ（Affinity Photo2以外）を難易度別で以下紹介。

レベル1：iPadアプリ「写真」（超かんたん）

iPadに保存されたライブスタック画像をそのままiPadで画像処理。スライダーのみのかんたん操作。が、処理に限界あり。無料。iPad版、iPhone版、Mac版有

レベル1：PCソフト「Topaz DeNoise AI」（かんたん）

処理したい画像を指定するだけで（ボタンクリックさえ不要）、AIが自動的に大幅にノイズを低減してくれる驚異のアプリ。有料。Mac版、Windows版有

レベル10：PCソフト「ASIStudio」（少し面倒）

iPadに保存された複数枚の画像をパソコンに移してスタックできるアプリ。無料。Mac版、Windows版有

レベル50：PCソフト「Photoshop」（難解）

iPadに保存されたライブスタック画像、又はPCでスタックされた画像を画像処理。使いこなせるようになれば、かなり綺麗に仕上げることが可能。が、そこに至るまでが大変。有料。Mac版、Windows版有

レベル70：PCソフト「ステライメージ」（難解）

iPadに保存された複数枚の画像をパソコンに移し、スタック＆画像処理。日本語ソフトのためPixInsightよりは使いやすいが、使いこなせるまでには困難がつきまとう。有料。Mac版、Windows版有

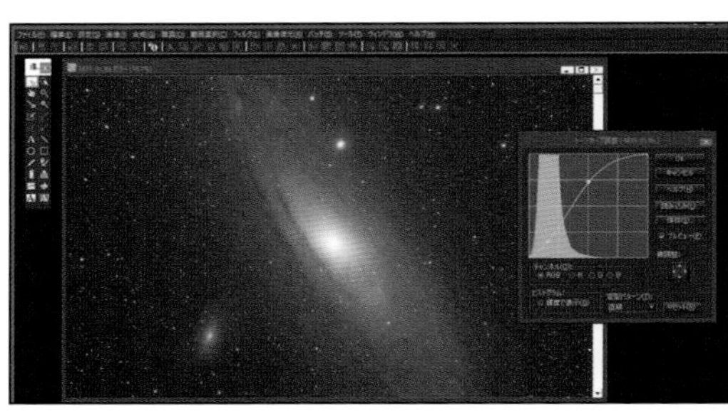

レベル100：PCソフト「PixInsight」（超超超難解）

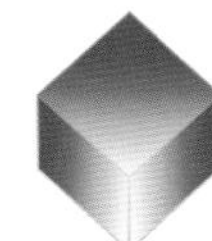

iPadに保存された複数枚の画像をパソコンに移し、スタック＆画像処理。超難解な操作法が行く手を阻むが、現時点で最強の天体写真画像処理アプリ。良薬口に苦し。有料。Mac版、Windows版有

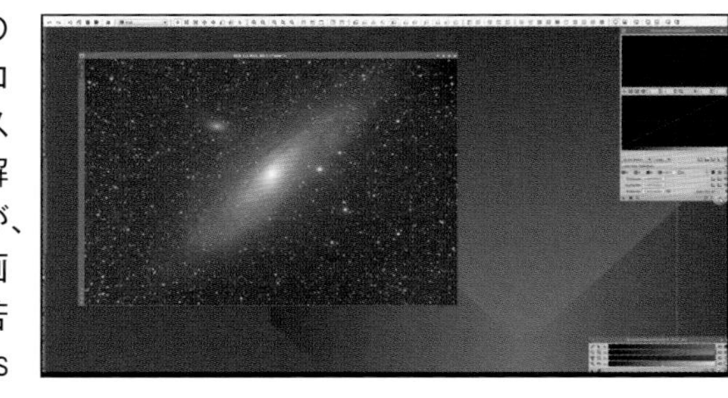

PixInsight」という天体写真専用画像処理パソコンソフト

今現在、銀河星雲の画像処理専用ソフトの最高峰として名高いのが「PixInsight」というパソコンソフト（Mac版、Windows版両方アリ）。無数のメニュー＆コマンド、従来のパソコンソフトの操作文法を無視した操作方法など、はじめて接する人のストレスを極限まで高める難解ソフトとしても有名。しかし、このソフトのベースにある考え方を理解し、難解な操作方法をマスターすると、ハッブル宇宙望遠鏡顔負けの美しい銀河星雲映像に仕上げることができる。その具体例をお見せしよう。まず、著者が撮影したアンドロメダ銀河撮影画像（撮って出し無加工元画像）が右上の画像だ。➚ そしてその画像を著者がiPadを使って画像処理したものが右の画像だ（Affinity Photo2利用）。➡

撮って出し無加工元画像

⬇

iPadで画像処理した画像

そして、この右上の同じ元画像を蒼月城さんに「PixInsight」を使い画像処理をしてもらったところ、下のような画像に仕上げてくれた。⬇結果、本書表紙にはJUNZOが確かに撮影したものではあるが、蒼月城さんが画像処理を手がけた画像が掲載されることとなった。なお、「PixInsight」を使い、具体的にどんな操作を施すと、こんな美しいアンドロメダ銀河に仕上がるのか、その全工程を蒼月城さんが公開してくれている。➡

蒼月城さんによる「PixInsight」初心者向け画像処理入門レッスン動画は⬇

蒼月城さんが「PixInsight」を使い画像処理した画像

STEP 12

撮影写真披露

銀河星雲の画像を、いい感じに仕上げることができたからと言って、それで終わりにするのは、あまりにももったいない。林檎なら食べなさい、中の中まで♪　そこで、ここでは最後まで仕上げた銀河星雲の画像をフルに楽しむ方法について紹介する。

❶スマホ、パソコンの壁紙に設定

手間暇かけて、綺麗に仕上げた自慢の銀河星雲の画像を、まずはスマホ、パソコンの壁紙に設定しよう。スマホ、パソコンを立ち上げる度に、自慢の画像が目に飛び込んできて、ニンマリできる。ニンマリすると、体の免疫力が上がり、健康増進にもつながる。スマホを立ち上げた際、アナタの壁紙が目に入った友人、知人、同僚から「なんの画像ですか、それ？」と聞かれた時は、迷わず「先日撮影したアンドロメダ銀河だよ」等とさりげなく返答しよう。日本人の99.999％は個人で銀河や星雲を撮影できるとは思っていないので、必ず驚かれると同時に、アナタは一目置かれる存在になる（ちょっとした天体博士扱い）。もし、相手が興味津々なら、「今や個人で銀河や星雲を撮影できる時代なんだよ」と言いながら、本書のアマゾンリンクをLINEで送ってあげれば、アナタの銀河星雲趣味仲間を増やすこともできる！　なお、パソコンの壁紙に設定する画像はデスクトップのアイコンが見づらくならないようにモノクロ化＆明度とコントラストを低くした方がよい。

オリオン大星雲をスマホの壁紙にした例

アイコンが見づらくならないように明度を落とし、コントラストを下げたアンドロメダ銀河をパソコンの壁紙にした例

既読
午後6:35
保存 | 名前を付けて保存 | 転送 | Keep

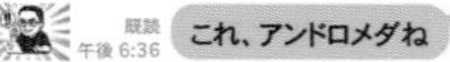
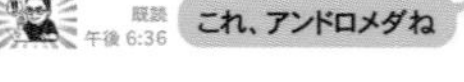
既読
午後6:36
これ、アンドロメダね
えええ、
午後6:36

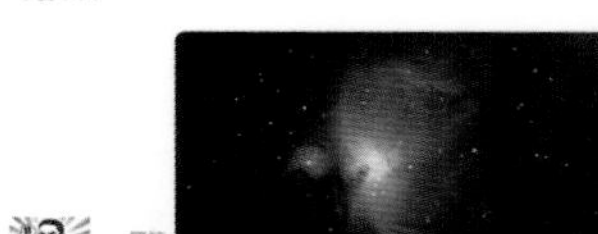
既読
午後6:36
保存 | 名前を付けて保存 | 転送 | Keep

これどうやって!?
午後6:36

既読
午後6:36
これ、オリオン大星雲
すごすぎますけど
どこで撮ったのですか??
すごいですね
午後6:36

既読
午後6:37
あ、でも、この写真見て、驚きがあるのね?
すごいですよ。
午後6:37

既読
午後6:38
でしょ。僕も、個人で、こんな写真撮影できるの知って、そんで、驚いて、飛びついたら、今、泥沼状態w
既読
午後6:39
銀河とか星雲って、ハッブルとか天文台じゃなきゃ、撮影できないと、フツー思うよね。でもね、この数年のテクノロジーの進歩で、個人でも撮影できるようになっててさ。それ、知って、やってみたら、めちゃくちゃ面白くて、超はまってる最中w

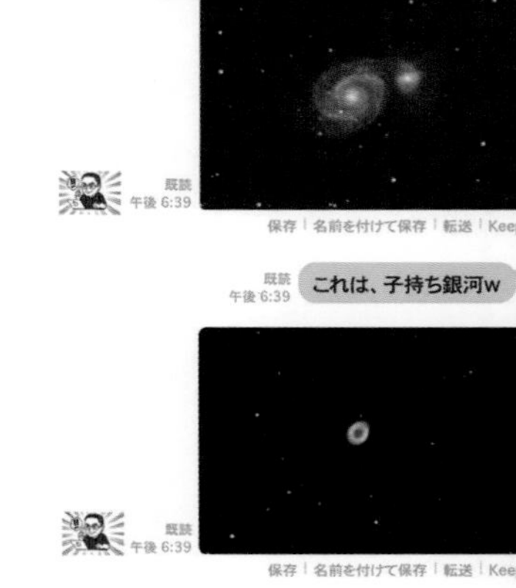
既読
午後6:39
保存 | 名前を付けて保存 | 転送 | Keep
既読
午後6:39
これは、子持ち銀河w
既読
午後6:39
保存 | 名前を付けて保存 | 転送 | Keep

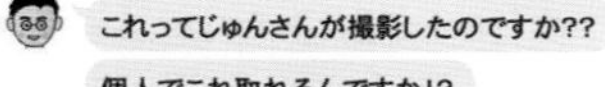
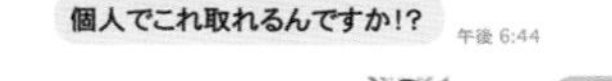
これってじゅんさんが撮影したのですか??
個人でこれ取れるんですか!?
午後6:44
既読
午後6:44
そーだよ!!!!!w

えー!!
すごい
福岡から?
午後6:44
既読
午後6:44
個人が撮影できる時代になってたのw

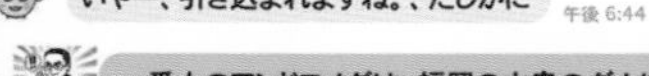
いやー、引き込まれますね。、たしかに
午後6:44
既読
午後6:44
一番上のアンドロメダは、福岡の山奥のダムに行って撮影した

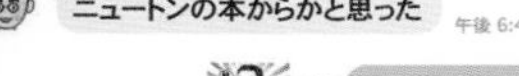
ニュートンの本からかと思った
午後6:44
既読
暗い場所の方が綺麗に撮影できる

既読
午後6:45
今、仕事中?
まじかー
今帰ってるところです。
びっくりしすぎました
午後6:45

❸サイト「銀河星雲マニア」に撮影した銀河星雲の映像を投稿

マニアの絶対数が少ないからなのか、撮影した銀河星雲の画像を気軽に投稿し合えるサイトが全くない！　そこで、本書執筆の傍ら本書読者用に水面下で作りつづけていたのが

「**銀河星雲マニア**」というサイト。https://t.maniaxs.com

本書発売と同時に一般公開！　コンテンツの一部を以下紹介。

銀河星雲ニュース

　銀河星雲に関する最新情報をチェックできるニュースコーナー。

- 最新ニュース
- 銀河星雲マニアのブログ記事
- 銀河星雲関連の動画
- 銀河星雲関連のテレビ番組
- 銀河星雲関連の最新の書籍が一括チェック可能

みんなで作る銀河星雲図鑑

　当サイトの目玉企画。本書の「銀河星雲証拠写真集」をネット上で再現。初心者から熟練者まで誰でもが自由に自ら撮影した銀河星雲の証拠写真を銀河星雲ごとに投稿可能。しかも、みんなの投稿の結果により「銀河星雲図鑑」が自動生成される、という仕組み。投稿された画像を起点として、やりとり可能。いいねボタン付き。

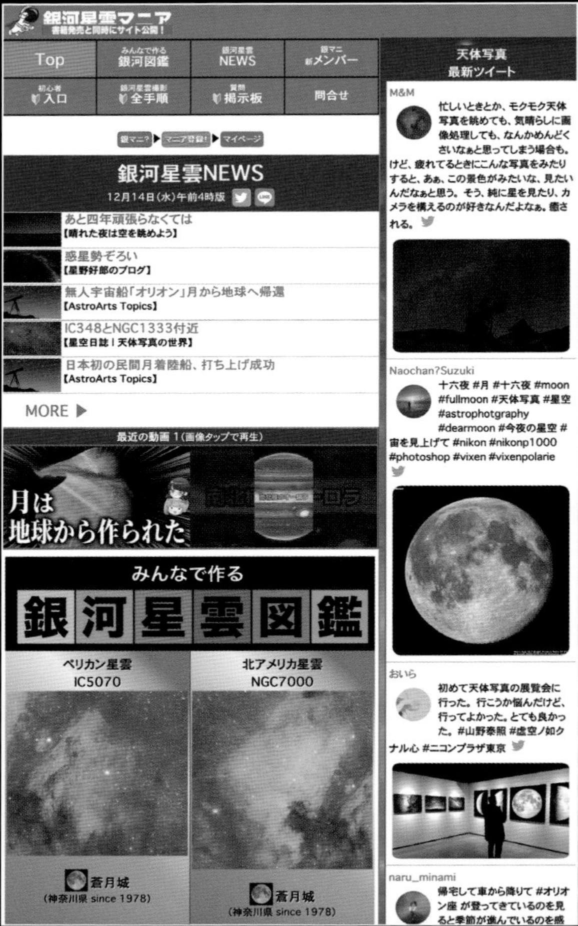

❹みんなで作る「銀河星雲図鑑」の使い方

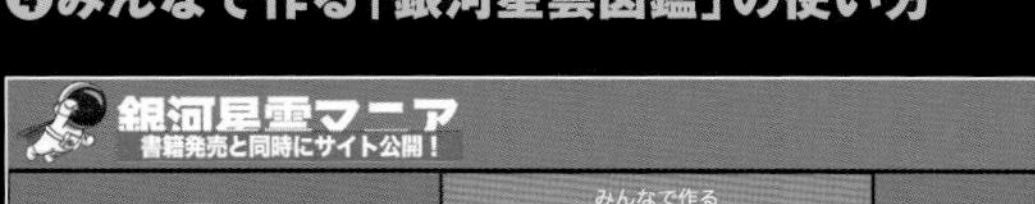

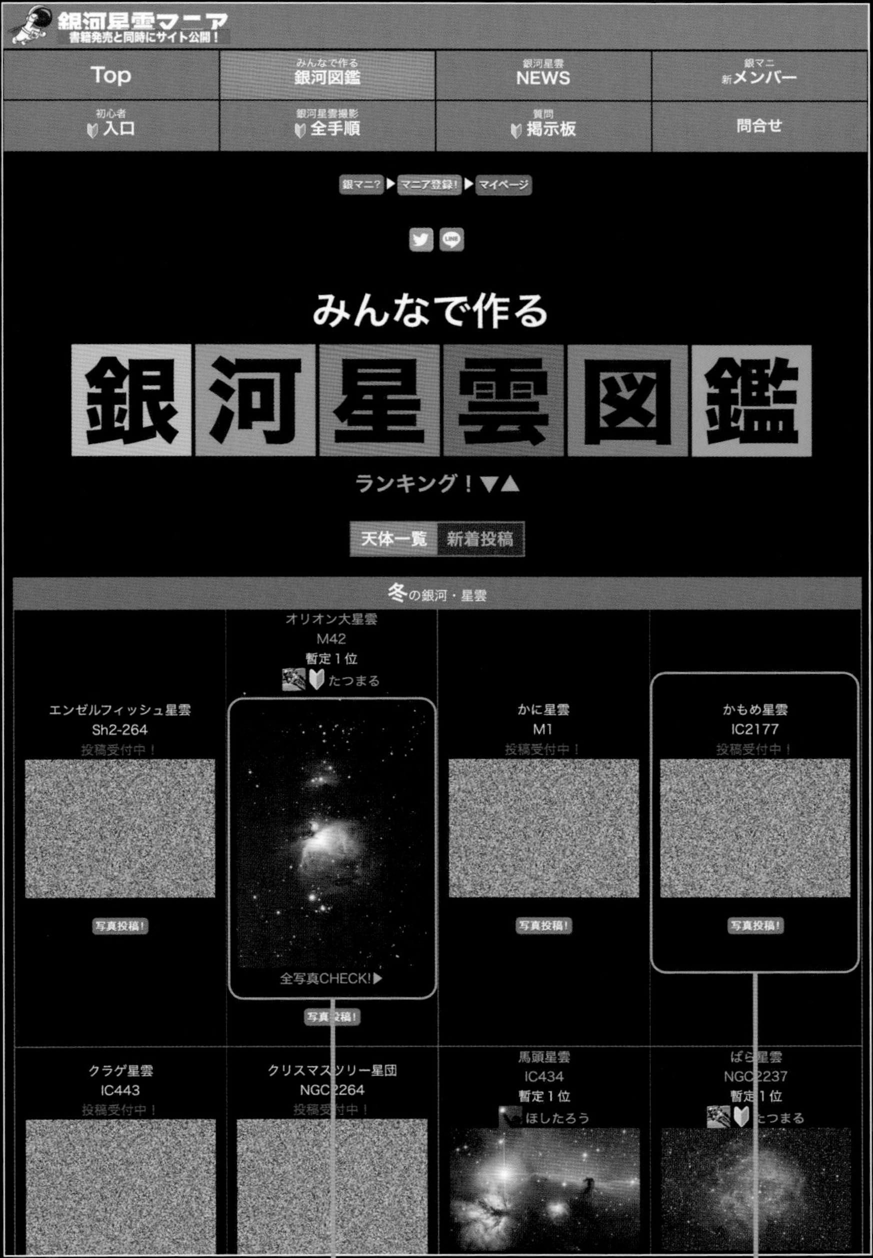

銀マニ? ▶ マニア登録! ▶ マイページ

みんなで作る

ランキング！▼▲

天体一覧　新着投稿

冬の銀河・星雲

エンゼルフィッシュ星雲
Sh2-264
投稿受付中！
写真投稿！

オリオン大星雲
M42
暫定１位
たつまる
全写真CHECK!▶
写真投稿！

かに星雲
M1
投稿受付中！
写真投稿！

かもめ星雲
IC2177
投稿受付中！
写真投稿！

クラゲ星雲
IC443
投稿受付中！

クリスマスツリー星団
NGC2264
投稿受付中！

馬頭星雲
IC434
暫定１位
ほしたろう

ばら星雲
NGC2237
暫定１位
たつまる

次のページへ

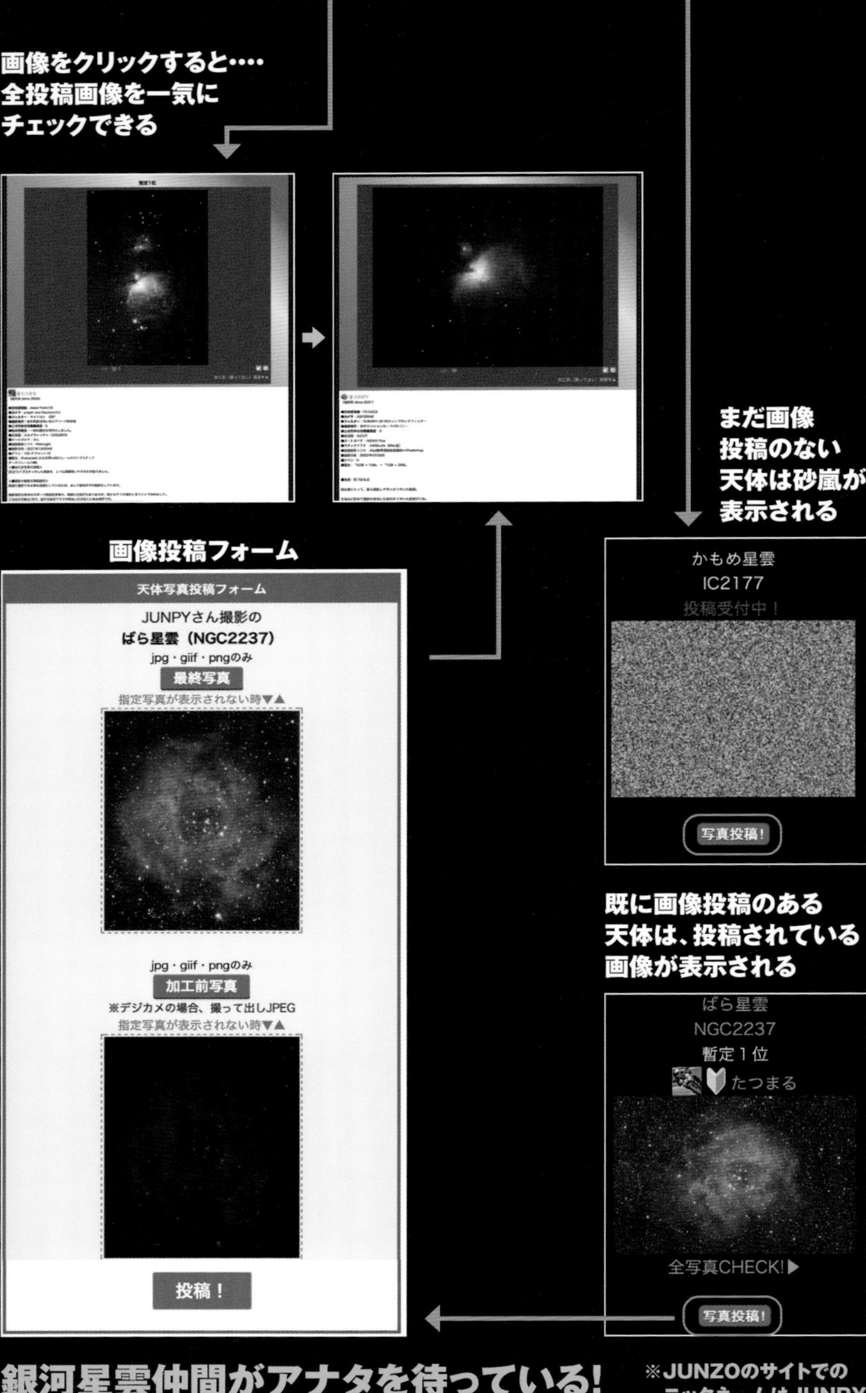

銀河星雲仲間がアナタを待っている!

※JUNZOのサイトでのニックネームはJUNPY

episode
6

初心者のための 天体ショップガイド

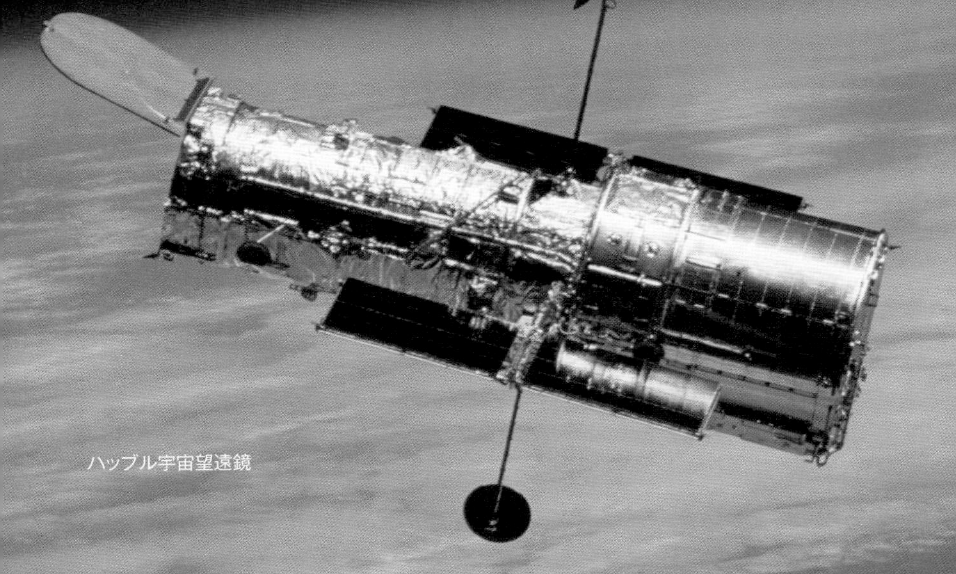
ハッブル宇宙望遠鏡

天体ショップガイド

天体知識ゼロの人間にとって、天体機材をどのお店で買えばよいのか全くわからない。

●信頼できる店はどこなのか？
●品揃え豊富な店はどこなのか？
●安く買える店はどこなのか？
●親切に対応してくれる店はどこなのか？
●結局、アマゾンで買えばいいんじゃないのか？
●海外のサイトの方が安く買えるんじゃないのか？

などなど疑問だらけ。そこで、天体趣味を始めて1年の著者が、どのようにして天体機材を購入するショップを決めているかを以下、紹介。
全天体ショップのリンクはhttps://t.maniaxs.com/reviewshop に掲載中。

❶アマゾン

amazon.co.jp

https://www.amazon.co.jp
所在地：東京都目黒区下目黒1-8-1
TEL：0120-899-543

購入したい機材ができたら、まずはアマゾンの価格と在庫の有無をチェックする。なぜ、天体ショップではなく、まずアマゾンなのかと言うと、天体ショップの商品価格は、どこも横並びでショップ間の価格比較ができないこと。さらに、天体ショップにはない機材（主に小物）がアマゾンにはあることも多いこと（逆に天体ショップにはある機材がアマゾンにはないことも多い）。さらに、購入者によるレビューをチェックできること（この機能が天体ショップにはない）が、主な理由。よって、まずはアマゾンで購入したい機材の有無と、あった場合は価格を調べ、このアマゾン価格を基準にする。この時、同時に必ず「出荷元」「販売元」もチェックする。出荷元か販売元が名の知れた後述の天体機器メーカー（又はショップ）なら、その価格は信用できるし、安心して購入もできる。しかし出荷元名や販売会社名が聞いたいことのない名称だったり、妙なアルファベットつづりの場合はほぼ100%転売ヤーなので、そこでは購入してはいけない。大体、在庫の少ない人気商品をバカ高い価格で販売していること多し。この場合、その表示価格は無視。また「この機材、たったの4万円？　安い!」と思い、よく価格を見てみると、ケタが1つ多く、「40万円!」などということもよくあるので、アマゾンだからと信用してはいけない（特にマーケットプレイス）。

❷ZWO

https://astronomy-imaging-camera.com/zwo-all-products
所在地：Unit3, Building#2, Peninsula Life Plaza, Moon bay road 6#, SuZhou Industrial Park, JiangSu Province, China
TEL：+86 0512 65923102

欲しい機材がZWO製品の場合は、アマゾンの次にZWOのネットショップをチェックする。ZWO製品に関しては、当然のこととして、製造発売元のここが最も安い。ZWO価格がアマゾン価格よりも1000円以上安い場合は、ZWOのネットショップで購入する。そうじゃない場合は、アマゾンよりも多少届くまでに時間がかかること（といっても、それほど、届く時間に差はない）、不良品だった場合のやりとりのしにくさなどを考慮し、アマゾンか天体ショップで購入する。なお、円安の影響でZWOのネットショップと、天体ショップやアマゾンとの価格差がほぼないことが多くなっている。その場合は、購入後のやりとりのしやすさやアフターサービスのことを考慮し、国内の天体ショップやアマゾンで購入した方がよい。

❸家電量販店

欲しい機材がZWO製品ではない場合は、アマゾンの次に量販店サイトでも価格をチェック。アマゾンにない機材（特に小物類）があったり、アマゾンよりも安価なこともある。

<table>
<tr><td>ヨドバシカメラ
www.yodobashi.com

https://www.yodobashi.com
所在地：東京都新宿区新宿5-3-1
TEL：0570-03-1010</td><td>ビックカメラ

https://www.biccamera.com/bc/main
所在地：東京都豊島区高田3-23-23
TEL：0570-06-7000</td></tr>
<tr><td>
コジマネット
www.kojima.net

https://www.kojima.net/ec
所在地：東京都豊島区高田3-23-23
TEL：0120-39-0007</td><td>
YAMADA

https://www.yamada-denkiweb.com
所在地：群馬県高崎市栄町1番1号
TEL：0570-055-880</td></tr>
</table>

❹大手総合天体ショップ

アマゾンや量販店で価格を調べた上で、天体ショップでのチェックに移る。まずは大手総合天体ショップからチェック（大手と言っても社員数は十数名程度で大企業ではないので、気軽に問い合わせを。皆親切に対応してくれる）。大体の機材は以下の3ショップでそろう。

KYOEI-TOKYO

http://www.kyoei-tokyo.jp
所在地：東京都千代田区神田須田町1-5 村山ビル1F
TEL：03-3526-3366

ネイチャーショップKYOEI 大阪店
KYOEI OSAKA 自然をウォッチング

https://www.kyoei-osaka.jp
所在地：大阪市北区芝田2-9-18
TEL：06-6375-9701

シュミット
for star and bird watching

https://www.syumitto.jp
所在地：東京都新宿区西落合3-9-19
TEL：03-6908-3112

「KYOEI-TOKYO」と「KYOEI-OSAKA」はどちらも協栄産業株式会社経営の天体ショップ。自宅から近い方を利用するとよい（商品が早く届く）。ショールーム有。ネットでの品揃え豊富。シュミットは日本最大規模の天体望遠鏡、双眼鏡ショールームを併設。

❺メーカー直営の天体ショップ

総合ショップとは異なり、メーカーが自社開発している天体機器を中心にした品揃えで勝負している直営の天体ショップもある。

https://www.starbase.co.jp
所在地：東京都台東区秋葉原5-8 秋葉原富士ビル 1F
TEL：03-3255-5535

Kenko Tokina

https://shop.kenko-tokina.co.jp
所在地：東京都中野区中野5-68-10 KT中野ビル2F
TEL：0120-775-818

Vixen ONLINE

https://www.vixen-m.co.jp
所在地：埼玉県所沢市本郷247番地
TEL：04-2969-0222

「スターベース」は、その店舗名からは全くわからないが、高級天体機器メーカー「高橋製作所」経営の直営ショップ。タカハシブランドの天体機材購入時は要チェック。タカハシの天体機材に特化したオリジナル商品、セット商品も数多く販売されている。

❻地方の天体ショップ

天体機材は品揃えが豊富なアマゾンや総合天体ショップで購入すればよい、というわけでもない。人気の機材は頻繁に長期に渡って在庫切れを起こすことが多い。大手ショップで売り切れの場合、中小の天体ショップも全て、その在庫の有無をチェックしていくことになる（大手にない機材が中小ショップにあることは多い）。なお、大手を含め、どの天体ショップも、その在庫表示は、かなりいい加減なため、在庫表示を信用せず、注文前に電話で在庫の本当の有無を確認した上で注文した方がよい。在庫無と表示されていても実際には在庫があったり、在庫有と表示されていても、実際は在庫がなく、購入可能になるのは数ヶ月先の入荷時なんてことがザラにある。

埼玉　スターゲイズ

https://www.stargaze.co.jp
所在地：埼玉県日高市高萩1567-48
TEL：042-978-5965

東京　スカイバード

http://www2u.biglobe.ne.jp/~sky-bird
所在地：東京都国分寺市西元町3−8−5
TEL：042-327-3805

神奈川　三基光学館

https://www.sanki-opt.co.jp
所在地：神奈川県相模原市中央区田名 5246-11田名アーバンフラッツ101
TEL：042-814-2139

愛知　スコーピオ

http://www.tele-scorpio.jp
所在地：愛知県名古屋市中川区 柳森町1807
TEL：052-387-6790

三重　アイベル

http://www.eyebell.com
所在地：三重県津市船頭町3412
TEL：059-228-4119

広島　MORE BLUE

http://www.moreblue.co.jp
所在地：広島県福山市草戸町3-3-10 3階
TEL：084-959-6418

福岡　天文ハウスTOMITA

https://www.astroshop-tomita.com
所在地：福岡県大野城市御笠川2丁目1−12
TEL：092-558-9523

天体機材の価格差がない場合、一番近くにある地方のショップから購入した方が、もちろん、早く届く。又、ショップによってはサーマーセールや年末セール等で一時的に価格が激安になることもあるので、そういう意味で全天体ショップをチェックするのもアリ。

⑦アメリカのネットショップ

どうしても欲しい人気機材が日本のどのショップでも在庫切れで入手できないこともままある。そのような時は、米アマゾンやB&Hをチェックする。

https://www.amazon.com
所在地：410 Terry Ave N, Seattle 98109, WA

https://www.bhphotovideo.com
所在地：Manhattan, New York City, New York, U.S.

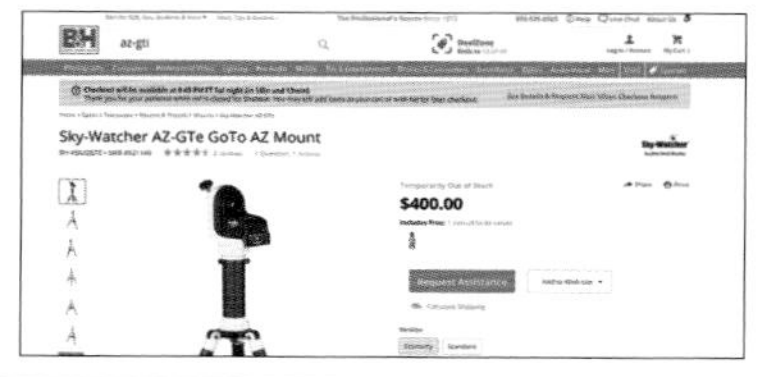

⑧中華ネットショップ「AliExpress」

AliExpress
https://ja.aliexpress.com
所在地：26/F Tower One Times Square 1 Matheson Street Causeway Bay, HKG

日本のショップにも、アメリカのショップにも欲しい機材の在庫がない場合、最後の砦として、中国のネットショップAliExpressが存在している。中国の巨大企業、アリババが運営しているため、ある程度信頼できるネットショップだが（手厚い購入者保護の仕組みアリ）、出店しているのは中国の有象無象の輩たち（笑）。どうしても、どうしても入手したい機材がある場合、最後の手段として、自己責任で利用するのはアリだ。

AliExpress購入体験談

購入したい天体機材(特に中国製)がどの日本国内のネットショップでも(さらにはアメリカのアマゾン、B&Hでも)在庫切れで購入できない時、最後の望みを託す場所、それが……

「AliExpress」という怪しげな中華ネットショップ。

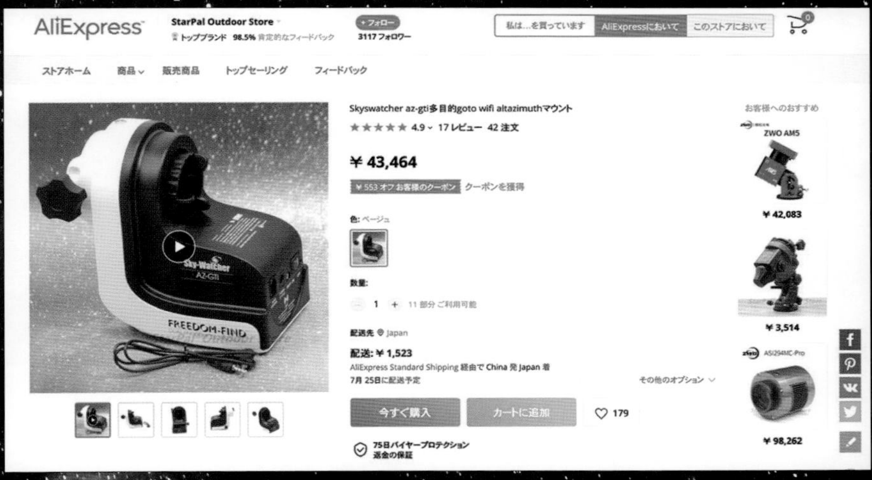

中華サイトというだけで怪しげだけれど、実はAliのアリは、中国の巨大企業、アリババのアリ(つまり、アリババグループの一員)。よって、詐欺サイトではない(ただし、詐欺的な行為をする販売業者がいないわけではない)。

https://ja.aliexpress.com 

サイトを見てわかるとおり中国のネットショップなのに、日本語表示される。これにはワケがある。このサイト、基本的に「中国の商品」を中国「以外」の消費者に向けて販売仲介するサイトとして存在している。よって、サイト自体は数多くの言語に対応している(だから日本語対応。ただし、妙な翻訳多し)。

ZWO商品を筆頭に、安価で性能のよい天体機材の多くが中国メーカーにより企画、開発、販売されている昨今、日本国内の全ネットショップで在庫切れの中国製天体機材が、この中国の「AliExpress」では在庫があり、購入可能なことが多い。そういう意味で重宝するサイト。

ただし、全ての商品の販売元・郵送元は「AliExpress」本体ではなく、有象無象の個人や中小の販売業者のため（言ってみればアマゾンのマーケットプレイス的なもの）、問題が起きやすく、さらに、その問題が発生した際は、英語でやりとりする必要があるため、面倒がつきまとうデメリットがある（対処法アリ。後述）。よって、販売業者に対する消費者によるレビューを参考に購入業者を選ぶ必要がある（ただし、そのレビューの大部分はヤラセのため、あまり参考にはならない（笑））。

著者が実際に使ってみてのサイトに対する評価はこんな感じになる（5点満点）。

- サイト自体の信用度：4
- 販売業者の信用度：3
- 品揃え：5
- 価格の安さ：3
- 配達速度：3

以下は、読者の参考になると思う、著者自身の購入体験記だ。

2021年の年末、既に所有している以下の天体機器を、もうワンセット予備として欲しくなった。

- スカイメモS/T用微動雲台×1
- AZ-GTi×1
- AZ-GTi用三脚×2
- AZ-GTi用
  エクステンションピラー×2
- AZ-GTi用SynScan USB×1

しかし、アマゾンでも、どの天体ショップでも購入できなかった。どこも「在庫切れ」「2022年3月～5月頃入荷予定」の表示。

そんなに待ってはいられない！　と思い、海外サイトで探すことに。まずは、過去購入経験のあるアメリカのアマゾンで検索。
https://www.amazon.com/

しかし、ここも在庫無。
そこで、アメリカの
B&H
https://www.bhphotovideo.com/
で探したところ、AZ-GTi用SynScan USBだけがあり、よって「B&H」ではこれだけを注文。その後、無事到着。

そこで、最後の砦、中華サイトの「AliExpress」をチェックしたところ、残りの機材が全て販売されていた。

価格は少し高めながら（価格が安いのがウリの「AliExpress」と聞いていただけに拍子抜け。品不足の人気商品に限っては、客の足元を見て高めに設定している模様）、送料無料で、フォロワーもそこそこ多く、ショップレビューも悪くない
「The outdoor movement Store」
というショップで恐る恐る注文。

購入処理をした10日後、ダンボール箱到着。念の為、開封直前の写真、開封直後の写真、そして、ダンボール箱に貼付されていた送り状の写真も撮影(これが、後に大活躍)。

開封すると、まずは「AZ-GTi」の新品が顔を出した。日本国内の全ショップで売り切れの商品が、本当に「AliExpress」では手に入るんだ！　と、まずは感動。同様に国内で絶賛欠品中の「スカイメモS/T用微動雲台」も入っており、この中華サイトへの信頼は爆上がり。
が!
2つ注文したはずの「AZ-GTi用三脚」は1つしか入っていない！　同様に2つ注文した「AZ-GTi用エクステンションピラー」にいたっては、1つも入っていない！
爆上がりした信頼は一気にゼロに戻った。

購入者がこのような状況に遭遇した時のことを想定して、「AliExpress」は2つのオプションを購入者のために用意している。
1つは、販売業者とチャットできる機能で、これを使えば、返金しろ！なり、不足機材を送れ！　なりの直接要求ができる(ショップ側がそれに応じれば、それで解決)。さらに、チャットでのやりとりで問題が解決できない場合のオプションも用意されている。それが「Open Dispute(公開紛争)」という制度。これは、「AliExpress」が消費者と販売業者の間に入って、両方の言い分を聞き、消費者の言い分が正しいと判断されれば、返金処理がされる仕組み。そして今回、著者は初「AliExpress」にして、早速この2つの制度を使うハメになった(詳しくは後述)。

さて、「AliExpress」でのやりとりは全て英語が原則。この問題をどうするか？　心配無用。人工知能を使った翻訳サイト「DeepL」を使えば、ほぼ問題はなくなる。
https://www.deepl.com/translator

Google翻訳でさえ、なんだこの翻訳は？　といった感じの中、この「DeepL」は、ほぼ違和感のない翻訳を無料でしてくれる。以下、販売業者とのやりとりをコピペ(カッコ内の日本語は著者の意訳)。

------------JUNZO------------
The package arrived today.
However, there are some missing items.（今日、ダンボールが届いたけれど、足りないものがあります）

Here's what I ordered.
（私が頼んだのは以下の商品です）

1）Tripod x 2
2）Skywatcher Extension Tube x 2
3）SKYMEMO S Equatorial Wedge x 1
4）Skywatcher AZ-GTi WiFi GOTO AZ Mount x 1

But today, I received the following items.
（しかし、今日届いたのは以下のものです）

1）Tripod x 1
2）Skywatcher Extension Tube x 0
3）SKYMEMO S Equatorial Wedge x 1
4）Skywatcher AZ-GTi WiFi GOTO AZ Mount x 1

I have photographic evidence.
（証拠写真もあります）

In other words, the following items were not included.
（まとめると、以下の商品が足りない、ってことです）

1）Tripod x 1
2）Skywatcher Extension Tube x 2

Please send me the above items ASAP.
（上記2つの商品を至急、郵送してください）

ここまで、わかりやすく書いたにもかかわらず、販売業者からはトンチンカンな返事が返ってきた。

------------販売業者------------
What have you received so far?
(で、結局のところ、何を受け取ったんですか?)

どこに目をつけてんるんだ?
ちゃんと、書いてるだろ!　と、怒りがこみ上げてきたが、そこを、ぐっとこらえ、以下のように冷静に返答。

------------JUNZO------------
Tripod x 1
SKYMEMO S Equatorial Wedge x 1
Skywatcher AZ-GTi WiFi GOTO AZ Mount x 1

そうしたところ、またもや、ふざけた返事が返ってきた。

------------販売業者------------
What do you lack now?
(それで、何が届いてないのですか?)

だから、ちゃんと書いてんだろ!　と書こうと思ったが、その怒りも、ぐっと抑え、以下のように返答。

------------JUNZO------------
Tripod x 1
Skywatcher Extension Tube x 2

そうしたところ、またもや、以下のようなふざけた返答がとどいた。

------------販売業者------------

Let me check.

（調べてみます）

調べてみますじゃないだろ！

「それぐらい、パソコンですぐに確認できるだろ！」と思うと同時に、この業者、要領を得ない返事をして、時間を引き延ばそうとしているか、もしくは相手の根負けを狙ってるなと確信したので、以下のような怒りのメッセージを書き殴った。

------------JUNZO------------

Check?

Don't try to stall the clock!

If you do not send the above missing items to me within 48 hours, I will contact customer service for a refund.

（調べてみます？

無駄に時間を引き延ばすな！　もし、48時間以内に不足機器を郵送しなかったら、カスタマーセンターに連絡して、返金処理を要求するから、そのつもりで！）

そして、48時間以内に郵送手続きがされていないことを確認した上で、ここぞとばかり「Open Dispute（公開紛争）」ボタンを押した。

欠品していたものは「Skywatcher Extension Tube（延長ピラー）」と「Tripod（三脚）」だったので、

それぞれについて「Open Dispute（公開紛争）」ボタンを押した。

まず、「Skywatcher Extension Tube（延長ピラー）」

------------JUNZO------------
I ordered two "Skywatcher Extension Tube",
but none of them were in the package that arrived.
So,I demand a refund for the price of two.
（延長ピラー2個注文したのに送られてきたダンボールには1つも入ってなかった。
よって、入っていなかった延長ピラー、2個分の価格8,827円の返金を要求する）
※証拠として開封前と開封後の写真を添付。

これに対し、カスタマーセンターからは3日後、

----カスタマーセンター----
売り手はソリューションを受け入れました

という返答。
そして、なんと4日後には本当に返金額が入金された！（「AliExpress」というサイト自体の信頼度、爆上がり）

よって、もう一方の「Tripod（三脚）」も同様に、すんなり返金されると思っていたところ、そーではなかった。

------------JUNZO------------
I ordered two tripods, but,only one sent to me.So,I ask for one refund.
（三脚を2個を注文したのに1個しか届いていません。三脚1個分の返金をしてください）
※証拠として、再度開封前と開封後の写真を添付。

これに対し、販売業者が、なかなか合意しないようで、なかなか解決に達しない。そこで、二の矢を放つことにした。

------------JUNZO------------
I orderd Tripod (1.8kg) x 2 = 3.6kg
Extension Tube x 2 = 1.64kg
Equatorial Wedge x 1 = 0.34kg
AZ-GTi Mount x 1 = 1.3kg
Subtotal = 6.88kg
And Packing material = 1.12kg

So,total weight should be 6.88Kg + 1.12Kg = 8kg.
But Actual weight was 4.5kg.

Where did the 3.5kg difference come from?
It come from following items which have not arrived.

Tripod x 1 = 1.8kg
Extension Tube x 2 = 1.64kg
Total weight is about 3.5kg

So,seller should needs to refund me money for Extension Tube x 2 and Tripod x 1

(要約:全部の商品がそろっているなら、緩衝材含め、ダンボール箱の重量は8Kgになるはず。しかし実際は4.5kg(証拠写真参照)。3.5kgの差が、どこから来てるかと言うと、本来入っているはずの(しかし、実際は入っていなかった)三脚分と延長ピラーの分の重さから。だから、販売業者は、その入っていない機材分のお金を返金すべき)
※証拠として、ダンボール箱に貼付されていた「重量4.5kg」の表記のあったラベル写真を添付。

ここまで具体的に証拠付で示せば、返金せざるを得ないだろうと思っていたけれど、翌日になっても、販売業者は、この事実を受け入れなかったらしく、返金処理の表示がされない。
そこで、最後のダメ押しで、「AliExpress」のサポート部門にこう書いた。

------------JUNZO------------
I'm making a point based on the evidence I've shown.
By the way, has seller revealed a single piece of evidence?
(私は全て具体的な証拠を元に書いている。ところで、販売業者は1つでも証拠を見せて説明していますか?)

これが決め手になったらしく、翌日、返金処理が決定。
2日後、実際に返金処理がされた。
以上のことから、以下のことが言えると思う。

- 国内の天体ショップにない機材(特に中国製)が「AliExpress」にはある事が多い
- 「AliExpress」というサイト自体は消費者側に立ったサポートをしてくれる信頼できるサイト
- しかし「Aliexpress」に集っているのは有象無象の販売業者たち
- ショップに対するレビューの星数はあまり参考にならない(ヤラセが多い印象)
- フォロワー数の多さもあまり信頼にはつながらない(フォロワー数が少ない業者ははなっから信用できない)。
- ショップ上でのやりとりは英語だが、翻訳サイト「DeepL」を使えば問題ない
- 問題が起きても「チャット」「Open Dispute(公開紛争)」という機能を使えば、手間はかかるが、大体は解決できる

ということで多少のリスクや手間、中国人とのやりとりを楽しめるなら「AliExpress」というサイトは天体機材入手の最後の砦としてオススメできる。もちろん、今回、いらだつ対応をしてきた販売業者には1点のレビューを書き込んだことは言うまでもない。

3 天体ショップマップ

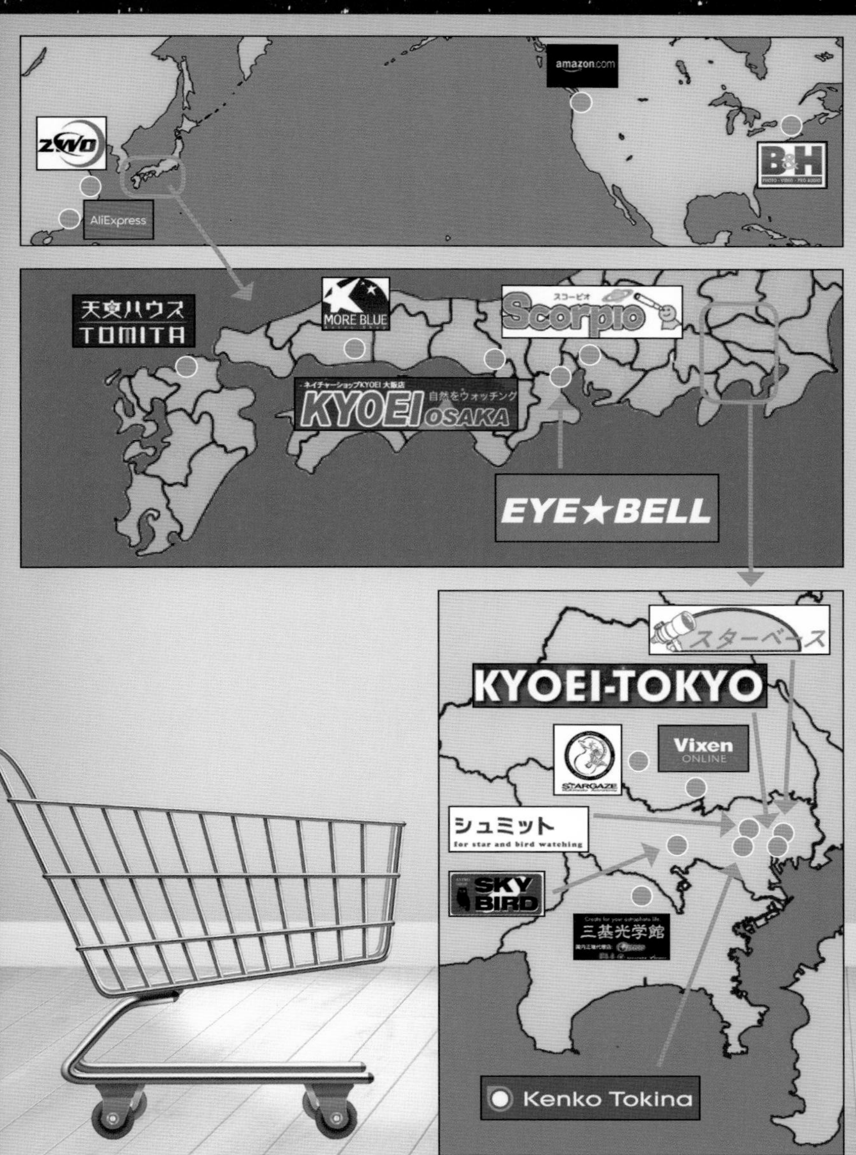
amazon.com
ZWO
B&H
AliExpress
天文ハウス TOMITA
MORE BLUE
スコーピオ Scorpio
ネイチャーショップKYOEI 大阪店
KYOEI OSAKA
自然をウォッチング
EYE★BELL
スターベース
KYOEI-TOKYO
STARGAZE
Vixen ONLINE
シュミット
for star and bird watching
SKY BIRD
三基光学館
Kenko Tokina

Episode 7

JUNZOの
銀河星雲趣味
スゴロク

JUNZOはどこでつまずき
それをどう克服したのか?
天体知識ゼロの状態から
銀河星雲撮影成功までの
試行錯誤全過程一挙公開!

アナタの銀河星雲趣味の参考に

01 宇宙はあらゆる存在の大前提!（小学1年時）

小学1年の頃、世の中のあらゆることは宇宙の存在を前提にしていることに気づく。宇宙がなかったら、国も社会も学校も家族も人間も、そもそも自分も存在してないじゃないか！　と思うに至り、であれば、あらゆる科目に優先して、まずは「宇宙」についてみんな勉強すべきなんじゃないか!!!　と強く思う。

02 大人に不信感、宇宙に失望（小学2年時）

小学校2年生の頃、生まれて初めてプラネタリウムを体験。その際、様々な星座のイラストがドーム一杯に映し出された。夜空って何か工夫をすれば、こんな風に綺麗なイラストが表示されるものなんだ！　と驚愕。プラネタリウム終了後、急いでドームを出て夜空をいろんな角度で見てみたが、全くイラストは見えてこず、落胆。見えるのは月と白い点（星）だけ。プラネタリウムで紹介されていたあのイラストは一体、なんだったんだ？　嘘だったのか！　と思い、大人に対しては不信感、宇宙に対して失望がふくらむ。

03 月は本当に球体だった!（小学3年時）

月はどう見ても球体ではなく円盤にしか見えなかった。そんな中、小学生向け雑誌「科学」の付録「天体望遠鏡（鏡筒は紙製）」で月を見たところ、それは平らな円盤ではなく本当に球体であることがありありとわかり感動。同時に月の三日月部分は太陽の強烈な光にじりじりと照らされており、そこは灼熱地獄に違いない！　と何か重大な発見をした気になる。この体験で、宇宙熱が高まるが、天体望遠鏡で見えるのは、相変わらず月と白い点（星）のみ。当然、銀河や星雲などは見えず（その存在すら知らなかった）。よって、すぐに宇宙熱は冷める。

04 アンドロメダ銀河の映像に感動 （大人になって）

時は流れ1990年に打ち上げられたハッブル宇宙望遠鏡は美しい銀河や星雲の映像を次々と地球に送信してきた。特にアンドロメダ銀河の壮大な映像は感動的で宇宙熱が再度一気に高まる。しかし、そのような銀河や星雲の映像を自分で映像化できるわけではないので、つまり、自分とは直接関係ない世界だと思い、その後、宇宙熱は消失。

05 満月の夜は天の川は見えないとおばさんに教えられる

時はさらに流れて2021年、沖縄の小浜島へ旅行することになった。沖縄（初旅行）に行くなら、天の川を見てみたいと思い「コルキットスピカ」という約4000円の組み立て簡易天体望遠鏡を購入（そもそも、天の川を見るために天体望遠鏡は必要ない。そういうことすらわかっていないほど天体知識ゼロの人間だった）。が、旅行期間中、ほとんど曇りの上、満月（月明かりがある時は天の川は見えないということを居酒屋のおばさんに教えられる）で、何も見えず。この時の悔しさがきっかけとなり妙な宇宙熱が芽生える。この悔しい体験がなかったら、銀河星雲趣味へはつながらず、本書も出版されることはなかったと思う。人生、本当に何が良くて何が悪いのか、本当に後になってみないとわかったものじゃない。

06 沖縄旅行のリベンジで土星の輪に挑戦

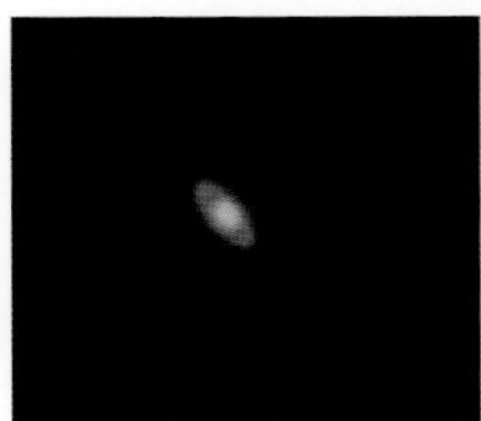

沖縄から福岡に戻り、リベンジとして、まずはスピカで月を見てみようと思い挑戦。裸眼では円盤にしか見えない月が天体望遠鏡だと球体だとわかり、そう言えば小学3年生の時の紙製の天体望遠鏡でのぞいた時も同じことを感じたことを思い出す。月の次は土星の輪に挑戦したくなる。結果、かすかに輪を観測でき感動。が、もっとハッキリと土星の輪を見たくなり、高倍率の天体望遠鏡が欲しくなる。

07 2万円台の天体望遠鏡をゲッツ!

生まれて初めて1万円を超える天体望遠鏡(「MEADE AZM-80」28,000円)を購入。今度は小さいながらも、くっきりと土星の輪を確認でき、プチ感動。それにしても、望遠鏡の視野内を土星はマッハのスピードで移動しては、すぐに視野から消えていく(星の日周運動)。これではじっくりと土星の輪を楽しむことはできない。天体を自動追尾してくれる機械はないものかとネット検索。

08 天体の自動追尾に挑戦

「天体自動追尾」でネット検索したところ、AZ-GTiという格安(約38,000円)でコンパクトな天体機材を発見し購入。天体を自動追尾させるためには天体望遠鏡をまずは北に向け、その後、数個の星の位置を手動でAZ-GTiに覚えさせた上で、スマホアプリに、じっくり観察したい天体を指定すればよいだけ。そうしたところ、テキトーに北に向けただけなのに(数個の天体の位置を覚えこまさなくても)、土星を自動で導入し、正確に追尾しだした。土星が視野から消えない!　素晴らしい!

09 はじめての反射式天体望遠鏡!

じっくりと土星の輪を観測できるようになったら、今度は土星の輪をさらに大きく観測したい!　と思うようになり、31,800円という激安価格の大きな反射式天体望遠鏡(BKP130)に手を出す。早速、土星の輪を見ようと、まずは視野に2つの星を入れようとするがそれができない!(望遠鏡の拡大率が上がれば上がるほど星を視野に入れるのは困難になってくる)。望遠鏡が大きすぎて、取り扱いに困る上に、天体の導入もかんたんにできず、結果、数回利用しただけでBKP130は押入れ行きに(サイズの大きな反射式望遠鏡はコリゴリという印象を持つ)。

10 個人で銀河や星雲を映像化できるだって!!??

月や土星の輪にも飽き、天体熱も冷め、天体観測の趣味は一旦、終わりかける。が、ネットで信じられない映像が目に入ってきた。なんと個人で銀河星雲を撮影している人達がいるのだ。銀河や星雲はハッブル宇宙望遠鏡だけが映像化できるものだと思い込んでいたので衝撃が走る。と同時にもしかしたら自分でも銀河や星雲を映像化できるのかもしれない！　と思うと、体中の血が湧き立ち、今までかつてない程に天体熱が沸騰！

11 赤道儀は大きくて重い上に高価！

ネットで銀河や星雲の映像化に必要な機材を調べまくる。そうしたところ「赤道儀」という妙な形をした装置が必要なことがわかる。が、赤道儀は恐ろしく大きく、そして重い！　その上、安価なものでも20万円はすることがわかる。その姿は歯科医院にあるごつい機械に見えた。大きくて重いものは扱いに困り、押入れ行きになることをBKP130が教えてくれたんだったと思い、一旦、銀河星雲の映像化は断念。

12 AZ-GTiが赤道儀に変身!?

それでもなんとか銀河星雲を映像化する方法はないものかと検索したところ、既に購入済みの「AZ-GTi」を赤道儀化できると判明し大興奮。ただしAZ-GTiを赤道儀化できたとしても、天体の自動認識、自動導入、自動追尾まで全て自動でできるようにならなければ、銀河星雲の映像化は無理。AZ-GTi単体で天体の自動導入自動追尾ができると説明されているが、そのためのアライメント（星2つの位置を手動で予め覚えさせる作業）は難しく無理ゲー。そこで。アライメントせず、天体の自動認識、自動導入、自動追尾を可能にする方法を探ることにした。

13 天体の自動認識・自動導入・自動追尾の方法

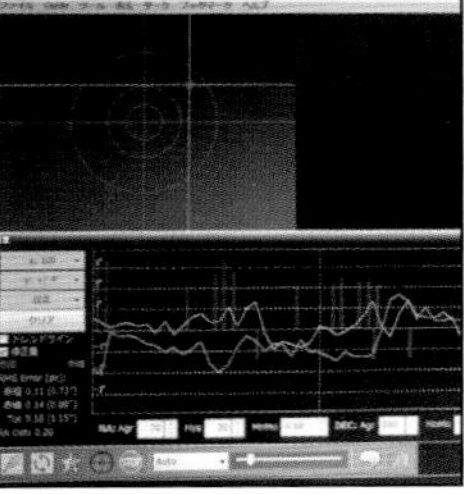

天体の自動認識、自動導入、自動追尾を可能にする方法を調べたところ、フリーのパソコンソフトを使えば、それが可能になることがわかった。が、そのインストールの方法や操作方法を読んだところ、あまりの難解さに、自分にはとてもできないと判断。自分には銀河や星雲の映像化はできなさそうだと思い、再度、天体趣味自体が終わりかける。

14 ASIAIRという希望の小さな赤い箱

ASIAIR Plus

失意の中、それでも諦めきれず、他に何か方法はないものか？　と検索した結果、発売直後のASIAIRという謎の赤い箱状の製品が目に飛び込んできた。一体、何をする機械なのかと調べたところ、なんと、この赤い箱を天体機材につなげば、パソコン不要で天体の自動認識、自動導入、自動追尾、天体写真の撮影と、実現したかった全てが可能になるとわかり大興奮！　しかもWi-Fiを使いタブレットなどで遠隔操作できるとわかり、興奮のあまり頭の血管がブチ切れそうになる。

15 必要な機材のリストアップ

AZ-GTiとASIAIRという2つの天体機材を核にするとして、銀河星雲を映像化するためには、他にどんな機材を購入する必要があるのか、天体マニアのブログを参考にリストアップ。この時、はじめて、銀河星雲の映像化に必要なガイドスコープやガイドカメラ、ウエイト、微動雲台といった初耳かつ、どんな使い方をするのかもわからない機材の存在を知る。使い方はわからなかったが、届けばなんとかなるだろうと思い、とりあえずリストアップした機材全部を一気に注文。一気に大量の機材を注文したことにより気分がハイになる。

天体機器制御装置 ZWO ASIAIR plus　約46,000円

電動架台 Sky-Watcher AZ-GTi　約38,000円

Sky Watcher SynScan USB　約2,300円

ガイドスコープ ZWO 30F4　約15,000円

ガイド用カメラ ZWO ASI120MM-Mini　約23,000円

16 ポチリヌス菌感染により4台目の天体望遠鏡をポチる

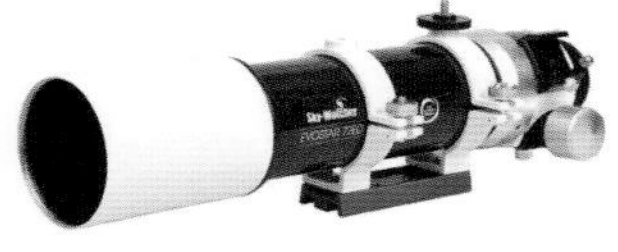

一気に大量の機材を注文したことによりハイになった結果、銀河星雲撮影に適した、もっと性能のよい天体望遠鏡も欲しくなる。結果、銀河星雲撮影向きと謳われ、ほんまか師匠も絶賛しているコスパ最高の「EVOSTAR72ED II 47,300円（当時の価格）」までポチッてしまう。天体マニアの間では、機材の購入をしたことによりハイになり、その勢いで次々と他の機材までポチってしまうことを「ポチリヌス菌に感染した」と表現しているようだ。実に恐ろしい細菌だ。「ポチリヌス菌対策」というキーワードを検索窓に入力したところ、Google先生から「ボツリヌス菌対策」ではないですか？　と、つっこまれた。

17 毎日プレゼントが届く楽しみ

大量に機材を注文した後、ほぼ毎日、何かしらの天体機材が届く日々になる。毎日、ワクワクドキドキ。楽しい！（重症）

18 機材の組み立て

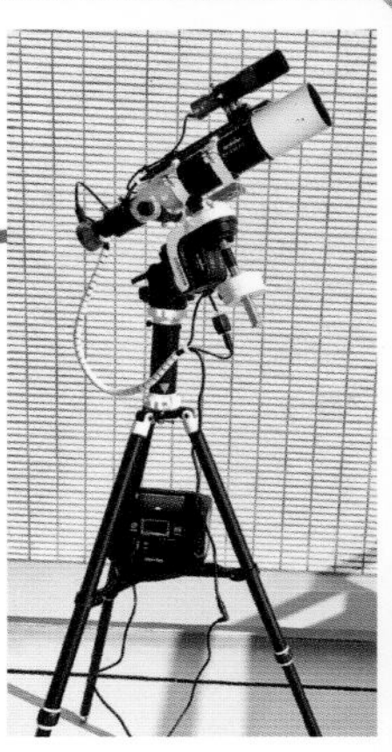

天体マニア達によるブログ記事の断片を頭の中でつなぎ合わせ、まずはAZ-GTiの赤道儀化に着手。この作業に失敗すると、AZ-GTiが文鎮化する可能性もあるとのことで、慎重に作業を進める。が、あっけなく赤道儀化終了。そして、見よう見真似で、全機材を組み合せ、赤道儀スタイルの銀河星雲撮影装置完成。軽く動作確認をしたところ、AZ-GTiが今まで見たことのないような奇妙な動き方（蛇が体をくねらせるような動き）を見て軽い衝撃を受ける。メカトロニクス最高！

早速、銀河星雲撮影に挑戦したいにもかかわらず、こういう時に限って、天気の悪い日がつづき、悶々とした日々を過ごす。最新のハイテク天体望遠鏡にもかかわらず、最後の最後は天気という、誰にもコントロールできない運に根本から左右されるところが、天体趣味のはがゆいところでもあり、面白いところ。

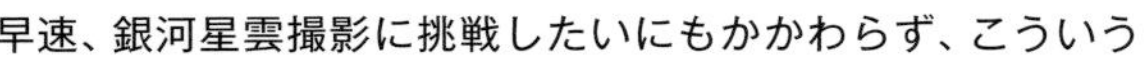

19 銀河や星雲は肉眼では見えないだって!?

晴れの日が来るまで、銀河星雲撮影の基礎知識をネットで身につけようと天体マニアのブログを読み漁る。すると、そこには驚きの事実が書かれてあった。曰く「銀河や星雲は肉眼で見えるほど明るくない（つまり肉眼では見えない）。そこで、天体の光を電子センサーに当てつづけて蓄積、映像化し、それを楽しむ」とあった。どんな天体望遠鏡を使おうが銀河や星雲を肉眼では楽しめない！　という事実に、このタイミングで気づき驚く。この時まで、どんな天体も肉眼で生で味わってこそ面白いんでしょうが！　という100%眼視派だったが、直接肉眼では見えないなら、しょうがないと、電子映像派にあっさりと転向。

20 ワカンナイ

ASIAIR PRO

晴れの日が来たので機材をベランダに出しASIAIRの電源をON。ASIAIRのマニュアルは10ページたらずの簡素なものの上、天体知識ゼロの人間には理解不能。結果、テレビゲームと同様、いじってれば、そのうちなんとかなるだろう式で操作するものの、全くなんともならない（笑）。何が何なのかもわからず初日終了。この状態が数日つづく。

21 見えないものが見えた!（半分成功）

極軸合わせをせず、天体望遠鏡をテキトーに北っぽい方角に向け、オリオン大星雲を撮影しようとASIAIRに「オリオン大星雲の方角を向け！」と命令。しかし何も映らず。たぶん天体自動認識に失敗し位置がズレているんだろうと思い、手で望遠鏡を少しずつズラしてみたところ、映った！　数秒露光しただけにもかかわらず、写った！　目に見えないものが見えた！　宇宙に本当に星雲というものが存在してるんだ！　と実感でき大感動。深夜にもかかわらず大声で「すごい！　写った！」と大声を上げた。

22 青線、赤線が出ない!

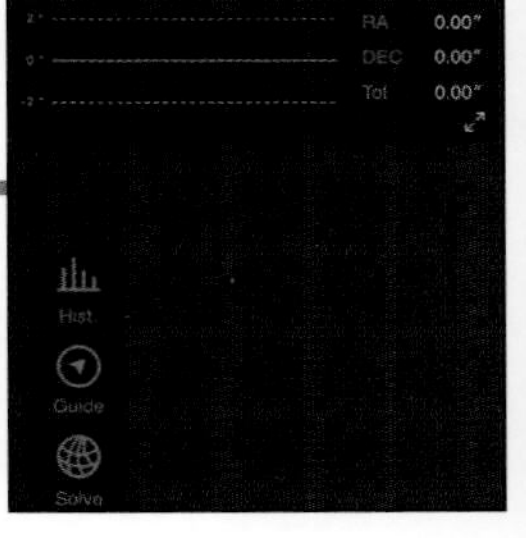

オリオン大星雲の撮影には半分成功したものの、銀河星雲撮影の前提となるキャリブレーションとオートガイドがうまくいかない(青線、赤線が全く表示されない)。オートガイドがうまくいかないと、綺麗な銀河星雲の映像化はできない。うまくいかない原因はASIAIRの様々な設定値に問題があるのだろうと、様々な設定項目の数値を少しいじっては撮影を繰り返す。しかし改善の気配なし。天体趣味終了にまたまた近づきだす。

23 我慢できずAさんに設定数値を教えてもらう

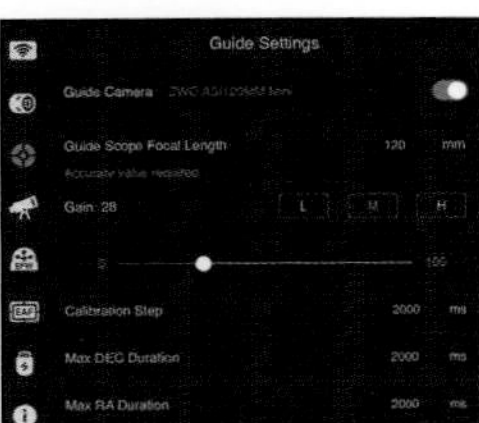

半月ほど、ASIAIRの様々な設定値をいじりつづけても、全く改善される気配ナシ。ストレスが限界に達したところで、同じくAZ-GTi、ASIAIRという組み合わせでオートガイドに成功している天体マニアのAさんに設定数値を教えてもらい、その数値をそのまま設定してみる。しかし、全く改善されず。依然、青線も赤線も表示されないままの状態がつづく。

24 我慢できずBさんに助けを求める

今度は天体マニアBさん(同じくAZ-GTi、ASIAIRという組み合わせでオートガイドに成功している方)に助けを求めたところ、以下のような神託をいただく。

1に極軸合わせ、2に極軸合わせ3、4がなくて、5に極軸合わせ

極軸合わせ?　ちゃんとiPhoneのコンパスアプリを見ながら望遠鏡を北に向けている、それが極軸合わせだと思っていたところ、違った!(笑)ASIAIRには極軸合わせ支援機能がついており、その機能を使って、正確に天体望遠鏡の軸を極軸に合わせる必要があったのだ。それが本当の極軸合わせだった!　これがオートガイドがうまくいかない原因なのか!　と思い、次の晴れの日が来るのを待つ。

25 はじめての極軸合わせ

ベランダからは北極星が見えないため、マンション２階にある、かなり広い共用テラスに機材を持ち運び正規の極軸合わせを試みる。微動雲台のネジをどっちに回すと、望遠鏡がどっちに動くのかを覚えるのに苦労。はじめての極軸合わせにかなりの時間を要したが、なんとか極軸合わせ終了。かなり面倒くさい作業だが、途中からゲームのように楽しくなる。

26 天体の自動認識、自動導入、自動追尾に初めて成功!

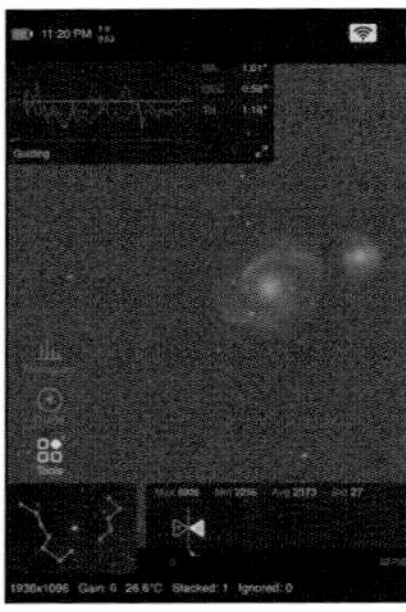

極軸合わせ終了後、「オリオン大星雲」にGoTo。すると、iPadの画面、ど真ん中にオリオン大星雲の姿が現れた！　そして、キャリブレーション実行。今まで表示されなかった青線、赤線が表示され、無事、キャリブレーションも終了。そして、いよいよライブスタックでの撮影開始！　すると、青線、赤線のグラフがオシロスコープの波形のような形で安定して推移しつづけ、オリオン大星雲の映像は徐々に鮮明さを増していった。はじめてキチンと星雲の撮影に成功！　福岡の中心で「ヤッタ！」と大声で叫ぶ。同様にして子持ち銀河も撮影に成功。が、「大」成功というわけではなかった……

27 天文ショップ「TOMITA」のオーナーに教えを乞う

極軸合わせをキチンと行うことにより、天体の自動追尾が可能になったものの、その継続時間は3分ほどで終わり、その後は追尾不能になった。そこで九州唯一の天文ショップ「TOMITA」に出向き、部品購入がてらに質問。そうしたところ、キャリブレーション、自動追尾を成功させるには数十の条件がそろわないとできない、とのこと。そこで、キャリブレーション、自動追尾を成功させるために必要な条件を調べ上げ、それをチェックリストとしてまとめることにした。

28 オートガイドを成功させるためのチェックリスト

- □ 極軸は正確に合っているか？
- □ 現在地の値は適正値が入力されているか？
- □ 天体望遠鏡のピントは合っているか？
- □ ガイドスコープのピントは合っているか？
- □ 天体望遠鏡の焦点距離は正しい値が入力されているか？
- □ ガイドスコープの焦点距離は正しい値が入力されているか？
- □ 天体望遠鏡のGain値は適正値を入力しているか？
- □ ガイドスコープのGain値は適正値を入力しているか？
- □ ガイドカメラとASIAIRをつないでいるUSB端子の両端はキチンと差し込まれているか？
- □ ガイドスコープのピントネジは緩んでいないか？
- □ ガイドスコープの固定台座はグラついていないか？
- □ 天体望遠鏡とアリガタを固定しているネジはグラついていないか？
- □ 撮影用カメラがグラついていないか？
- □ 撮影用カメラとASIAIRをつないでいるUSB端子の両端はキチンと差し込まれているか？
- □ ASIAIRに差し込んでいるUSBメモリーはしっかりと差し込まれているか？
- □ ASIAIRとAZ-GTiをつなぐUSB端子はしっかりと差し込まれているか？
- □ ASIAIRからAZ-GTiへ電力供給するための電源端子はしっかりと差し込まれているか？
- □ ASIAIRの電源端子はしっかりと差し込まれているか？
- □ AZ-GTiの電源プラグはしっかりと差し込まれているか？
- □ ウエイトの位置はバランスがとれる位置に固定されているか？
- □ 微動雲台の水平器は水平を示しているか？
- □ 微動雲台の３つのネジは全てしっかりと締め付けられているか？
- □ 延長ピラーの３つのネジは全てしっかりと締め付けられているか？
- □ 延長ピラーと三脚の結合部分はしっかりと固定されているか？
- □ 三脚の脚のどれかが不釣り合いに縮まっていないか？
- □ バッテリーのDCプラグはしっかりと差し込まれているか？

29 チェックリストの効果は？

作成したチェックリストを確認しながら、1つ1つチェックしていく。すると、ガイドスコープの台座がグラグラしていたり、延長ピラーと三脚の結合部分もしっかりと結合されていなかったりと、複数の問題箇所が見つかった。問題箇所を1つ1つ直していき、極軸合わせを済ませ、オートガイド撮影を行ったところ……継続して、何時間でも自動追尾しつづけた！　大成功！　青線赤線も常に安定して表示されつづけた。これでやっと安定してオートガイド撮影が可能になったのだった。作成したチェックリストの効果だった。

30 遠征したい！

オートガイドが安定してできるようになったため、これで銀河星雲撮り放題だ！　と思い、次々と銀河星雲を導入し、ライブスタック撮影をしていく。が、撮影場所が福岡のほぼ中心部（光害地）ということもあり、最高に明るい天体「オリオン大星雲」以外は、うっすらとその姿が撮影できる程度（この時、まだ画像処理という言葉を知らなかった）。とにもかくにも暗い場所へ遠征したくてたまらなくなる。

31 満を持しての遠征！ヨーデル銀河星雲撮り放題！

オートガイドができるようになって、はじめての遠征。場所は福岡の中では比較的暗い部類に入る英彦山山麓の「別所駐車場」。夕方から準備をはじめ、暗くなった頃には他の車はゼロに。そして周囲に人が誰もいなくなり、異空間のようなムードがただよいだした。やっと慣れてきた極軸合わせを済ませ、真っ先に撮影したい「ソンブレロ銀河」へGoTo！　AZ-GTiがジーという音をたてながら、文句ひとつ言わず健気に天体を自動導入してくれる。こんなに健気でかわいい機械、他にないんじゃなかろうかと思う。キャリブレーションを済ませ、露光時間を60秒にセット。青線、赤線も安定して推移。空を見上げても、雲ひとつなし。今日もお気楽ライブスタックで撮影。撮影ボタンを押した60秒後、表示された画像を見て思わず「すごい！」と声を上げた。なんと、ソンブレロ銀河の暗黒帯（真ん中の黒い線）がはじめて綺麗に表示された瞬間だった。やはり自宅のベランダ（福岡中心部の光害地）とは全く写り方が違う！　もっと暗い沖縄の離島あたりで撮影したら、どうなるんだろう？　と想像してしまう。あまり画像の変化がなくなってきたところで、ASIAIRの「今日の見頃の天体」リストの上から順に、撮影して面白そうな天体を次々に指定しては、ライブスタックしていく。子持ち銀河、亜鈴状星雲、リング星雲、どれも今まで見たことがないような写り方。やっと、やっと、銀河や星雲を当たり前のように撮影できるようになった！　と自信を深めた遠征になった。自分が宇宙を直接触っているような感覚。銀河星雲趣味、最高！

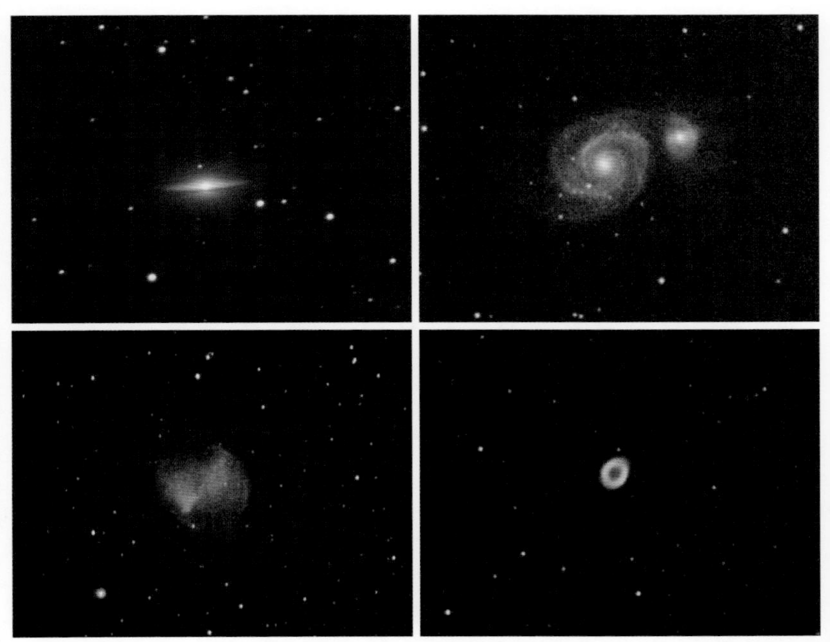

32 銀河星雲マニア対象のサイト作成に着手

銀河星雲趣味を始めてからというもの、今までにない銀河星雲マニア向けのサイトを作りたいと思っていた。というのも、天体素人が銀河星雲の映像化に挑戦したい！　と思った時、その全体像、その全手順（機材購入から撮影、画像処理までの全工程）をわかりやすく教えてくれる入門書が一冊もなければ、そういうサイトすら1つも存在していなかったからだ（断片的なノウハウを教えてくれるサイトだけが散在しているという状況だった）。ただ、オートガイドすらできていない間は、そのようなサイトのオーナーになる資格はないと思い、サイトの作成には着手していなかった。が、銀河星雲を撮影できるようになったため、サイト作りに着手。まずは、自分自身どんなコーナーが欲しいのか自問自答してみた。

- 銀河星雲の最新ニュースがチェックできる **「銀河星雲ニュース」**
- 自分で撮影した銀河星雲の画像をマニア同士で投稿し合い、さらにそれが自動的に図鑑化してしまう **「みんなで作る銀河星雲図鑑」**
- 日々の創意工夫を共有し合う **「銀河星雲マニア大科学実験」**
- 購入した天体機材の良し悪しを報告し合う **「天体機材レビュー」**
- 利用した天体ショップの良し悪しを報告し合う **「天体ショップレビュー」**
- 熟練の天体マニアに天体素人が質問できる **「天体マニア質問掲示板」**

次々とコーナーのアイデアが湧き出てきた。早速、唯一扱えるプログラム言語「Perl」を使いガシガシとプログラムを組み始めた。

33 「晴れ」は「雲がない」じゃない！

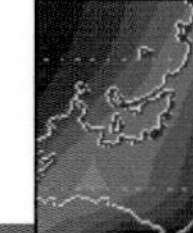

銀河や星雲が安定して撮影できるようになったため「天気予報、今日は晴れだ！　遠征だ！」の勢いで、暗い場所へ遠征に行きまくる。しかし、その80%方は、雲に阻まれ、うまく撮影できない日々がつづく。そして、天気予報の「晴れ」は「雲が出ない」を意味しないことに、ようやく気づく。銀河星雲撮影する上での決め手は、晴れ予報が出ているかどうかではなく、雲が出るかどうか（天気予報は、太陽の光が少しでも差していれば、雲が出ようが、晴れという予報を出す）。結果、遠征するかどうかは、天気予報ではなく、雲予報で判断しなければダメだと遅まきながら気づく。雲予報で遠征に行くかを判断するようになってからは雲で撮影が邪魔されることは、ほぼなくなった。このことにもう少し早く気づけていれば、無駄な遠征をしなくて済んだのに！と悔やむ。

34 北極星が見えない場所での極軸合わせ

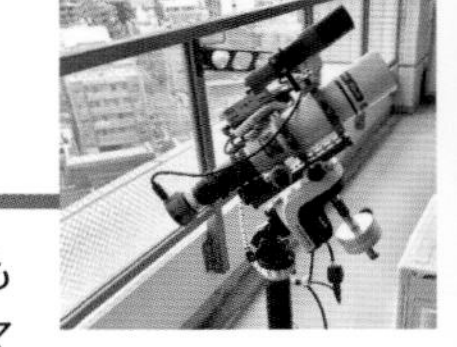

極軸合わせは北極星を目印にして天体望遠鏡の軸を調整するものなので、北極星が見えない場所では実行できない。そして、マンションのベランダからは北極星が見えない。北極星が見えない場所でも極軸合わせをする方法として「ドリフト法」があることを知る。そこで、ほんまか師匠の動画を参考に試してみたところ、どうやらドラフト法での極軸合わせに成功したようで、ベランダでも問題なく、オートガイドができるようになった（この時点では、まだASIAIRに、北極星が見えない場所での極軸合わせ支援機能が組み込まれていなかった）。

35 毎回、極軸合わせをするのは面倒

毎回同じ場所（ベランダ）にも関わらず、毎回同じ儀式（極軸合わせ）をするのは面倒だ！　毎回の極軸合わせを省略するアイデアはないものか、と考え始める。最初に思いついたのはベランダに機材を置きっぱなしにする方法。前回、極軸合わせに成功しているなら、そして、そこから位置を動かしていなければ、極軸は合ったままなので、その後、極軸合わせをしなくても、オートガイドは成功するはず。しかし、大切な機材をベランダに放置したままにはできない（急な雨で濡れてしまったら電子機材は壊れてしまう）。さて、どうしたものか。

36 極軸合わせを不要にするための天体大科学実験！

[試行錯誤1]

極軸合わせを成功させた際の三脚の位置を油性マジックでベランダ床にマーキング。次回からは、その位置に三脚をセットして即、撮影開始

⬇

位置合わせにとても神経を使う上、位置合わせの正確性に欠けるので断念

[試行錯誤2]

穴が多数空いたプレートの3つの穴に三脚の脚を入れ、極軸合わせを成功させる。次回からは、その穴に三脚をセットして即、撮影開始（かんたんセットと位置合わせの正確性を実現）

⬇

穴が多数空いたプレートの上を歩くと痛いので断念

[試行錯誤3]

バーベキュー用の網をベランダにまず固定し、その網の目に三脚を突っ込んで、極軸合わせを成功させる。三脚の脚をつっこんだ3つの穴にはハトメを付ける。次回からは、そのハトメの穴に三脚のゴム足を入れ込み撮影

⬇

大成功！　ハトメ穴に三脚の脚をつっこむだけで、毎回、極軸合わせ不要で正確にオートガイド！　ただし、微動雲台、延長ポール、三脚の位置関係を一切いじれなくなるため、この3つはベランダ撮影専用にした。よって、遠征用に、もう1セット「微動雲台、延長ポール、三脚」を購入するハメに！

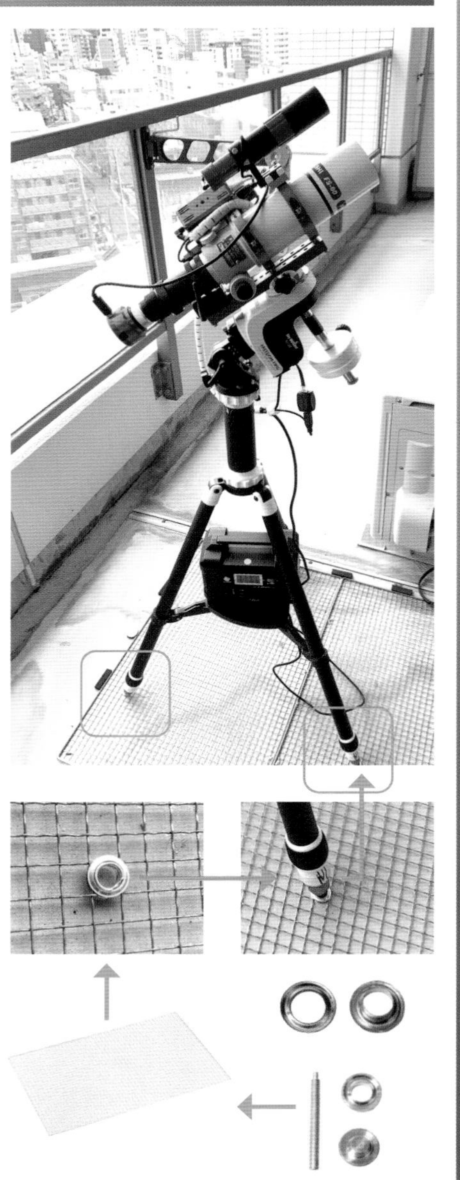

37 アンドロメダ銀河の渦が写せない!

オートガイドが安定してできるようになって以降、毎回、憧れのアンドロメダ銀河を撮影するものの、全く綺麗に撮影できない。撮影できるのはいつも、ぼーっと広がるアンドロメダ銀河の姿。アンドロメダと言えば、やはり、銀河特有の渦！　渦を撮影するには、どうしたらよいのか、考え始める。

38 渦が写らない理由を考える

オリオン大星雲や子持ち銀河など、初心者にやさしい天体は、それなりに綺麗に撮影できるようになった。なのに、なぜ明るい天体、アンドロメダ銀河の渦は撮影できないのか考えた結果……

- ●**天体望遠鏡**（もっと性能のよい高級品を買えば写る？）
- ●**撮影場所**（もっと暗い場所で撮影すれば写る？）
- ●**撮影用カメラ**（解像度の高いカメラに変えれば写る？）
- ●**画像処理**（ちゃんとした画像処理をすれば写る？）

以上4つが原因とした思い浮かんだ。そこで、これから1つ1つの原因を潰していこうと思った。

39 いつかはタカハシに手を出す

まずは「もっと性能のよい天体望遠鏡への買い替え」に着手。理由は天体写真の美しさの90％は天体望遠鏡の良し悪しで決まるという思い込み（初心者アルアル）。が、初心者には望遠鏡の良し悪しがよくわからない。その原因は天体望遠鏡のユーザーレビューというものがほとんど存在していないことにある。そんな中、タカハシという天体望遠鏡メーカーの製品は最高だ！　というクチコミはよく目に入ってくる。みんなが褒めているなら、間違いないだろうとエントリーモデルのFS-60CBをポチる。初めて10万円超えの望遠鏡購入。届いた実物を手にした時、そのしっかりとした造りに、これがタカハシかー、と、一人うなずく。果たして、その写り具合は？

40 タカハシでの写り方

EVOSTAR72EDII

FS-60CB

タカハシの「FS-60CB」購入後、早速、アンドロメダ銀河を撮影。が！　銀河の渦が映らない！「EVOSTAR72EDII」（上）と「FS-60CB」（下）を比べてみた場合、「FS-60CB」の方が星が細かく鮮明に写ってはいるものの、銀河の渦は写らない！　渦が写らない原因は天体望遠鏡が原因ではなかった！（泣）

41 宮古島に遠征！

1日目（南端）

天体望遠鏡の次は真っ暗な場所でのアンドロメダ銀河撮影に挑戦。遠征地は光害マップを見ながら旅行を兼ね、沖縄の宮古島に決定！　光害マップを見たところ、宮古島全体が暗いわけではなく、暗いのは北端と南端だけ。そこで初日は南端で撮影することに。タカハシの望遠鏡をスーツケースに入れ、旅客機に乗り込む。初日、いい感じに晴れる。が、撮影場所が宮古島最南端の岬だったため、強風の影響で、グラフは乱れに乱れ、全く安定して撮影できず！（泣）。岬は周囲に何も遮るものがないため（風が吹き荒れ）、基本、撮影に向かないもんだなと遅まきがなら悟る。翌日、今度は宮古島北端で、風の影響を受けず、かつ撮影によさげな場所を探す。すると、そこそこ低い木々に囲まれた（しかし、見晴らしはよい）場所「フナクス海岸駐車場」を発見。時間経過とともにあたりが本当に真っ暗になり、何も見えなくなる。そして見えてきたのが天の川！　生まれて初めて見る天の川は、写真で見るような明るく鮮明なものではなく、うっすらと光の帯のようなものがなんかあるなあ程度のものだったが、それでも、その存在に感動。が、肝心のアンドロメダ銀河の渦はまたしても撮影できず。渦が写らない原因は天体望遠鏡の性能でも、撮影場所の暗さでもなかった！（号泣）。

2日目（北端）

42 達人に相談

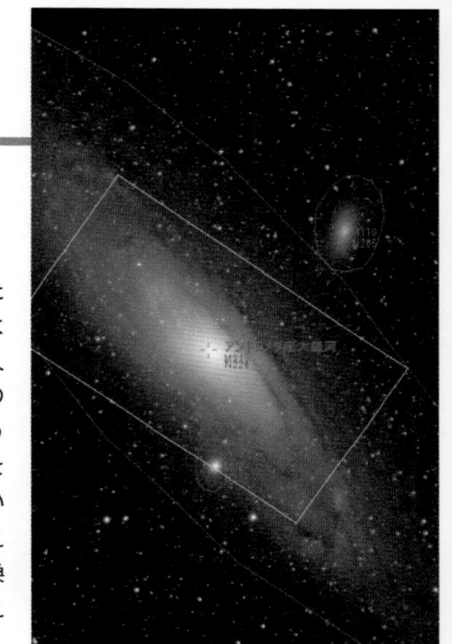

- 天体望遠鏡を変えても渦が写らない
- 最高に暗い場所で撮影しても渦が写らない

次は撮影カメラを変えようと思ったが、果たして、それでアンドロメダ銀河の渦が写るようになるのか不安だった。そこで、まずは達人A-1さんに「どうやればアンドロメダ銀河の渦が写るようになるのか」相談してみた。そうしたところ……「ダーク画像、フラット画像を使っての画像処理」「もっと写野（画角）の広いカメラへの変更」という2つの対処法を教えてもらった。画像処理は面倒なので（笑）、交換すればよいだけのCMOSカメラへの買い替えにまずは着手することにした。

43 CMOSカメラ探し

調べたところ今まで使ってきたCMOSカメラ
ASI385MC（5万円）のスペックは
センサー全体サイズ：7mm × 4mm
画素数：1936 × 1096＝212万画素

このCMOSカメラよりも、センサーサイズが2倍以上（面積比で4倍以上）で、画素数も4倍以上のものを探したところ、評判のよいASI294MCを発見。
センサー全体サイズ：19mm × 13mm
画素数：4144 × 2822＝1169万画素
価格はASI385MCの2倍以上の約10万円

それにしても、いつの間にか、こんな小さく赤い缶缶に平気で10万円も出費してしまうようになっている自分に驚く。

44 山奥のダムに遠征！

ASI294MC入手後、早速、福岡山奥にある完成したばかりの「小石原川ダム」に遠征（完成したてなので全てが清潔！　トイレも綺麗）。撮影中、誰かがこちらに近づいてくる気配。車の窓を開け、「アンドロメダ銀河の撮影をしてるんですよ！」と、こちらから怪しい者ではないアピール。おじさんはダム管理事務所の従業員だった。アンドロメダという言葉を聞き、おじさん興味津々らしく目が爛々と輝き出したので、それから約30分ほど、おじさんに、どうやって銀河星雲を撮影するのかを説明。ライブスタックでの画像を見ると、かなりよさげな印象。今回に限っては、ライブスタックだけではなく、自宅でのスタックと画像処理をして、手間をかけて仕上げようと思い帰宅。

45 渦が写った！

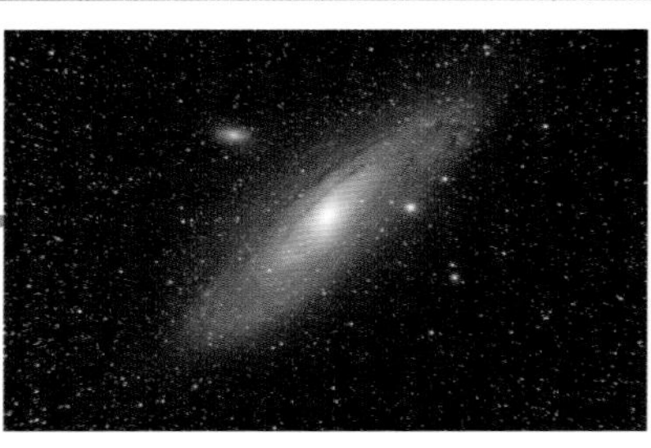

帰宅後、撮影した60枚の画像をまずは1枚1枚チェックして、ぶれていたり、流れ星が線となって写っているものを取り除く。その後、残った画像を「ASIStudio」を使ってスタック処理。さらにストレッチ処理すると、今まで見えなかった渦が現れた!!! やっと満足のいくアンドロメダ銀河の撮影に成功！　今まで渦が写らなかった原因はCMOSカメラにあった！　カメラの性能がボトルネックになっていたのだった！

46 大は小を兼ねる？

アンドロメダ銀河の撮影に成功したことにより、ASI294MC（10万円）というカメラの素晴らしさに驚く。広範囲を撮影でき、しかも画素数が多く、かつ画素密度もそれなりに高いため、画像がきめ細かく綺麗。となると、今まで使ってきた、狭い範囲しか写せず、画素数も少なく画像の粗いASI385MC（5万円）はもう二度と使うことはないだろうと思った。そして今までASI385MCで撮影してきた銀河や星雲をASI294MCで改めて片っ端から撮り直してみることにした。

47 大は小を兼ねる、というわけでもなさそう

	ASI294
Sensor	SONY IMX294
Resolution	11.7MP 4144×2822
Pixe size	4.63μm
Sensor size	4/3" 19.2x13.0mm
Diagonal	23.2mm
Exposure	32us-2000s
FPS	19FPS
Shutter	Rolling
Read noise	1.2-7.3e
QE peak	TBD
Full well	63700e
ADC	14bit
Back focus	6.5mm
Color	Color

広範囲を高密度で写せるASI294MCで今まで撮影してきた銀河星雲を片っ端からライブスタックで撮影し直す。そうしたところ、iPadに表示される画像は高密度で綺麗な一方、今まで撮影してきた銀河や星雲に比べとても小さくディスプレイに表示された。なぜ、小さく表示されるかを考えたところ、今までどおり同じサイズのiPadディスプレイに広範囲の映像が収まるように表示されるからだという結論に。まとめると、こうなる。

- 「センサー全体サイズ小」の安いカメラ（ディスプレイでの見た目上）狭い範囲の天体を大きく写せる➡小さな天体向き
- 「センサー全体サイズ大」の高いカメラ（ディスプレイでの見た目上）広い範囲の天体が小さく写る➡大きな（広く広がる）天体向き

つまり、撮影したい天体の大きさに応じて、カメラを変える必要があるという、天体マニアの常識にやっと気づく（笑）。よって、今まで使ってきたASI385MCも無駄にはならず、小さな天体の場合には活躍しそうだという結論に。

48 またまたヒラメく

小さな天体を大きく、しかもキメ細かく綺麗に写したいのであれば、センサー全体サイズが小さく、かつ、画素数が多いカメラを使えばいいじゃないか！　と気づき、またまた、カメラの物色をしだす（ポチリヌス菌大繁殖）。ZWOのサイトを見ていてCMOSカメラにはPlanetary Cameras（惑星用カメラ）とDSO Cooled Cameras（銀河星雲用冷却カメラ）の2タイプあることに気づく。さらに今まで購入してきたカメラはどれも非冷却の惑星用カメラだったことに遅まきながら気づく（銀河星雲撮影目的なのに）。カメラを冷やすのはノイズ対策らしいのだが、今まで撮影してきてノイズなんて出てない。なぜ？（答：冬だったから）

49 小さな天体を大きく綺麗に写すカメラ発見!

センサー全体の面積が小さく、かつ画素数が多いカメラを探したところ、ASI183MCという製品を発見！　スペックは
センサー全体のサイズ:13mm×8.8mm
画素数:5496×3672＝2018万画素
センサー全体の面積がASI294MCの半分なのに、画素数はその倍。つまり、面積は狭いのに画素密度が倍なので、小さな天体が大きく、しかも綺麗に写るカメラだ！　と思い即購入。7万円！　安い！(金銭感覚が完全にマヒしだす)

50 世の中思ったとおりにはいかないのね

小さな天体を大きく美しく撮影するには2通りの方法がある。

- F値が小さく焦点距離の長い天体望遠鏡を使う(王道)
- センサー全体サイズが小さく画素密度が高いカメラを使う

前者が王道。が、この場合、天体望遠鏡のサイズと重さが増し、所有している赤道儀AZ-GTiの積載可能重量を超えるため、安定したオードガイドができなくなる(＝撮影不能)。一方、後者は単にカメラを変えるだけなので、積載重量は変わらず、赤道儀AZ-GTiもそのまま使える。お手軽。よって、センサー全体面積が狭く画素密度の高いASI183MC(7万円)を購入し、入手後、早速撮影してみる。右の画像は上から購入した順になっており、つまり、上からASI385MC(5万円)、ASI294MC(10万円)、ASI183MC(7万円)の亜鈴状星雲の撮影画像。
確かに、真ん中のASI294MC(10万円)よりも大きさは約2倍になったものの、一番上のASI385MC(5万円)よりははるかに小さい上に暗い。計算どおりには行かなかった！　調べたところ、単位面積あたりの密度が高い光センサーの場合、1ピクセルあたりのセンサー面積が小さくなるため、光に対する感度が弱くなり、暗い天体写真になるらしい！(泣)

ASI385MC(5万円)

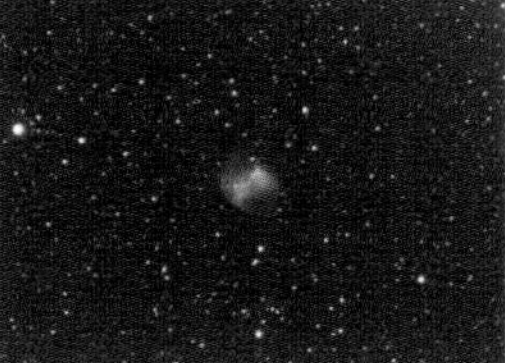

ASI294MC(10万円)

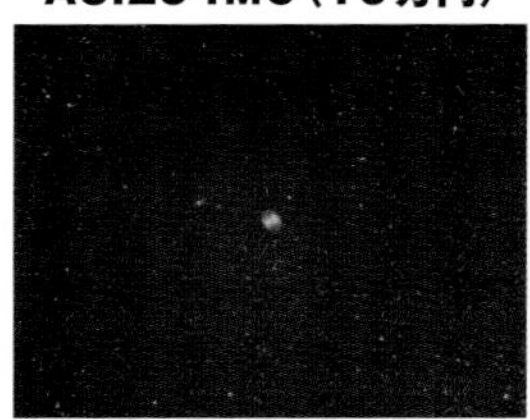

ASI183MC(7万円)

S1 使用する天体機材・撮影場所使い分けまとめ

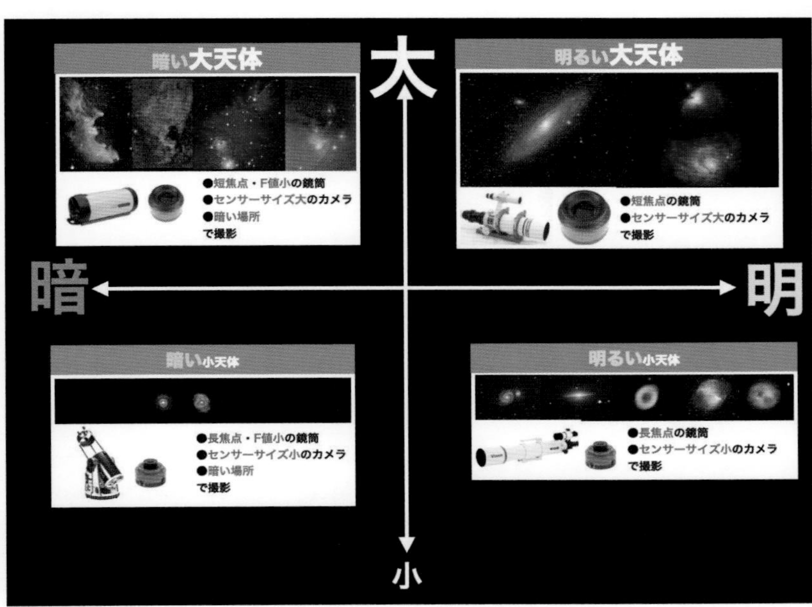

- 天体を明るい大天体・明るい小天体・暗い大天体・暗い小天体の４つに分類
- 撮影したい天体のサイズや明るさに応じて天体機材や撮影場所を使い分ける
- 明るく大きな天体は短焦点の鏡筒・センサーサイズ大のカメラを使う
- 明るく小さな天体は長焦点の長い鏡筒・センサーサイズ小のカメラを使う
- 暗く大きな天体は暗い場所で短焦点＆F値小の鏡筒・センサーサイズ大のカメラを使う
- 暗く小さな天体は暗い場所で長焦点＆F値小の鏡筒・センサーサイズ小のカメラを使う

52 住んでるマンション解体されるってよ

マンション管理会社から、突然以下のような手紙が届いた。

ご入居者各位

全室退去のご案内

平素は、格別のご愛顧を賜り厚く御礼申し上げます。この度は、カスタリア大濠ベイタワーにご入居いただいている皆様に対し、退去のご案内をさせて頂くべくご連絡させていただきました。本マンションにご入居いただいている皆様におかれましては、既にご存知の方もいらっしやると存じますが、本マンションには、建築基準法所定の国土交通大臣認定に係る性能評個基準に適合しないトーヨータイヤ（旧東洋ゴム）製免震ゴム製品が使用されており、その是正が求められております。
今後の是正対応につき関係各所と協議、相談を重ねました結果、誠に恐縮ではございますが、最終的には本マンションを解体せざるを得ないという結論に至り、本マンションにご入居いただいている皆様には、下記の要領でご退去をお願いする運びとなりました。
住民の皆様には多大なるご迷惑をおかけすることとなり、誠に恐縮ではございますが、何卒ご理解賜りますようお願い申し上げます。

記

1　皆様への移転補償費のお支払いについて

～～～～～～～～～～～～～～～～～略～～～～～～～～～～～～～～～～～

2　退去時期について

1年以内

53 マンション解体は天の恵み？

突然の「マンション解体＆1年以内退去」の知らせに驚くと同時に、これが何を意味するのかを考えてみた。その結果、これは引っ越し費用ゼロで銀河星雲撮影に向いたルーフバルコニー付マンションへ引っ越せるチャンス！　だということに気づく。

54 マンション解体の背後にあるもの

29　社会　13版　2021年（令和3年）7月21日（水）

免震ゴム偽装 タワマン解体へ

福岡の賃貸物件「急に退去要求」

2015年に免震ゴムの性能偽装が発覚した東洋ゴム工業（現TOYO　TIRE）の製品を使っていた福岡市中央区の30階建てタワーマンションで、製品が交換されないまま、今月になって住民に解体が通知されたことがわかった。住民は来年6月までの退去を求められている。

マンションは2006年建築の賃貸物件で、計215戸。入居率は4割程度という。

同社によると、問題の免震ゴムが使われていたのは官公庁や文化財などを含め全国154棟。偽装発覚後に取り換えているが、19日時点でこのマンションを含む5棟は作業が始まっていない。ただ、他の4棟については交換などに向けて協議中という。6年にわたり手つかずだった理由について、同社の担当者は「交換する場合の住民への影響などについて検討していたため」と説明。偽装発覚直後の検証では、震度6～7の揺れでも倒壊しないことを確認したという。

住民によると、問題発覚後に社員が各戸を訪れて「免震ゴムを取り換える」と説明した。だがその後は連絡がなく、管理会社名で「全室退去のご案内」との通知が7月2日付で届いた。

「（免震ゴムの）是正対応につき関係各所と協議、相談を重ねた結果、解体せざるを得ないという結論に至った」と説明。移転補償費として、6カ月分の家賃相当額の支払いや敷金の返却をするとし、できるだけ早く退去するよう求めている。

マンションを実質的に所有する投資法人は、7月2日に別の会社と売買契約を結び、9月30日に譲渡するという。譲渡先は非公表としており、マンションの扱いは「次の買い手が考えている」と説明した。また、管理会社は解体の判断に至る経緯を聞かされていないとしている。

夫と子どもの家族3人で暮らす40代女性は「マンションも街も気に入っていた。せめて納得できる説明をしてもらいたい」。別の50代男性は「なぜ交換や改修でなく、突然の解体なのか。経緯が全く見えない」と不信感を募らせている。（藤原慎一）

解体が通知され、住民が退去を求められている賃貸タワーマンション（中央）＝福岡市中央区、本社ヘリから、金子淳撮影

双子遺棄に猶予判決

熊本地裁「実習生 厳しい環境」

熊本県芦北町の自宅で双子の男児の遺体を放置したとして、死体遺棄の罪に問われたベトナム国籍の技能実習生レー・ティ・トゥイ・リン被告(22)に対し、熊本地裁（杉原崇夫裁判官）は20日、懲役8カ月執行猶予3年（求刑懲役1年）の判決を言い渡した。

判決によると、リン被告は昨年11月15日ごろ、自宅で双子の男児を出産。死産だったが、遺体を段ボール箱に入れて室内の棚の上に置き続けて遺棄した。

公判で被告側は、段ボールに入れたのは「埋葬のた

マンション解体が自分にとってラッキーな出来事であることに気づくと同時に解体に関しては不可解な点があることにも気づいた。当初（約5年前）、トーヨータイヤは住民に対し、免震ゴムの交換で対処すると説明していた。それが突然急に、なぜか交換ではなく、解体処理にすると言いだしたこと。さらに、問題のある性能偽装免震ゴムは全国で154棟に使われており、その99%がゴム交換で処理できているにもかかわらず、なぜか、当マンションだけ解体という処理になったこと（なぜ、当マンションだけ特別処理？）。ここに、何か事件（笑）の匂いを感じとった著者は知り合いの新聞記者に、この情報をリークし、背後にあるものを探ってもらうことにした。そうしたところ、著者のタレコミは、まずは「偽装免震ゴム使用のタワマン解体へ　発覚後は交換と説明……住民『唐突』」という見出しのスクープ記事になった。このスクープ記事の後、他の新聞社やテレビ局も後追いニュースを出し「日本初のタワマン解体へ」などの見出しで、全国ニュースになった。このマンション解体の背後に一体何があるのかの解明はマスコミに任せることにして、マンション住まいの人間にとって理想の銀河星雲撮影環境とはどんなものかを考えてみることにした。

55 ベランダ撮影でのストレス

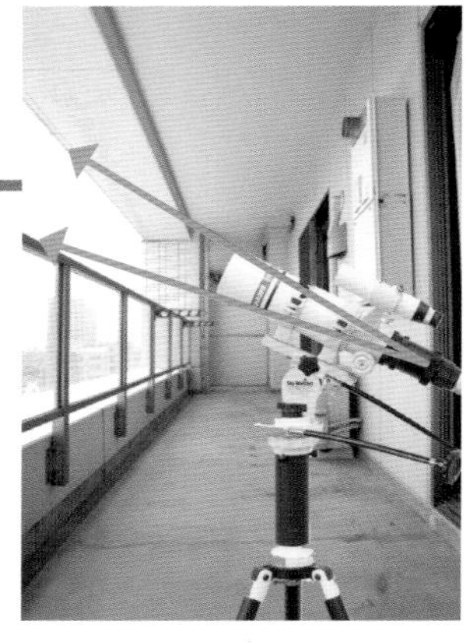

思い返せば、天体撮影趣味を始めてからというもの、マンションのベランダからの銀河や星雲の撮影は、非常にストレスがたまるものだった。原因はベランダからの撮影の場合、撮影可能な範囲がとても限られたものになるからだ。左右は両隣の防災用仕切りボードに邪魔をされ、上下はベランダの天井と床が邪魔をしてくる。よって撮影可能な天体は全天体の5%ぐらいに限られたものになる。さらに天体が撮影可能な範囲に入ったとしても、日周運動により2時間程度で撮影可能範囲から外れてしまう。また、大体のベランダは南向きに作られているため北極星が見えず、極軸合わせもできないときている。

↓

56 天体マニアにとっての理想のマンションとは?

ベランダ撮影でのストレスから解放される為には同じような造りのマンションに引っ越してはダメ。そこで天体マニアにとっての理想のマンションとはどういうものかを考えてみた。

ルーフバルコニー

ペントハウス

- **田舎の見晴良好の庭付一戸建て(又は屋上付マンション)**
  田舎の暗い場所にある見晴らしのよい庭付一戸建て、または屋上付マンションが本来、天体マニアには理想的。田舎の場合、その場所自体が遠征地となり、暗い場所を求めての遠征が不要になる。ただし、天体撮影には向いていても生活は不便になるため、×
- **タワーマンション高層階**
  タワマンはその構造中、ルーフバルコニー付の部屋を造れない(ごく少数の例外有)。よって、見晴らしよくても×
- **普通のマンションのルーフバルコニー付の部屋**
  最上階にあるルーフバルコニー付の部屋ならGOOD
- **普通のマンションのテラス付ペントハウス**
  最上階にあるテラス付ペントハウスであれば、さらにGOOD

目指すものが見えてきて、ワクワク感が高まる。

↓

57 2021年 ルーフバルコニーへの旅

そんなわけで福岡天神近辺での「ルーフバルコニー付」または「ペントハウス」マンションへの旅が始まった。だたし一年以内という制限時間アリ。まず、見通しとして、そもそもルーフバルコニー付のマンションを見かけること自体が少ないので、つまり、その絶対数が少ないと思われるので、かなり難易度の高いゲームになることが予想された。そこで、こんな戦略を立てた。

- 前半の半年間は理想をどこまでも追い求め「ルーフバルコニー付」「ペントハウス」のマンションをとことん探す
- 残りの半年間は（いつまでも理想を追い求めていたのでは、いつまで経っても物件を確保できずタイムオーバーになる危険性があるため）、理想の条件（立地、築年数）を緩めて探す

58 酒と物件探しの日々

物件探しはもちろん、ネットで行う。エリア、築年数の範囲、賃料の範囲、占有面積の範囲を指定した上で、こだわり条件として「ルーフバルコニーorペントハウス」を指定し検索する。

使った不動産サイトは以下

● SUUMO　● スモッカ　● at home
● Yahoo!不動産　● goo住宅・不動産　● HOMES

Google検索もフル活用した

- **Google24時間以内検索**
  エリア名＋（ルーフバルコニー or ペントハウス）＋賃貸
- **Google24時間以内画像検索**
  エリア名＋（ルーフバルコニー or ペントハウス）＋賃貸

59 不動産サイトの不親切な検索システム

ほかこだわり項目

建物設備

- [ ] 駐車場あり
- [ ] 駐車場2台以上
- [ ] 敷地内駐車場
- [ ] 駐輪場あり
- [ ] バイク置場あり
- [ ] エレベーター
- [ ] 宅配ボックス
- [ ] 敷地内ゴミ置場
- [ ] バルコニー付
- [x] ルーフバルコニー付
- [ ] 専用庭
- [ ] 都市ガス
- [ ] プロパンガス
- [ ] バリアフリー

その他

- [ ] デザイナーズ物件
- [ ] IT重説 対応物件
- [ ] 分譲賃貸
- [ ] 保証人不要

毎日3回、8つのサイトを検索。検索結果を1つづつクリックし、内容をチェックしていく。すると、不思議なことに「ルーフバルコニー」「ペントハウス」という検索条件を付けているにもかかわらず、見取り図を見てみると、それらしき部分が見当たらない部屋が多数表示される。どういうことなんだろう？　と調べた結果、ルーフバルコニー付の部屋が1つでもあるマンションの場合、そのマンションの全部屋がルーフバルコニー付物件として表示される仕組みなのだ！　と気づく。実はこの気づきが後に、大きな役割を果たすことになった。

60 ルーフバルコニー砂漠

来る日も来る日も、1日3回（朝、昼、晩）、8つのサイトを検索しつづける。が、これだ！　という物件が表示されない。いかにルーフバルコニー物件の絶対数が少ないのかを思い知る。この状態が3ヶ月つづき、諦め感が出てくる。

物件一覧

条件に一致する物件がありません。

OK

61 はじめて遭遇したルーフバルコニー物件

ルーフバルコニーへの旅をはじめて3ヶ月目、やっと、よさげな物件（築10年）が表示される。新築物件ではないので、まずは内覧をして、現物をこの目で確かめようと思い内覧の予約を入れる。内覧日当日、当該物件に出向く。が、現地に着いてすぐに不動産屋のおにいさんが謝ってきた。曰く「たった今、他の方が内覧せずに決めました」。内覧もせずに決めてしまう強烈なライバルがいたのだ！　せっかくなのでと、内覧させてもらう。が、築10年とは思えない汚れ具合。とても住む気にはならないような汚れまくった物件だった。

気づき：「内覧せずに決める強力なライバルがいる！」「新築なら内覧せずに決めろ！」「中古物件は内覧せずに決めるな」

62 ルーフバルコニー物件2件目

初めてのルーフバルコニー物件から1ヶ月後、かなりよさげな物件（築2年。3週間後に内覧可能）が表示された。ただし、少し不便な場所にあるため、内覧してから決めることにする。結果、前回同様、内覧前に他のライバルに決められてしまう。築2年と、ほぼ新築なんだから、内覧せずに決めればよかったと少し思ったが、運命だと諦める。

63 面白いペントハウス物件

その後、これだ！　という物件が表示されない日々がつづき、諦め感がただよう。そこで空き物件ではなく、入居中物件にはどんなものがあるのか調べてみることにした。すると魅力的なペントハウス物件を発見。四方全面ほぼガラス張り、かつ四方がルーフバルコニー状になっている。空き物件チェックと同時に、この物件に空きが出るかどうかのチェックもすることにした。それにしても、ルーフバルコニーがあるかないかでワクワク感がぜんぜん違ってくるのはなぜだろう。

64 部屋番号の謎

ルーフバルコニー、ペントハウスの部屋探しをはじめてから約半年が経過し、さらに諦め感がでてきた。そろそろ条件を緩めて探しはじめるしかないかと思いはじめていたある日の朝、奇妙な新築物件が目に飛び込んできた。

数ヶ月後に入居可能になる新築マンションなので全部屋が表示されている。しかしどの部屋の間取り図を見ても、ルーフバルコニー付の部屋がない。ルーフバルコニーという条件付検索しているのだから、少なくとも1部屋はルーフバルコニー付の部屋があるはず。そこで、最上階の部屋を再度チェックしてみたところ、奇妙な点があった。部屋番号が以下のように並んでいたのだ。

902
903
904
905
906
907
908
909

902・903・904・905・906・907・908・909……？
901号室が抜けている！

そこで、頭を働かせ、901こそがルーフバルコニー付の部屋で、何らかの理由で901だけが非表示状態になっているに違いない！　と確信。このことに気づけている人間は、この時点で、たぶん自分しかいないから（ライバル皆無）、今すぐに不動産屋に出向き、901号室がルーフバルコニー付の部屋かどうかを確認し、さらに図面でも確認させてもらい、どの程度の広さのルーフバルコニーかも確かめた上で、よさげなら、（新築物件なので）、内覧せず、その場で入居申し込みをすれば、半年間探しつづけたルーフバルコニーの物件をゲットできる！
しかも、まっさらの新築物件！

早速、不動産屋に向かう。向かっている最中、なぜ、901号室だけが表示されていないのか理由を考えてみる。

- 単なる手違い
- マンションオーナー用だから募集していない（よくあることらしい）

前者であることを祈りつつ、不動産屋へ急いだ。

65 ゲッツ！

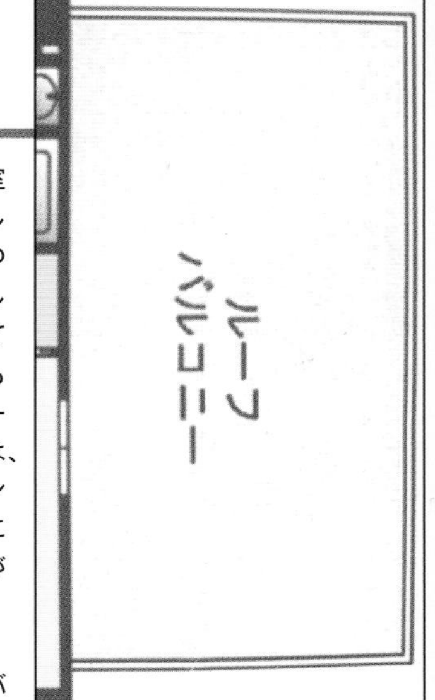

不動産屋に着くなり、当該物件名を伝え、901号室の存在の確認と、その図面の開示を求めた。そうしたところ、901号室は確かに存在しており、かつルーフバルコニーの部屋だということが判明。そして、不動産屋の手違いでホームページに表示されていないだけだとわかった。図面をチェックさせてもらったところ、予想以上に広いルーフバルコニーだったので、即、入居申し込み。なお、この時点では、外観イラストもできておらず、どんな見た目のマンションかわからないまま入居を申し込んだことになる。結果、この半年間の試行錯誤で得た気づきが全て役立ったことに気づいた。つまり……

- ルーフバルコニー付の物件を狙っているライバルは確実に存在しており、かつ物件の絶対数が少ないため競争率高し
- ライバルを出し抜くには毎日少なくとも3回は複数の不動産屋サイトで該当物件の新着情報をチェックすべし
- 3ヶ月に1物件ぐらいの割合では理想に近い物件は出てくる。諦めるな
- 築浅物件で他の条件もよければ、内覧せず、即決すべし
- 新築物件で条件もよければ、不動産屋に直ぐに直行し、詳細確認の上、即、入居申し込みをして物件確保

66 天体機材の断捨離

あとは引っ越すだけとなり、今後、これは使うことがないなと思った天体機材を大量に処分。具体的には……「コルキットスピカ（4000円）」「MAKSY60（1,4000円）」「MEADE AZM-80（28,000円）」他諸々。特にMAKSY60はテイストが好みだったが、カメラ接続部分が激しくチャチな造りで（なんとネジがゴム製）、CMOSカメラがしっかりと固定できず、天体撮影には全く向いていなかったため真っ先に断捨離。

67 天体大科学実験　第二弾！

夢に見たルーフバルコニー付マンションへの引っ越しが完了！　引っ越し後、まず行ったのは、バルコニーから北極星が見えるかどうかの確認……見える！　フツーに極軸合わせができる！　次に確かめたかったのは、バーベキュー用の金網を利用しない極軸合わせ不要のアイデアの検証（天体大科学実験第二弾）。引っ越し前のマンションでは三脚固定にバーベキュー用の金網を利用していた。そこで、かさばる金網を利用しなくても三脚の脚を正確に固定するかんたんなアイデアを思いつき、それを試すことにした。バーベキュー用金網を使わず極軸合わせが不要になるそのアイデアとは

- 裏側がシールになっているゴムシートにハトメを付ける
- ハトメを付けたシール付ゴムシートをバルコニー床に直接貼る
- ハトメに三脚の脚を入れた上で極軸合わせを成功させる
- 次回以降は、そのハトメに三脚を入れて固定し、その上に天体機材を乗せ、極軸合わせをせず、即、天体導入＆撮影

まずはダイソーでシール付の厚手のゴムシートを探す。そんな都合のよい商品が売っているのか？　と思いながら探したところ、日曜大工売り場に、その都合のよい商品があった！　商品名は「滑り止めマットラウンド 4P CUG-3」。この滑り止めマットに、ダイソーで100円で売られている
- 「両面ハトメ10ミリ25個入」を
- 「両面ハトメパンチ」（1533円）で留める。

そしてハトメの付いた滑り止め円形マットをルーフバルコニーの床に直接貼り付け、そのハトメに三脚を入れ込み、極軸合わせを成功させる。後日、床に固定されているハトメに三脚の脚先を入れ込み、極軸合わせをせず、天体を導入、オートガイド撮影をしたところ、思ったとおり撮影成功。最も気になったのは、滑り止めマットの粘着力。今までバーベキュー用の金網を使っていたのは、このような粘着シールだけだと、粘着力が弱く、雨にさらされた後、はがれると思っていたから。が、実際はシールの粘着力は強力で、雨でもかんたんにははがれないことが判明！　大成功！

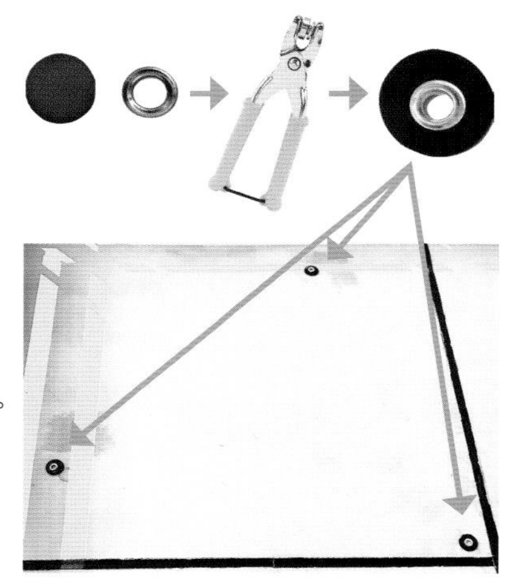

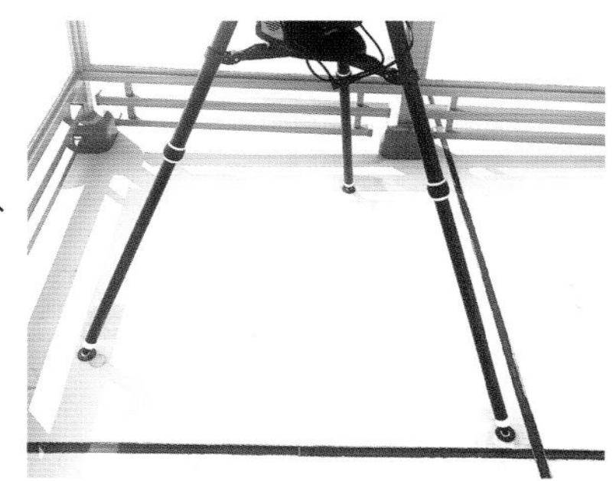

68 ルーフバルコニーのすすめ

ルーフバルコニー付マンションに住まいを移してから3ヶ月時点で思ったことを書いてみる。

[結論]

天体機材に数十万かけるなら、そのお金をルーフバルコニー付マンションへの引っ越し費用にあてた方が銀河星雲撮影ライフは100倍楽しく、100倍楽になる！

[理由]

❶バルコニーで撮影できる銀河星雲数が100倍になる（体感値）

❷天井や床、両隣のバルコニーとの壁などに写野を邪魔されるストレスが皆無になる

❸大きな天体機材（赤道儀、望遠鏡）が利用可能になり、銀河星雲をより大きく、より明るく撮影できるようになる

❹工夫次第で毎回の極軸合わせが不要になる（→スゴロク67参照）

❺撮影のために近所の空き地などに行く必要がなくなる

＝夜間誰からも怪しまれずに済む＝常に室内で夏は涼しく、冬は暖かく快適に銀河星雲の撮影を行えるようになる

＝バルコニーは部屋と地続きなので機材を放置したままトイレ行き放題、自由に食べ放題、飲み放題、撮影中も仕事し放題

❻翌日の夜も晴れそうな場合、片付け不要で（天体機材そのまま放置で）就寝できる。翌日はセッティング不要で、そのまま撮影を開始することができる

[結論の結論]

ルーフバルコニー付マンションは銀河星雲マニアが最優先で入手すべき最良の天体機材である！（名言？）

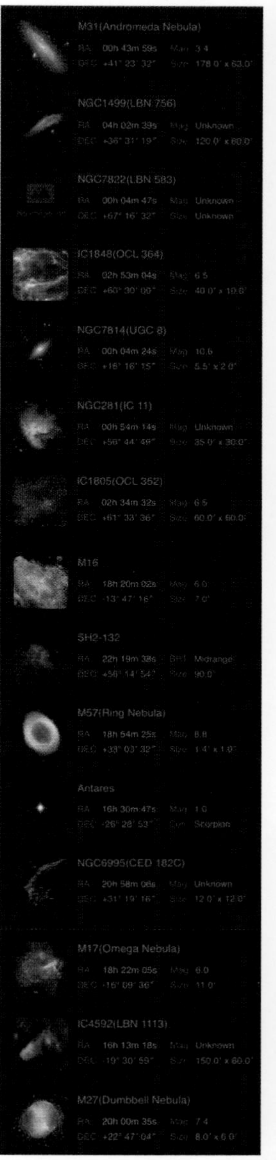

69 増殖する小さな黒い影

ルーフバルコニーでの快適天体ライフを送っている中、原因不明の小さな黒い影に悩まされるようになった。撮影された画像の中に小さな黒い点が現れるようになったのだ。

ASIAIRの故障かな？　と思い、ASIAIRを再起動しても、黒い影は取れない（不具合が起こった時は、まずASIAIRを疑ってしまう天体初心者）。次に疑ったのが望遠鏡のレンズの塵。が、レンズクリーニングペーパーで清掃してもこの黒い影はびくともしなかった。

次に疑ったのがカメラに取り付けられているガラスフィルターについている塵。そのガラスフィルターを「メンテナンス用品レンズペン3」という商品のハケ部分で掃除したところ、逆に、塵が増殖！　どうやら、ハケに元々付いていた小さな塵がガラスフィルターに落ち、逆に事態を悪化させることに！
最悪！

その後も、レンズクリーニングペーパーで拭き取ろうと1時間格闘するも塵の位置がズレるだけで全く解決しない。弱り果てて、銀河星雲撮影の達人、A-1さんに相談すると、
VSGOVS-S02E［センサークリーニングキット］
という商品を紹介してもらえた。なんと使い捨てのクリーニングブラシ！
約2000円するパッケージの中にクリーニングブラシが10本入っているので、1本あたり約200円！
そのうちの1本を使い、クリーニングしてみたところ、影が全くなくなったわけではなかったが、黒い影の数は減った！　もう1本を使ってクリーニングしてみたところ、やっと黒い影が見事に全くなくなった！　天体初心者にとって、この黒い影は恐怖と同時に、対処の仕方によっては泥沼に入り込む。ぜひ、この体験談を参考にアナタも黒い影と闘って欲しい。

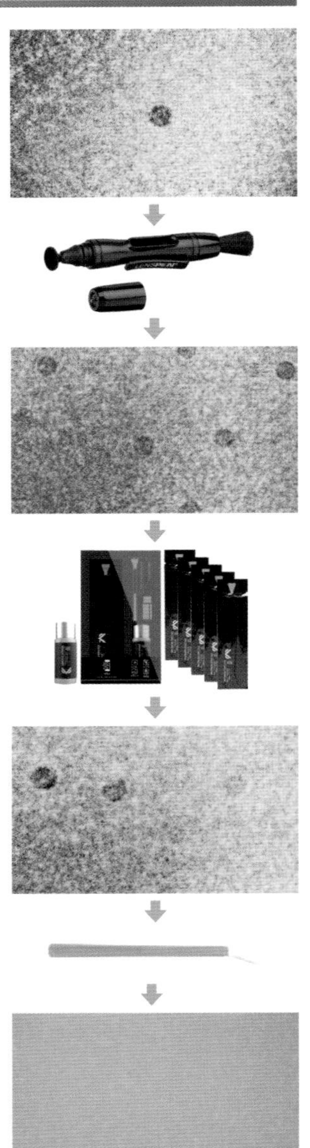

70 半永久塵防止法

もう二度と塵との泥沼の闘いはしたくないと思い、困った時のA-1さんに相談したところ、カメラのノーズ先端にフィルターをつければよい、とのこと。
ノーズの先端？
ノーズの先端にフィルターを取り付けるためのネジなんて切られてたっけ？　と思い、試しにノーズ先端にフィルターをかぶせ、回してみたところ……ねじ込まれた！（ノーズ先端にネジが切られていることに気づいていない人多数の予感。今まではセンサーのすぐ上にフィルターを取り付けていた）。とゆーことで、ノーズの先端に光害フィルターを付けたところ、その後、塵に悩まされることはなくなった！
※画像に黒い影が写るのはカメラセンサーの近くにある塵だけ。よって、仮にノーズの先端に塵が付着しても黒い影が写ることはない。同様に主鏡の対物レンズに塵が付着しても黒い影が写ることはない。

71 心の声

オートガイド撮影が安定してできるようになり、普通に銀河星雲を撮影できるようになったし、そろそろ銀河星雲マニア向けのサイトをオープンするか！　と思ったその瞬間、心の声が聞こえてきた（数年に1度聞こえてくる）。
「本を出すんだ！」
本？　銀河星雲の本を出す？　今まで、満足に銀河星雲を撮影できていなかったため、銀河星雲関係の著書を出版することなど考えたこともなかった（そんな資格があるとは思えなかった）。しかし、普通に銀河星雲を撮影できるようになったことで、状況が一変していることを伝えようと、心の声発動となったようだった。そこで、この心の声「本を出すんだ！」について、その意味をじっくり考えてみることにした。

72 天体素人向けの銀河星雲攻略本!

心の声「本を出すんだ！」の意味することを考えてみた。調べたところ、日本国内で銀河や星雲撮影を趣味にしている天体マニアの数は多くても5千人程度。
ちなみに……
鉄道マニアの人口は約200万人
漫画マニアの人口は約100万人
ゲームマニアの人口が約70万人
メジャーな趣味とはケタが3つも違う。そんな少ない人口を対象にした本を書いたところで……と思った次の瞬間、ヒラメいた。天体マニアの人口が約5千人ということは、逆に考えれば、日本人の99.9999%は天体マニアではない、ということ。であれば、天体マニアではない約1億人の天体素人向けに、銀河星雲の面白さと、その映像化の方法をわかりやすく伝える本を書けばいいじゃないか！　と思った。史上初の天体素人対象の「銀河星雲映像化攻略本」だ。よく考えたら、既存の天体マニア向けに本をいくら書いたところで、天体マニア人口は増えない。天体マニア人口を増やす唯一の方法は、天体マニアじゃない人たち（天体素人）を天体趣味の世界に誘い込むことによってのみだ。そのための史上初の天体素人向け「銀河星雲映像化攻略本」を出版すればいいんだ！　と一人盛り上がった。そして、作成したサイトは、その本の出版と同時に一般公開すれば初心者と天体マニアが交流できる唯一のサイトとして喜ばれるじゃないか！　と思った。
考えてみれば、銀河や星雲に比べ、あまり刺激のない「月食」でも、多くの人は、その天体ショーに魅了されている。月食に比べ、何万倍も刺激の強い銀河星雲を自分の天体機材で撮影できる時代になっていることを1億人が知ったとしたら？　史上初の銀河星雲撮影ブームを自分の著書で巻き起こせるじゃないか！　と思い、早速、大枠の構成を考えた上で、原稿を書き始めた。そして今アナタはこうして本書を手にしている。
今まで「会社を辞め独立するんだ！」「人生をゲーム化する本を書くんだ！」など、自分の心の声に従って行動してきた先には必ずワクワクする世界が広がっていた。果たして今回はどんな世界が展開していくのかワクワクしている。

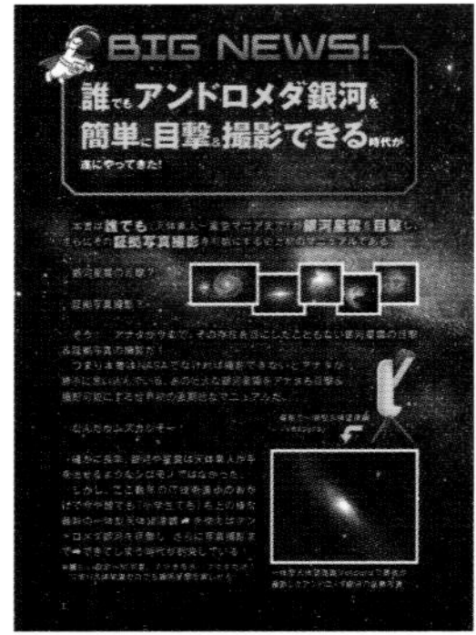

あとがき

パックマン星雲
撮影：JUNZO

私は幼少の頃より宇宙自体には大いに関心があった。しかし、天体趣味（いわゆる天体観測）には全く興味が湧かなかった。なぜなら小学生時代、雑誌「科学」の付録「天体望遠鏡」をのぞいて見えたのが「月」と「小さな白い点にしか見えない星」だけだったからだ。月は白黒で見た目は相変わらずだし、白い点をいくつ見たところで、面白いとは感じなかった。

※根っからの天体マニアと銀河星雲マニアの私との違いは、まさにこの点にあると最近わかった。根っからの天体マニアは月や1つ1つの星の輝きに美しさを感じることのできる感受性の持ち主で（そういう人を、敬意を込めて「選ばれし者」、又は「ネイティブ」と呼んでいる）、私はそのような感受性を持ち合わせてはいなかった。銀河星雲のようなド派手で刺激の強い対象に対してだけ脳細胞が発火するタイプの人間だった。

よって、月と土星の輪を見て楽しんでるんだろうというイメージのいわゆる「天体観測」は刺激の少ない趣味だと長い間思っていた。そして、私のようなこの感じ方は多くのフツーの人が共有している感覚だとも思っている（じゃなかったら、天体マニア人口がこんなに少ない（推定5千人）わけがない）。よって、フツーの人にとって天体望遠鏡とは刺激の少ない装置という認識になっている（従って、天体望遠鏡とは目には見えない銀河星雲を楽しめる魔法の装置、という認識変化を多くのフツーの人にもたらすことができれば、状況は一変するんじゃないかと私は思っているし、本書ではその認識変化をもたらそうと目論んでいる）。

一方、ハッブル宇宙望遠鏡が見せてくれる銀河星雲の映像には、とても魅力を感じていた。特にアンドロメダ銀河のあの壮大さが伝わってくる映像には圧倒された。

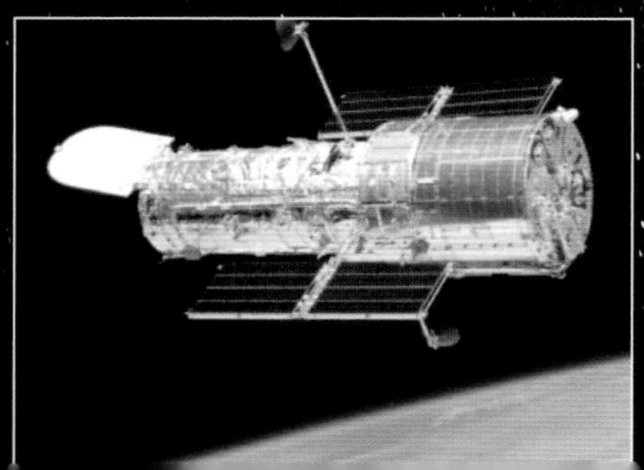

しかし、こんな凄い迫力の銀河や星雲はハッブル宇宙望遠鏡などの大掛かりな装置だからこそ映像化できるのであり、個人で映像化できるもんじゃないと長い間、思い込んでいた(そして、この思い込みも、多くのフツーの人が共有しているものだとも思っている)。よって、銀河星雲は魅力的だけれど、自分とは関係のない世界のことだと思い、長い間、天体趣味に走ることもなかったし、夜空を見上げることすらなかった。

しかし、時は流れ、デジタル革命の波が天体趣味の世界にも押し寄せてきた。なんと個人でも、その気になれば、アンドロメダ銀河を含め、多数の銀河や星雲を映像化できるようになった。しかし、金額面でもノウハウ面でも、天体素人が気軽に手出しできるようなものには、すぐにはならなかった。

それが、ここ2年ぐらいで金額面でもノウハウの難易度面でも、だだ下がりしてきた。中には本書で紹介している最新の一体型天体望遠鏡Vesperaのように、機材の組み立て不要、難しい設定も不要で銀河星雲を映像化できる夢のようなアイテムまで登場してきた。この激変ぶりは革命と言ってよかった。この革命を牽引したのは、画期的な3つの天体機材と1つの技術だった。

3つの天体機材とは……

● ASIAIR

超小型格安の天体機器制御装置。この装置のおかげで、それまで必須だったノートパソコンがタブレット、スマホに置き換わり、しかもWi-Fiによる遠隔操作が可能になり、従来の銀河撮影スタイルを一変させた。天体機材革命の主役

● AZ-GTi

高価で重量のあった赤道儀という銀河星雲撮影には欠かせない装置が価格も重量も、このモーターのおかげで約10分の1になった

● 天体用CMOSカメラ

主にZOW社が開発発売している天体用の格安CMOSカメラ。

そして、1つの技術とは

● デジタル画像処理技術

私は、これらの革命的機材と画像処理ソフトウェアのほぼ登場直後に、銀

河星雲趣味と出会った。今思えば、これらのアイテムが登場していなかったら（特にASIAIR）、私は途中で挫折し、結果、本書も出版されていないと思う。そういう意味で、私はとてもラッキーだったと思う。そして、このあとがきを今、読んでいる天体素人のアナタは、さらにラッキーだと思う。なぜなら、本書を読めば、私のように途中で何度も挫折しそうになることもなく、カンタンに銀河星雲を楽しめるからだ（笑）。

その上で私は、こう思っている。普通の知的好奇心を持っている人が、個人で銀河星雲を楽しめる時代になっていることを知ったとしたら（99%の人は知らない）、しかも、その参入の敷居が格段に下がっていることを知ったとしたら、体がウズウズしてきて、この趣味に手を出さずにはいれらなくはるハズだ！　と。結果、日本中に史上初の銀河星雲大ブームが巻き起こるハズだ！　と（なぜなら刺激の少ない月食でさえ、多くの天体素人が、その非日常を味わおうと夜空を見上げるのだ。銀河星雲趣味はその非日常を毎日でも味わえる。目には見えないオリオン大星雲がはじめて映像として見えた時、私の全身の血は一瞬にして沸き立ち、夜空がそれまでとは全く違った風に見えだした）。そして、本書の出版が、その史上初の銀河星雲大ブームのキッカケになるハズだ！　と（果たして、どうなる？）。

さて、アナタは普通の知的好奇心を持ち合わせている人だろうか？

本書読者のために作った銀河星雲愛好家が集うコミュニティーサイト
「銀河星雲マニア」
https://t.maniaxs.com

でアナタを待っている。本書の感想、質問（天体関連の質問含）、JUNZOへの問い合わせなども、このサイトの「問い合わせ」フォームで受け付けている。

最後に……本書は多くの人とのラッキーな出会いもあったおかげで出版できたことを書いておきたい。

まずは、銀河星雲趣味にハマるきっかけ（沖縄行）を作ってくれ、さらに、この趣味にハマッてからは遠征地へのドライバーをやってくれたアヅッチには感謝しても感謝しきれない。また本書の原稿のおかしな点に随時つっこみを入れてくれた金子竜明さん（ペンネームはたつまるさん）にも感謝の念が尽きない。私が撮影したアンドロメダ銀河の画像をPixInsightを使い、全く別の天体写真に仕上げ、画像処理の凄さを教えてくれた蒼月城さんにも感謝だし、私の疑問に随時やさしく答えてくれた中川昇さんとA-1さんにも感謝以外ない。さらに第1章の「銀河星雲 証拠写真集」に目の覚めるような天体写真を提供してくれた、ほしたろうさん、Nabeさん、ふうげつさんにも感謝感謝である（ほしたろうさんの座右の銘「星に愛され、星を愛す」という言葉には感銘を受けた）。そして、双眼鏡での見え方と天体写真での見え方の違いがわかる写真を本書のために作ってくれたスタパオーナーさんにも深く感謝です。さらにオートガイドができるようになるアドバイスをくれた福岡の天体ショップ「天文ハウス TOMITA」の冨田さん、発売前のVesperaの貸し出し手配をしてくれたサイトロンジャパンの小出さん、天体素人の立場から、つっこみを入れてくれた女医の百瀬瑞季さん、理科教師の桑子研さん、入院中の病床から校正を手伝ってくれたタカピーさんにも感謝です。また、本書の中で「初心者用に銀河星雲趣味の全体像、その全手順をシームレスに教えてくれる本もサイトも１つも存在しなかった」と書いたが、多くの天体マニアサイトが発信している断片情報を頭の中でつなぎ合わせることにより、私は銀河星雲を撮影できるようになったわけで、全ての天体マニアサイトには感謝しかない。特に、ぼすけさん、ほんまかさん、星空ガイドのカネさんの解説動画には大いに助けられた。また、写真や図解が入り組んだ複雑な本書の原稿を、匠の技で美しく仕上げてくれたブックデザイナーの仲光寛城さんの力がなければ本書は出版できなかった。心から感謝です。

そして最後の最後に。本書の編集を担ってくれた日本実業出版社のヒットメーカー荒尾宏治郎さんは元々は私の著書『人生ドラクエ化マニュアル』の読者で、それが縁で本書の原稿と企画書を見てもらった。そうしたところ「非常におもしろそう！　編集者としてトライしてみたい！」と反応してくれ、即、社内の会議で本書の企画を通し、出版までの一切合切の編集実務を担ってくれた。そういう意味で文字どおり二人三脚で本書出版を実現させた感が強い（冒険途中、２度ほど絶体絶命のピンチイベントと遭遇したが、ピンチに遭遇するからこその冒険）。荒尾さんには、この場を借りて「スタートから目的達成までの協力プレイありがとう！　冒険はまだまだつづきそうだけど」と伝えたい。

2023年４月　JUNZO

なぜか最後に豆知識

「雲」に関する豆知識

「気象の世界では、雲の量が１割以下（０～１割）の状態を「快晴」、２割から８割の状態を「晴れ」、９割以上の状態を「曇り」といいます。つまり、雲量が８以下なら晴れ、９以上なら曇りという予報を出します。ただし、雲量が９以上であっても「薄曇り」は予報では「晴れ」として扱います」
※気象予報士の銀河星雲マニア、蒼月城さん談

「関東の天体撮影スポット」に関する豆知識

「静岡、山梨、長野方面はとくに南関東の天文ファンが遠征することが多く、以下の情報も参考にしていただければと思います。

①静岡県・天城高原（伊豆）

北は沼津や三島、さらには関東の光害の影響で少し明るいが、南は非常に暗い。標高も約1,000mと比較的高いため、南関東の天文マニアにとって聖地のひとつとなっており、集まる人はかなり多い。

②静岡県・朝霧高原

東は関東の、南は富士・富士宮の光害の影響でかなり明るいが、天の川を見るには十分な暗さ。街から近くアクセスがよいこともあって、超初心者の家族連れや学生グループが「ちょっと星を見てみたい」という動機でふらっとやって来ることも多い。

③長野県（山梨県）・八ヶ岳周辺

甲府盆地や諏訪の明かりが多少あるものの、上記静岡県の遠征地より一段暗い。観光地でもあるためホテルやペンションが多く、標高もそこそこ高いことから天文ファンにも人気のスポットである。

④長野県（岐阜県）・乗鞍岳周辺

山頂付近の畳平駐車場は現在はマイカー規制のため車で行くことはできないが、本州屈指の空として有名。畳平までは行けなくても山麓の駐車場は天文ファンに大人気。

⑤長野県・しらびそ高原

関東からだと少々距離があるので気軽に行ける遠征地ではないが、標高が高く南が暗いことから、乗鞍と並んで天文ファンのメッカとして有名」

※神奈川県在住の銀河星雲マニア、蒼月城さん談

「天の川」に関する豆知識

「近年人気の新海誠監督のアニメーション映画で非常にカラフルな天の川が描かれるけど、あんな天の川は見たことがありません。一般の人たちにあれが天の川だと思われそうで少し心配です」

※新海監督のアニメファン、蒼月城さん談

「赤い星雲」に関する豆知識

「人間の目は暗い光に対しては色を認識できないため、基本的にどの天体も色鮮やかには見えない」というのはその通りです。そして人間の目は、その色の中でもとくに赤に対する感度が低いので、オリオン大星雲など、写真で赤く写る星雲が（たとえ望遠鏡を通しても）人間の目に赤く見えることはありません。特に初心者は、写真で見る赤い星雲が実際に赤く見えると思いこみ、それを実際に見てみたいと思っているケースが多ように思います」

※銀河星雲マニア、蒼月城さん談

「遠征地での撮影」に関する豆知識

「遠征地での撮影において、以下のような基本的な注意点があります。

●暗い中での作業は何かと危険を伴うので、機材の設置はなるべく明るいうちに済ませておくこと。

●暗くなってから遠征地敷地内を徒歩で移動する時は、LEDヘッドライトは手で持ち、足元を照らすようにした方がよい（頭につけたまま移動すると、他の人の機材を照らしてしまうことがある)。

やむを得ず暗くなってから到着した場合、車のライトは他の人の迷惑になることを考えてライトを消す人もいるが、それは危険！　事故を起こすよりははるかにマシなので、車で移動しなければならない時にはライトを点けて安全に移動すること。

とにかく安全第一！」

※銀河星雲マニア、蒼月城さん談

「ルーフバルコニー」に関する豆知識

「天体マニアは天体機材にばかり目を奪われ、いかにして都会で銀河星雲を気軽に撮影する環境を整えるか、ということには、ほとんど関心を払わない。

そこで本書の中でルーフバルコニーの魅力をこれでもかと紹介した。

そして、最近、ルーフバルコニーの魅力をさらに強力に高めてくれる、あるアイテムをゲットした。ここでは、そのアイテムについて紹介したい。

そのアイテムとは……ハンモックだ！

ルーフバルコニーに、ハンモックを設置すると、もう、それは鬼に金棒、ハンバーグにデミグラスソース、オリオン大星雲に燃える木だ。

ルーフバルコニーとハンモックの組み合わせが、具体的に、どんなに素晴らしいかと言うと……

●都会のど真ん中で人混みに邪魔されず首も痛めず、楽々流星群を楽しめる

●都会のど真ん中でお酒を飲みながら、首を痛めず、長時間、日食、月食、満月、半月、三日月など、あらゆる太陽と月を楽しめる
●都会のど真ん中で首を痛めず、季節の星々を楽しめる
●都会のど真ん中で、双眼鏡を使えば、首を痛めず、星団や大きな星雲を心行くまで楽しめる

「JUNZOの銀河星雲趣味スゴロク」の中で、どうやればルーフバルコニー付のマンションをゲットできるのかは詳しく解説した。ぜひ、このノウハウを使い、ルーフバルコニー付マンションをゲットし、追加でハンモックもゲットし、アナタの銀河星雲ライフをより楽しく、楽チンなものにして欲しい」
※ルーフバルコニー愛好家、JUNZO談

商品写真の出典元一覧

アップル

SVBONY 光学製品会社

ガッツ・ジャパン

Guangzhou Fengjiu New Energy Technology

ケンコー・トキナー

コジマ

サイトロンジャパン

ジェントス

SHARPSTAR OPTICS

ZWO Company

大創産業

高橋製作所

NASA

NANTONG SCHMIDT
OPTO-ELECTRICAL TECHNOLOGY

ビクセン

ビックカメラ

Vito Technology

富士フイルム

VELBON

ヤマダ電機

ヨドバシカメラ

リベラル

ブックデザイン：ナカミツデザイン

ＪＵＮＺＯ（じゅんぞう）
大学卒業後ゲーム会社エニックスに就職。仕事中「人生ゲーム化理論」を着想。理論検証のため、会社を辞め独立。独立後「人物別全メディア情報誌創刊」「電子ペット企画開発」「銀座で占いビジネス展開」「商品評価サイト企画開発運営」など自ら設定したゲーム目的をすべて楽しみながら達成！　ゲーム化理論の正しさを確信し『人生ドラクエ化マニュアル』（ワニブックス）を出版。ベストセラーに。その後、『王様からの求人票』（プレジデント社）を出版。2021年、フトしたことをキッカケに銀河星雲映像化の面白さに目覚め「こんなに刺激的な趣味を、ごく少数の人しか楽しんでいないなんて「世の中間違ってる！」と憤り（笑）、「史上初の銀河星雲大ブームを巻き起こすこと」をゲーム目的に設定し、本書を出版。

アンドロメダ銀河かんたん映像化マニュアル

2023年５月20日　初版発行

著　者　JUNZO　
発行者　杉本淳一

発行所　株式会社日本実業出版社　東京都新宿区市谷本村町3-29　〒162-0845
編集部　☎03-3268-5651
営業部　☎03-3268-5161　振　替　00170-1-25349
https://www.njg.co.jp/

印刷・製本／リーブルテック

ISBN 978-4-534-06014-3　Printed in JAPAN